JN273840

乾燥地科学シリーズ
乾燥地研究センター監修

第3巻

乾燥地の土地劣化とその対策

山本太平編

古今書院

Soil Degradation and Its Rehabilitation
in Arid Region

Tahei Yamamoto

Kokon Shoin, Publishers, Co., Ltd. Tokyo

2008 ©

乾燥地科学シリーズ刊行に寄せて

　乾燥地のない日本に住む日本人は，乾燥地に対して憧憬に似た感情を抱いているように思える．歌謡曲「月の砂漠」に描かれているような，砂丘の上をラクダがゆったりと歩いている，多くの日本人は砂漠というとそのような光景を思い浮かべるのではないだろうか．しかし現実の「砂漠」は，そのような砂の砂漠ばかりではなく，土や礫の砂漠が多くを占めている．また砂漠化の防止というと，日本人が即座に思い浮かべるのは緑化であるが，乾燥地の現場では緑化だけではなく，生活の改善や衛生の向上など幅広い取り組みが求められている．

　乾燥地に対する人々の潜在的な関心の広さ，学部・大学院レベルでの乾燥地教育の重要性，そして世界の乾燥地問題に対する日本の果たすべき役割を考えると，総合的かつ体系的に乾燥地の科学を論じる書籍を刊行し，上述した乾燥地に関する想像と現実との間のギャップを埋めることが必要であろう．

　乾燥地研究センターは，日本で唯一の乾燥地研究を主務とする組織であり，これまで全国共同利用施設として，国内の乾燥地研究の拠点となってきた．その前身である砂丘利用研究施設の遠山正瑛名誉教授は，中国での植林活動の功績により，アジアのノーベル賞といわれるマグサイサイ賞を受賞され，その業績はNHKのプロジェクトXでも放映された．乾燥地研究センターは，2001年から中国との拠点大学交流事業を開始，2002年には文部科学省の21世紀COEプログラムに採択され，これまで乾燥地研究に関して多大な蓄積を有している．

　そこで，この乾燥地科学シリーズを開始し，最新の乾燥地科学をわかりやすく解説していく．中身としては，乾燥地の自然や生活とはどのようなものか，乾燥地の植生はいかにして干ばつに耐えるのか，砂漠化の対策としてなにが大事なのか，日本が乾燥地の問題にどのように貢献できるのか，というような，研究者だけでなく，より多くの国民が乾燥地のできごとを身近に思えるようなテーマに沿って全巻を構成していきたい．

　本シリーズが，乾燥地研究の発展に寄与することを心から願うものである．

　　　　　　　　　　　　　　　　　　　　　　　　　　　　　恒川　篤史

まえがき

　乾燥地における砂漠化（土地の劣化）は近年に始まったものではなく，地球環境と食料生産に密接に関連している．たとえば，古代オリエントの灌漑農法が，「環境に対する挑戦と敗北」とされたように，人類の歴史において文明の繁栄に伴う周期的な現象である．いっぽう灌漑農業は我々の食料生産の1/3を占めるが，土地劣化と表裏の関係がある．すなわち，土地劣化修復の研究は，風砂の危機，水土の流失，水資源や塩類問題の克服につながり，農業・牧畜生産の発展，ひいては人間社会の繁栄を目的としている．

　このような研究は，その国の自然科学だけではなく，人文・社会科学と有機的に強く結びついており，衣食住，社会構造，言語，風俗，習慣，宗教などの基盤を構成している．土地劣化修復に関するプロジェクトは，現在国連を中心として，UNEP（国連環境計画），FAO（国連食糧農業機関）など国際機関や研究機関を通じて積極的に実施され，アメリカ合衆国，オーストラリア連邦，イスラエル国など乾燥地を有する先進国では食料生産の大きな戦力になっている．乾燥地のない日本においても，乾燥地文化は衣食住や社会構造などの日本文化に深く根をおろし，その足跡は大陸文化の伝承まで遡らねばならない．このうち，土地劣化に関する研究は古くから実施されているが，日本が砂漠化対処条約を批准したのはほぼ10年前のことである．

　日本はモンスーン気候帯に分布し年間を通じて降水量が多い．このため，土壌水食防止の研究や技術は先進的である．たとえば，水食災害が多い農地の水食防止技術は，農林水産省の「圃場整備（畑）」や「農地保全」などに集約されている．これらは湿潤条件下のものではあるが，きめ細かな農地管理に特色があり，乾燥地に適用できるノウハウが多い．さらに，海岸砂丘地が広く分布しているので，その飛砂防止と防風林造成技術は古来確立されている．また，塩類土壌の修復に

は海浜地帯の干拓や埋め立て技術，または施設農業の土壌管理技術が適用できよう．

　本書における著者グループは，日本で発達した伝統技術を重要視しながら，豊富な海外経験で得られた研究事例を駆使して，「乾燥地における土壌劣化とその対策」に関する，新しい課題に取り組んでいる．土地劣化は植生劣化と土壌劣化に大別されるが，本書は土壌劣化に焦点をあて，4章に大別される．1章では風水食や塩類集積など土壌劣化の理化学・生物学的特徴，2章では風食，3章では水食，第4章では塩類集積について，そのメカニズムと対処法などを数多くのフィールド写真等を用いて説明している．

　本書をまとめるに際しては，21世紀COEプログラム「乾燥地科学プログラム」（鳥取大学）から支援を受けた．最後に，本シリーズの刊行を快諾いただいた古今書院の橋本寿資社長，担当者として編集の労をわずらわした関 秀明氏，さらに古今書院と著者グループとの間に立って，原稿の取りまとめや校正などにご協力された，土地保全専攻生の金内敦君と室町かおりさんに，ここで深く感謝致します．

執筆者を代表して
山 本 太 平

目　次

　　　　乾燥地科学シリーズ刊行に寄せて　　　恒川篤史
　　　　まえがき　　　　　　　　　　　　　山本太平

1　土壌の劣化 ··· 1

　　1-1　砂漠化と土壌劣化　（山本太平）　2
　　1-2　土壌劣化　4
　　　　1-2-1　物理的な土壌劣化　（山本太平）　6
　　　　1-2-2　化学的な土壌劣化　（藤山英保）　10
　　　　1-2-3　微生物的な土壌劣化　（作野えみ・中島廣光）　18
　　1-3　乾燥地における土壌劣化の事例　（山本太平）　25

2　風食のメカニズムとその対策 ································· 33

　　2-1　風食と風　（木村玲二）　34
　　　　2-1-1　大気境界層　34
　　　　2-1-2　接地境界層における風速の高度分布　35
　　　　2-1-3　飛砂と風　37
　　2-2　乾燥地の風　（三上正男）　39
　　　　2-2-1　乾燥地の風にかかわる諸現象　39
　　　　2-2-2　ダストストーム　43
　　　　2-2-3　ダストストームのメカニズム　47
　　　　2-2-4　ダスト発生メカニズム　53
　　2-3　砂の動きのメカニズム　（河村哲也・菅牧子）　56
　　2-4　流体力学のシミュレーションからみた砂移動のメカニズム　（河村哲也・菅牧子）　65
　　　　2-4-1　流れ場の計算　66

2-4-2 砂の輸送量の推定　66
　　2-4-3 砂面形状の変化の計算　67
　2-5 風食の防止対策　（真木太一）　79
　　2-5-1 「砂漠化」とは　79
　　2-5-2 砂漠化は風食の影響が大きい　80
　　2-5-3 防風・防砂法による砂漠化防止　81
　　2-5-4 風食による土地荒廃の危険性　86
　　2-5-5 その他の対策　91

3　水食のメカニズムとその対策 ·····························95
　3-1 乾燥地における降水の特徴　（安田裕）　96
　　3-1-1 降水量からみた日本の位置づけ　96
　　3-1-2 乾燥地の降水の変動性　97
　　3-1-3 西オーストラリアの降水　98
　　3-1-4 降水変動が野生動物へ及ぼす影響　101
　　3-1-5 オアシスの水源としての雨の年代測定　104
　　3-1-6 乾燥地における降水量の予測　105
　3-2 水食のメカニズム・要因・タイプ　（田熊勝利）　109
　　3-2-1 水食のメカニズム　109
　　3-2-2 水食を支配する要因　111
　　3-2-3 水食のタイプ　119
　3-3 土壌コロイドの特性と土壌侵食　（西村拓）　121
　　3-3-1 クラストの形成と地表面流出　121
　　3-3-2 粘土の物理化学的性質　127
　　3-3-3 土壌のコロイド特性に着目した土壌保全　131
　3-4 防止対策　（深田三夫）　135
　　3-4-1 侵食現象の概観　135
　　3-4-2 侵食量予測手法の発展史　136
　　3-4-3 USLE 式による土壌侵食量の予測　140

3-4-4 日本における USLE 式構築の試み　144

3-4-5 土壌侵食の保全対策と事例　148

4　乾燥地の塩類集積とその対策　157

4-1 農地の塩類集積　158

4-1-1 土壌塩類化の発現機構　（井上光弘）　158

4-1-2 塩性土壌とソーダ質土壌の生成機構　（遠藤常嘉）　160

4-2 塩類集積の評価方法　171

4-2-1 サンプリングによる土壌調査と診断　（遠藤常嘉）　171

4-2-2 モニタリングによる土壌の塩分評価　（井上光弘・久米崇）　177

4-3 塩類集積対策　189

4-3-1 リーチング計画　（山本太平）　189

4-3-2 数値計算による塩分管理の可能性　（藤巻晴行）　198

4-3-3 剥離による塩分除去　204

4-4 ウォーターロギングの予防と制御法　（北村義信）　206

4-4-1 ウォーターロギングとは　206

4-4-2 ウォーターロギングの原因とその予防対策　207

4-4-3 ウォーターロギングの制御法　209

4-5 ソーダ質土壌の改良　227

4-5-1 土壌改良法　（山本定博・遠藤常嘉）　227

4-5-2 人工ゼオライトによる改良　（山田美奈）　233

4-6 除塩作物による塩類除去　（藤山英保）　240

4-6-1 生物による環境修復　240

4-6-2 植物による環境修復　240

4-6-3 塩害とファイトレメデーション　242

4-6-4 好塩性作物　243

索　引　257

執筆者一覧　260

1　土壌の劣化

　第3巻「乾燥地の土壌劣化とその対策」において，本章では乾燥地に分布する土壌劣化の概要と特徴などを述べる．
　1-1では，この半世紀に遡る乾燥地の面積と分布，砂漠化定義の変遷，土壌劣化との関係などについて紹介する．
　1-2では，土壌劣化に着目して，その物理性劣化，化学性劣化，生物劣化に分けてそれぞれの劣化土壌の特徴や分布，また複合連鎖による劣化土壌の発生について述べる．物理性の劣化では，主にソーダ質土壌と酸性土壌における土壌侵食を取り上げ，劣化土壌の物理的組成(土性，密度，間隙率，土壌団粒，透水性など)の崩壊や浸潤前線の低下をもたらすメカニズムと対策などについて説明する．化学性の劣化では，塩性化とソーダ質化を取り上げ，これらがイオン害や養分の可給度の低下による栄養障害や作物収量低下をもたらすメカニズムと対策などについて説明する．さらに，植物が土壌から様々な栄養素を得て生育するためには土壌微生物の働きが重要であり，微生物の減少は土壌劣化をさらに深刻にする．生物劣化では，乾燥地での土壌微生物の重要性について具体的な実験結果を紹介し述べる．
　1-3では，土壌劣化の事例としてアジアから中国とイラン，アフリカからサヘル地帯，南アメリカからチリ，豪州から西オーストラリア州を取り上げ，それぞれの土壌劣化の概要を写真で追う．

1-1 砂漠化と土壌劣化

山本太平

　乾燥地は，地球上の総陸地面積153億haのうち，61億ha（約40%）を占め，極乾燥，乾燥，半乾燥，乾燥亜湿潤帯に分類される（ミレニアム生態系評価MEA 2006；国連環境計画UNEP 1992）（表1-1）．それぞれ気候帯では，気象，水資源，土壌，植生条件が大きく異なり数多くの地域性を有する．ほぼ半世紀前までは，乾燥地面積は47億ha（30%）であり，極乾燥，乾燥，半乾燥帯に3分類された（山本1988）．乾燥地面積の増大は，新しい乾燥地定義（UNEP 1992）に基づく乾燥亜湿潤帯の追加と，20世紀の急速な人間社会の発展に伴う，乾燥地の砂漠化とに起因するものと推定される．

　乾燥地の砂漠化は，自然または人為的要因による土地の劣化，すなわち土地資質の潜在力の減少と定義される（北村2003）．土地劣化の要因には土壌を含む周辺環境の種々の要因が考慮されるが，主要な要因は，植生の劣化と土壌劣化である．土壌劣化は，土壌侵食，肥沃土の低下，土壌構造の破壊などによって土壌の化学性や物理性が劣化することであり，ひいては土壌生物相の死滅を招く．乾燥地を有する先進国や開発途上国に関係なく発生し，開発による人為的要因が大きい（山本1999）．

　乾燥地における砂漠化の面積は，1990年代Dregneら（1983）の提言が広く用いられた（表1-2）．すなわち，農地として用いられた総土地面積52億ha（草地45.6億ha，降雨依存農地4.6億ha，灌漑農地1.5億ha）のうち，何らかの劣化がみられる農地面積の割合は，平均で69%（草地73%，降雨依存農地47%，灌漑農

表1-1　世界における大陸別乾燥地域面積（100万ha）

タイプ	アフリカ	アジア	オーストラリア	ヨーロッパ	北アメリカ	南アメリカ	世界合計		
極乾燥	672	277	0	0	3	26	978		16%
乾燥	504	626	303	11	82	45	1571		
半乾燥	514	693	309	105	419	265	2305	}5172	84%
乾性半湿潤	269	353	51	184	232	207	1296		
合計	1959	1949	663	300	736	543	6150		100%
	32%	32%	11%	5%	12%	8%	100%		

出典：UNEP（1992）

表 1-2　世界の砂漠化面積／乾燥地における土壌劣化面積

大陸	灌漑面積			天水農地			放牧地			乾燥農地合計		
	合計 m.ha	劣化面積 m.ha	%	合計 m.ha	劣化面積 m.ha	%	合計 m.ha	劣化面積 m.ha	%	合計 m.ha	劣化面積 m.ha	%
アフリカ	10.42	1.90	18.0	79.82	48.86	61.0	1342.35	995.08	74.0	1432.59	1045.84	73.0
アジア	92.02	31.81	35.0	218.17	122.28	56.0	1571.24	1187.61	76.0	1881.43	1311.70	69.7
オーストラリア	1.87	0.25	13.0	42.12	14.32	34.0	657.22	361.35	55.0	701.21	375.92	53.6
ヨーロッパ	11.90	1.91	16.0	22.11	11.85	54.0	111.57	80.52	72.0	145.58	94.28	64.8
北アメリカ	20.87	5.86	28.0	74.17	11.61	16.0	483.14	411.15	85.0	578.18	425.62	74.1
南アメリカ	8.42	1.42	17.0	21.35	6.64	31.0	390.90	297.75	76.0	420.67	305.81	72.7
合計	145.5	43.15	30.0	457.74	215.56	47.0	4556.42	3333.46	73.0	5159.66	3562.17	69.0

出典：H.Dregne（1983）

地 30%）を示す．最近になって MEA ではこれらの砂漠化面積の割合はあまりにも大きな値であり，実際のフィールドの作物収量のデータを反映しないものとして，GLASOD や Lepers らの研究成果の中より 10 ～ 20%（6 ～ 12 億 ha）の範囲を提案している（MEA 2006）．ここでは，これらの研究成果の中から，MEA の Odelman（1991）らの砂漠化面積の割合 15.1% について紹介する．

人間活動による土壌劣化は，おもに過放牧，森林伐採，農業形態の変化，過放牧，工場汚染などの要因が大きい．大陸的には，劣化面積がアジア＞アフリカ＞北アフリカ＞南アフリカ＞ヨーロッパ＞オーストラリア，劣化面積率がヨーロッパ＞アフリカ＞アジア＞南アメリカ＞オーストラリア＞北アメリカの順位になる（表 1-3）．

表 1-3　人間活動による世界の土壌劣化（単位 100 万 ha）

大陸	乾燥地域	過放牧	森林伐採	農業	過開墾	生物産業	劣化地域合計	非劣化地域合計	農地合計
アフリカ	乾燥圏	184.6	18.6	62.2	54.0	0.0	319.4	966.6	1286.0
	その他	58.5	48.2	59.2	8.7	0.2	174.8	1504.9	1679.7
アジア	乾燥圏	118.8	111.5	96.7	42.3	1.0	370.3	1301.5	1671.8
	その他	78.5	186.3	107.6	3.8	0.4	376.6	2207.5	2584.1
オーストラリア	乾燥圏	78.5	4.2	4.8	0.0	0.0	87.5	575.8	663.3
	その他	4.0	8.1	3.2	0.0	0.1	15.4	203.5	218.9
ヨーロッパ	乾燥圏	41.3	38.9	18.3	0.0	0.9	99.4	200.2	299.6
	その他	8.7	44.9	45.6	0.5	19.7	119.4	531.4	650.8
北アメリカ	乾燥圏	27.7	4.3	41.4	6.1	0.0	79.5	652.9	732.4
	その他	10.2	13.6	49.1	5.4	0.4	78.7	1379.8	1458.5
南アメリカ	乾燥圏	26.2	32.2	11.6	9.1	0.0	79.1	436.9	516.0
	その他	41.7	67.8	51.9	2.9	0.0	164.3	1087.3	1251.6
合計		678.7	578.6	551.6	132.8	22.7	1964.4	11048.3	13012.7

出典：Odelman ら（1991）

1-2 土壌劣化

山本太平・藤山英保・中島廣光・作野えみ

　GLASOD（Oldeman 1991）によると，世界の乾燥地における土壌劣化は，風食（2タイプ），水食（3），化学的劣化（4）および物理性劣化（3）の12タイプから構成され，土壌劣化の全面積19.6億haのうち，水食が56%，風食が28%，化学性劣化が12%，物理性劣化が4%を示す（表1-4）．
　風食のタイプは，風による表層損失，地形的侵食と土壌堆積に分かれる．表層損失は，特に粘土質土壌よりも砂礫質土壌の方が影響されやすく，地表面の植被層が壊されやすい．地形的侵食では，表層損失が進行した場合であり，地表面土壌の移動に伴う砂丘や窪地の平坦化を伴う．また，土壌堆積は風を媒介とし地表面に発生する．とくに風食は砂質土壌で発生しやすく，耕土層，有機物や栄養分などの流失が生じ，風下側に砂が堆積し，農地の荒廃から，農地，道路，家屋の埋没など人間社会の災害まで被害が増大する．土壌の風食対策としては，まず防風施設として防風林，防風垣，防風棚，防風ネット砂丘固定柵などが必要である．次に営農上の対策として作付けと作物の適正な選択，地表の適切な管理，灌漑と土壌の管理などがあげられ，飛砂時期の散水や収穫時期の異なる混植栽培が奨励されている．
　水食のタイプは，表層侵食と地形的侵食に分かれる．前者は地表面流去水に伴う表層流亡であり耕土層の栄養分損失，表層の硬化やクラスト化，後者はリル侵食やガリ侵食に伴う地形形状の変化に発展し，堤防や山腹崩壊などの水害まで含まれる．土壌の水食は粘土質土壌に発生しやすく，風食と同様に，農地では耕土層，有機物や栄養分等の流失被害，人間社会には土石流の大災害まで発展する．土木的対策としては，排水路や流失土砂止め施設の整備，法面や農道の保全などが必要である．営農上の対策は風食の場合と同様であり，等高線栽培の導入や排水施設の管理が重要になる．
　化学性劣化のタイプは，有機物質や栄養分の損失，塩類化，酸性化と工場汚染に分かれる．栄養分などの損失は風水食による場合が多い．土壌塩類化の主要な

表1-4 乾燥地における土壌劣化のタイプとその面積（100万ha）

タイプ		軽度	中度	強度	極強度	合計
水食	表層侵食	301.2	454.5	161.2	3.8	920.3
	地形的侵食	42.0	72.2	56.0	2.8	173.3
	合計	343.2	526.7	217.2	6.6	1093.7 (55.6%)
風食	表層侵食	230.5	213.5	9.4	0.9	454.2
	地形的侵食	38.1	30.0	14.4	-	82.5
	土壌堆積	-	10.1	0.5	1.0	11.6
	合計	268.6	253.6	24.3	1.9	548.3 (27.9%)
化学的劣化	栄養分の流出	52.4	63.1	19.8	-	135.3
	塩類化	34.8	20.4	20.3	0.8	76.3
	工場汚染	4.1	17.1	0.5	-	21.8
	酸性化	1.7	2.7	1.3	-	5.7
	合計	93.0	103.3	41.9	0.8	239.1 (12.2%)
物理的劣化	土壌圧縮	34.8	22.1	11.3	-	68.2
	ウォータロギング	6.0	3.7	0.8	-	10.5
	有機物堆積	3.4	1.0	0.2	-	4.6
	合計	44.2	26.8	12.3	-	83.3 (4.2%)
	合計	749 (38.1%)	910.5 (46.4%)	295.7 (15.1%)	9.3 (0.5%)	1964.4 (100%)

出典：Oldmen et.al (1991)

原因として，灌漑施設の不備，海岸線沿いの地下水の過剰利用，塩類化した地下水の利用など，酸性化の主要な原因としては，海岸線に分布している硫酸土壌と酸性化しやすい肥料の過剰利用などをあげている．工場汚染の種類は多く，産業廃棄物，過剰施肥，河川水源の富栄養化などをあげている．

物理性劣化のタイプは，土壌表層の圧密・間隙閉塞・クラスト化，ウォータロギングおよび有機土壌の減退に分けられる．土壌表層の物理的変化は降水の雨滴エネルギー，家畜類やトラクターの転圧などが作用する．ウォータロギングは，河川氾濫や雨水による水没など，有機土壌の減退は排水や酸化作用によって引き起こされ，農地の生産ポテンシャルを低下させる．

日本では，海岸砂丘農地を対象にした風食対策や集中豪雨による農地の水食防止に優れた研究成果が多く，農林水産省の土地改良事業設計基準（たとえば畑地灌漑，圃場整備，農地保全）などに集約されている．これらは湿潤条件下のものではあるが，きめ細かな農地管理に特色があり，乾燥地に適用できるノウハウが多い．いっぽう，あまりみられない劣化土壌として塩類土壌と酸性土壌があげられ，とくに乾燥地の灌漑農地において発生する．

乾燥地の農地における土壌劣化は，1-2で述べた12種類の土壌劣化タイプが

```
┌─────────────────────────────────────────┐
│     乾燥地における12種類の土壌劣化タイプ      │
│   土壌劣化タイプ→風食，水食，化学性劣化(塩類化と │
│   酸性化)，物理性劣化，微生物劣化など         │
│   土壌劣化面積=19.6億ha(乾燥地の10～20%)    │
└─────────────────────────────────────────┘
           土壌劣化の複合連鎖 ⇩
```

- 土壌の酸性化→Al, Mn, Fe, pH障害→P, Ca, Mg, K欠乏→土壌の物理性劣化(保水量の低下，侵食量の増加，土壌硬化，クラスト化等)→生物相劣化→酸性化の促進
- 土壌の塩類化→Na, Cl, B, NO_3-N, HCO_3障害→P欠乏→土壌の物理性劣化(粘土粒子の分散，団粒崩壊，透水速度の減少，保水量の低下，侵食量の増加，土壌硬化，クラスト化等)→生物相劣化→リーチング(除塩)困難→塩類化の促進
- 水食→粘土質農地→耕土層，有機物，栄養分の流失
- 風食→砂丘畑→耕土層，有機物，栄養分の紛失，砂の堆積

→物理性劣化→化学性劣化→生物相劣化→風水食の促進

図 1-1 乾燥地おける土壌劣化の複合連鎖

単独に発生する場合と複合して連鎖状に発生する場合に分けられる．複合連鎖する場合には個々の劣化が相乗されより深刻な劣化を引き起こす．一例として農地に発生した土壌劣化の複合連鎖を図 1-1 のように整理してみた．

1-2-1 物理的な土壌劣化

前述のように物理性劣化は土壌の物理組成要因（土性，密度，間隙率，透水性など）が劣化し団粒構造が崩壊する．これは，植物生育の直接的阻害になると同時に，土壌の水食や風食の促進を促し化学性劣化や生物相劣化の引き金になり，さらに深刻な複合劣化を引き起こす．ここでは，乾燥地に発生する塩類（ソーダ質）土壌と酸性土壌の主な物理性劣化について取りあげる．これらの塩類土壌や酸性土壌は，地域特有の自然的または人為的インパクトに基づいており，これらのインパクトによって土壌の理化学的特性が大きく異なる．

ソーダ質土壌の物理性劣化

乾燥地の塩性土壌のうち，ナトリウムイオンを多く含むソーダ質土壌は，脆弱な物理組成要因を有し，団粒崩壊が生じやすい．特に土壌の乾燥時には土壌が硬化し乾燥密度が大きい．湿潤時には粘土分散を生じ，泥流化して土壌間隙を塞

ぎ，透水性低下，クラスト化などの物理性劣化を引き起こすと同時に，土壌侵食を促進する．Araiら（2003a；2003b）は，日本とイスラエル国で採取した数種類のスメクタイト質土壌とカオリナイト質土壌を供試して，ソーダ質土壌の水理学的特性や土壌団粒の安定性および評価方法について検討し，次のような結果を得ている．①ナトリウムイオンが吸着すると粘土が膨潤および分散するため，土壌の透水性は変化を生じ，高濃度の塩類を含む灌漑水よりも低濃度の灌漑水や降水などにおいて大きく減少する．このソーダ質の程度を評価するには，粘土鉱物，土性，交換性ナトリウム率（ESP），浸透溶液中の全電解質濃度などの水理学的要因が必要である．②両粘土鉱物を有する土壌の透水係数および浸入速度に及ぼす影響は，両土壌ともESPが0の場合には，粘土の凝集値以下の水質でリーチングした時に粘土が分散し透水係数が低下した．ESP30の場合には，スメクタイト質土壌は膨潤性の粘土鉱物のため凝集値以上の水質濃度，カオリナイト質土壌は非膨潤性のため凝集値以下の水質濃度において透水係数が低下した．浸入速度についてはスメクタイト質土壌がより不安定な団粒構造を示すために，大きく減少した（図1-2）．③ソーダ質土壌の団粒構造の安定性については，各種の濃度のエタノール-水混合溶液（エタノール溶液）を用いて湿式団粒分析法を適用した結果，土壌団粒の崩壊はエタノール溶液濃度の低下に伴い促進された．下方からの飽和浸

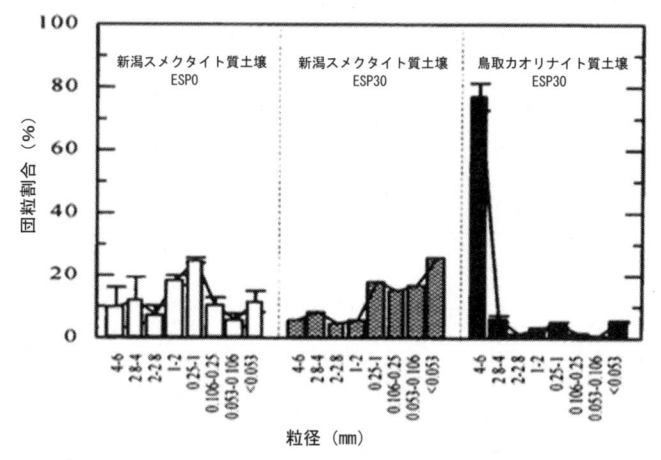

図1-2 ESPの影響下における新潟スメクタイト質土壌およびカオリナイト質土壌の団粒分析
出典：Arai et al.（2003a）

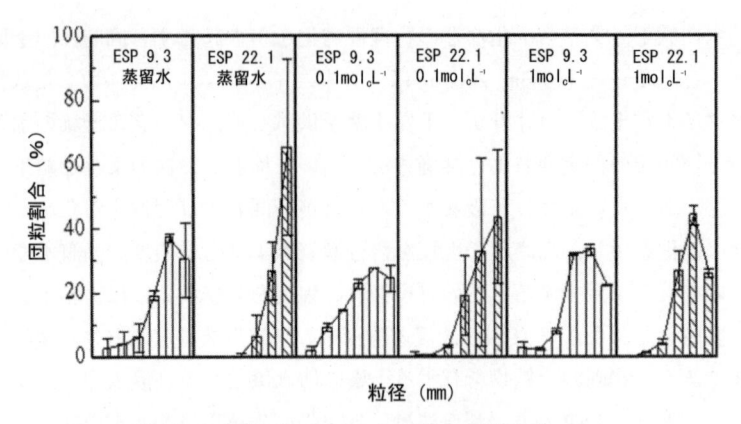

図1-3 ESP9.3およびESP22.1における団粒分布
飽和浸潤速度4mm/h，エタノール溶液0.1 molcL^{-1}と1 molcL^{-1}の場合．
出典：Arai et al.（2003）．

潤速度は100 mm h^{-1}および4 mm h^{-1}を適用し，100 mm h^{-1}では4 mm h^{-1}の場合よりも土壌団粒の崩壊が多くみられた．また土壌団粒量は，団粒径が4 mm以上の場合エタノール溶液濃度の低下にともなって減少した．さらに，粘土含量が大きくESPが低い土壌ほど土壌団粒の安定性が増加した（図1-3）．④エタノールの代わりに，NaCl - CaCl$_2$溶液を用いた土壌団粒分布について検討した結果，溶液濃度が低くなるほど土壌団粒の崩壊が促進された．

酸性土壌の物理的劣化

世界の酸性土壌は全農地の3/4を占め，湿潤気候だけでなく乾燥気候でも広く

表1-5 酸性土壌の理化学的特性

特性		処理方法		
		コントロール	弱酸性	強酸性
有機物含有量	(%)	0.45 ± 0.01	0.41 ± 0.008	0.26 ± 0.013
pH$_{-H2O}$	[1:2.5]	5.56 ± 0.03	4.56 ± 0.02	3.11 ± 0.01
交換性アルミニウム	(cmol$_c$ kg^{-1})	1.29 ± 0.40	2.98 ± 0.20	13.47 ± 1.50
置換性水素	(cmol$_c$ kg^{-1})	0.18 ± 0.05	1.63 ± 0.06	5.60 ± 2.80
陽イオン交換容量	(cmol$_c$ kg^{-1})	12.97 ± 2.98	15.31 ± 2.20	22.87 ± 5.90
飽和透水係数	(mm day^{-1})	57.3 ± 0.77	37.5 ± 0.28	14.2 ± 0.43
平均重量直径	(mm)	0.95 ± 0.02	0.84 ± 0.03	0.75 ± 0.02
平均直径	(mm)	0.37 ± 0.02	0.26 ± 0.001	0.20 ± 0.02

出典：Andry et al.（2007）

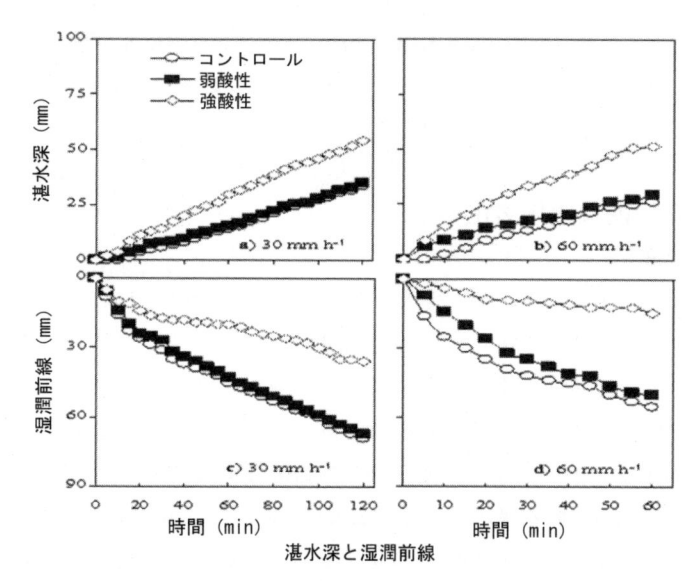

図 1-4 酸性土壌における酸性度と湛水深（左）と浸潤前線（右）
出典：Andry et al.（2007）

分布している．酸性土壌の研究は古くから行われ，その修復技術は実用化されている．しかし酸性土壌に発生する土壌劣化タイプ，特に風水食や物理性劣化の発生メカニズムと修復について取り扱った研究例は少ない．Andry ら（2007）は，濃度の異なる硫酸で作製された3種類のpHの人工酸性土壌を供試して，土壌の理化学的要因として，粒度分布，硬度，土壌粒子の分布，耐水性団粒度分布，飽和透水係数，Al 濃度，

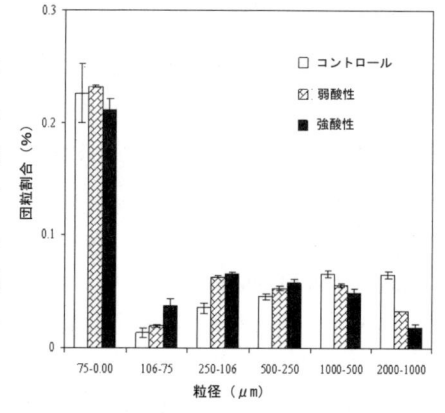

図 1-5 団粒分布　出典：Andry et al.（2007）

湛水深，浸潤前線などを測定して，酸性土壌の物理的劣化と水食作用のメカニズムを検討し，次の結果を得ている．①酸性土壌は，土壌団粒，透水係数が減少し，Al 濃度の増加がみられ，さらには浸潤前線の発達が低下している（表 1-5，図 1-4）．②酸性土壌の水食では，土壌の交換態 Al 濃度，土壌団粒，湿潤速度，飽和透水係

数などに大きく影響される．表面流出水と流亡土のプロセスはS字型の曲線を示し，時間経過に対して3つの領域を有するがいずれのプロセスでも表面流出水と流亡土は酸性度が高くなるにともなって増加した．

(以上，山本太平)

1-2-2　化学的な土壌劣化

養分可給度

作物は根から養分を吸収して成長する．養分は土壌溶液中に存在するか，もしくは土壌粒子に保持されている．土壌を構成する粘土鉱物は全体として負に帯電しており，単位土壌重量あたりの負荷電量は陽イオン交換容量（cation exchange capacity：CEC）として表され，土壌種によって異なる．カリウムイオン（K^+）やカルシウムイオン（Ca^{2+}）のような作物の成長に必須な陽イオンはCECの大小によって土壌に保持される量が決まる．土壌粒子には正荷電も存在し，陰イオン交換容量（anion exchange capacity：AEC）として表されるが，値が小さいため硝酸イオン（NO_3^-）のような陰イオンは土壌に吸着されることが少ない．陰イオンの多くは土壌水中に存在するために，土壌水の下方移動とともに流亡しやすい．しかし陰イオンでもリン酸イオン（PO_4^{3-}）は鉄（Fe），アルミニウム（Al），Caと結合して土壌中を移動しにくいことが知られており，根による接触が吸収に重要であるといわれている．

作物による土壌養分の吸収しやすさを可給度（availability）と呼び，養分の土壌中での存在量と存在形態によって決まる．また作物の中にはオオムギのように根からムギネ酸を分泌してFeの可給度を上昇させる機能をもつものもある（Marshner and Romheld 1994）．このように作物の養分吸収は土壌の特性である養分可給度とともに作物側の要因にも支配される．化学的な土壌劣化とは自然による，あるいは人為的な土壌への働きかけが土壌の化学性を変化させることによって養分可給度が低下し，養分が作物に利用されにくくなる現象と考えてよい．化学的な土壌劣化で問題となるのは人為的，すなわち農業が原因で引き起こされるものである．

土壌養分の可給度を決める存在量と存在形態の両方に密接にかかわるのが土壌pHである．日本のような湿潤地では降雨量が蒸発量を上回るために土壌水は下方に移動する．それに伴って土壌中の陽イオンが溶脱するために土壌は酸性と

なりやすい．酸性土壌では特定の必須元素の可給度が低下するために作物の栄養障害が発生する．乾燥地では逆にアルカリ性土壌が多く，酸性土壌とは異なる種類の必須元素の可給度が低下するためにやはり作物に障害をもたらす．また土壌 pH は CEC や AEC にも影響を及ぼす（松中 2003）．

さらに乾燥地では土壌水の下方移動が起こりにくいために塩類が土壌中に集積しやすく，それが作物にもたらす塩害も一般的にみられる．化学性が問題となる土壌は元々存在するが，前述のように問題となるのは農業による化学的な土壌劣化であり，pH の低下や上昇をもたらし，塩類を集積させることによって作物の生産性を低下させ，本来あるべき農業の持続性を低下させる．

土壌 pH と作物の養分吸収

化学的な土壌劣化をもたらす原因を述べるまえに土壌 pH と塩類集積が作物の養分吸収に及ぼす影響を述べる．図 1-6 は土壌 pH と養分の可給度との関係を表したものである．それぞれの元素について幅の広さで可給度の大小が示されている．

まず養分の中で作物に最も重要である窒素（N）は強酸性および強アルカリ性土壌で可給度が低い．これらの条件下では有機物分解菌や窒素固定細菌の活性が

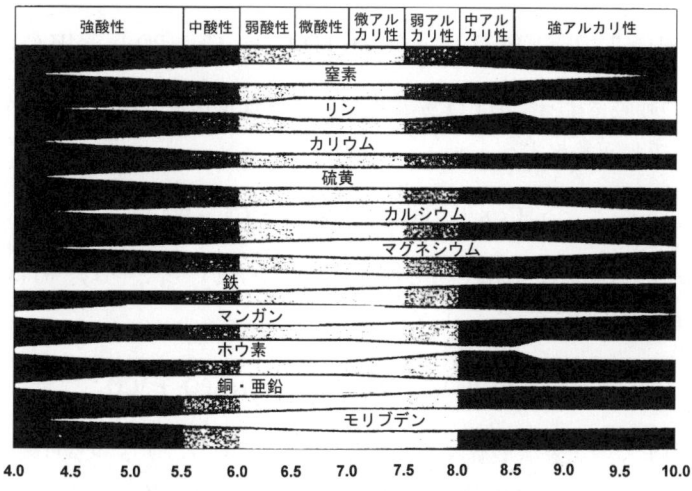

図 1-6　土壌 pH と養分可給度との関係
出典：Western Fertilizer Handbook（1985）

低いために作物が吸収する無機態窒素が少なく，作物は窒素欠乏に陥る．大部分の作物が好んで吸収する硝酸性窒素（NO_3-N）は土壌細菌である亜硝酸菌（*Nitrosomonas* と *Nitrosococcus*）と硝酸菌（*Nitrobacter*）による硝酸化成（nitrification）によってアンモニア性窒素（NH_4-N）から亜硝酸性窒素（NO_2-N）を経て生産されるが，これらの細菌の活性はpH4以下あるいはpH9以上で極端に低下する（図1-7）．

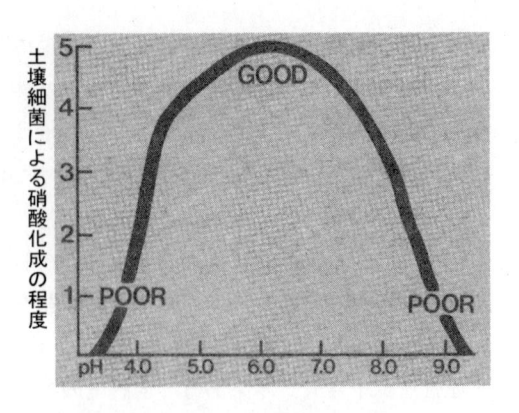

図1-7 土壌pHと硝酸化成との関係
出典：Western Fertilizer Handbook (1985)

リン（P）の可給度も酸性土壌では低い．これはアルミニウム（Al）やFeと結合して難溶性となって不可給化されるためである．Pは弱酸性では$H_2PO_4^-$やHPO_4^{2-}の状態で存在し，最も可給度が高い．土壌pHが7を超えるとつぎの反応が起こり，Pの可給度は興味深い形状となる．

$$pH = 7 \quad 2Ca(HCO_3)_2 + Ca(H_2PO_4)_2 \rightarrow Ca_3(PO_4)_2 + 4H_2CO_3$$

植物根の呼吸によってH_2CO_3が供給されると質量作用の法則によって反応は左に進み，Pは可給化する．

$$pH < 8.5 \quad 2PO_4^{3-} + 3Ca^{2+} \rightarrow Ca_3(PO_4)_2$$

$Ca_3(PO_4)_2$は不溶性であるので作物は利用できない．すなわちこのpH域でのPの可給度は低い．

$$pH > 8.5 \quad 2PO_4^{3-} + 3Na_2CO_3 \rightarrow 2Na_3PO_4 + 3CO_3^{2-}$$

Pの土壌中での主要な形態は水溶性のNa_3PO_4である．すなわち可給度は高くなる．しかしこのような高pH下では後述する別の生育阻害要因のために作物の成長は困難である．P吸収に関して作物に最も都合のよりpHは6.5〜7.5である．

カリウム（K）は雲母や長石などの一次鉱物のケイ酸塩構造の内部に固定されているものと交換性イオンとして存在するものがある．低pH土壌では存在量が少なく，pHが上昇するにしたがって多くなる．K塩は水溶性であるため，どのpH域でも可給度は高い．

　硫黄（S）は作物の含硫アミノ酸の成分である．作物遺体の分解によって硫酸イオン（SO_4^{2-}）となって作物に吸収される．低pH土壌は分解活性が低いために可給度は低い．pHが上昇するにつれて可給度は上昇する．硫酸塩は水溶性であるのでどのpH域でも可給度は高い．

　カルシウム（Ca）とマグネシウム（Mg）が溶脱して欠乏しているのが酸性土壌であり，低pHで可給度が低いのは存在量が少ないことを意味している．またpHが8.5を超える土壌においても存在量は少ない．両元素の可給度の形状は類似している．

　鉄（Fe）は低pH下ではFe^{2+}として存在するため可給度は高く，微量必須元素であるため過剰症を発現する場合がある．高pH下では水酸化物や炭酸塩となって沈殿するために可給度は低い．

　マンガン（Mn），亜鉛（Zn），銅（Cu）は低pH土壌では存在量が少なく，高pH下での低可給度はFeと同じ理由による．

　ホウ素（B）の可給度はPと類似している．これはホウ酸（H_3BO_3）とリン酸（H_3PO_4）が化学的に類似した挙動を示すためである．ホウ素も微量必須元素であるので高pH条件下で過剰害が発生する可能性がある．

　モリブデン（Mo）は土壌中ではMoO_4^{2-}として存在し，酸性土壌ではFeやAlの酸化物の陽荷電と結合するため可給度が低い（Reisenauer et al. 1962）．pH5以上ではpHが1増すごとに溶解度が100倍となる（Lindsay 1972）．高pH土壌では過剰害が発生する可能性がある．

　図1-7には示されていないが，塩素（Cl）も微量必須元素である．塩素はほとんどがイオン（Cl^-）として土壌溶液中に存在するためにどのpH域でも可給度は高い．高濃度になると塩害をもたらす．

土壌酸性化

　湿潤地では陽イオンが溶脱するために酸性土壌が形成されやすい．人為的な

表 1-6　硫安の多肥による土壌の酸性化

層　別 (cm)	無　施　用		895 kg N ha⁻¹ 3 Y⁻¹		895 kg N ha⁻¹ 3 Y⁻¹	
	土壌 pH	交換性塩基 (meq 100g⁻¹)	土壌 pH	交換性塩基 (meq 100g⁻¹)	土壌 pH	交換性塩基 (meq 100g⁻¹)
0〜15	7	21.9	4.1	11.5	3.6	4
15〜30	6.1	20.6	5	17.5	4.2	9
30〜46	5.6	17.7	5.2	17.7	4.3	11.9
46〜61	5.6	18.3	5.6	17.5	4.8	16.2
61〜91	5.9	21.4	5.9	21.1	5.9	19.8

出典：Abruna et al. (1958)

酸性化（acidification）としては施肥が挙げられる．表 1-6 は硫安（$(NH_4)_2 SO_4$）の施肥が土壌 pH に及ぼす影響を示している（Abruna et al. 1958）．作物の N の必要量は S よりも多いので，NH_4^+ が SO_4^{2-} よりも多く吸収される．土壌中に残存した SO_4^{2-} によって pH は低下する．また，NH_4^+ の硝酸化成によって生産される NO_3^- のために pH はさらに低下する．

塩類集積と作物の養分吸収

乾燥地における化学的な土壌劣化は主として塩類集積である．塩とは陽イオンと陰イオンが結合した物質の総称である．塩類は元々土壌中に存在するが，人為的に供給されるのが灌漑水に含まれる塩であり，肥料である．肥料は硫安

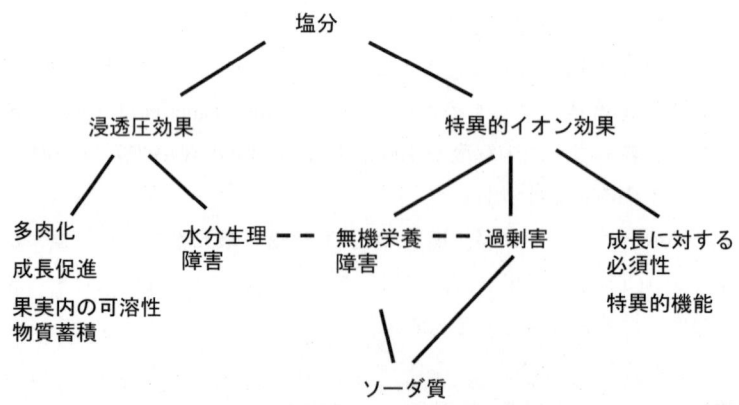

図 1-8　植物に及ぼす塩分とソーダ質の影響
出典：Läuchli and Epstein (1996)

((NH$_4$)$_2$SO$_4$)や塩加（KCl）のようにそのものが塩である．塩類集積には塩性化（salinization）とソーダ質化（sodication）がある．土壌に集積した塩類が作物に及ぼす害を総じて塩害とよぶ．

塩性化（salinization）

塩が根圏土壌に集積して土壌溶液の浸透圧が上昇（浸透ポテンシャルが低下）するために作物の水分吸収が抑制される浸透圧害と塩類の中の特定のイオンがもたらすイオン害がある（図1-9）．土壌の交換性ナトリウム率（ESP）が15以下，飽和抽出液の電気伝導度（ECe）が4 dS m^{-1}以上，の土壌を塩性土壌（saline soil）とよび（Richard 1954），それに至る過程が塩性化である．

乾燥地の土壌や水は元々塩類を多く含む．降雨量が蒸発量を上回る乾燥地では土壌水の動きが上向きであるため，高塩分濃度の灌漑水の使用は塩類集積をもたらしやすい．過剰の施肥も塩類集積をもたらす．また過剰灌漑によって地下水位が上昇し，毛管水が地表面に到達することによって土壌表面に塩類が集積する湛水化（ウォーターロギング）は塩害と湿害を併発する深刻な土壌の劣悪化である．

土壌溶液の浸透圧が上昇（浸透ポテンシャルが低下）すると水の根への侵入が妨げられる．一般に浸透圧が1.5 MPa以上では作物は水を吸収することができなくなるとされているが，浸透圧害に対する耐性は作物ごとに詳細に調べられてい

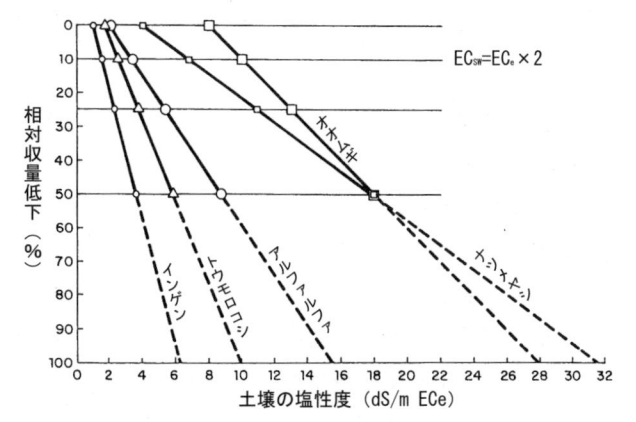

図1-9 最大ECeの決定法
出典：Maas and Hoffman（1977）

おり，穀類ではオオムギ，野菜ではアスパラガス，果樹ではナツメヤシが最大である (Maas and Hoffman 1977)．作物の耐性は4つに分類されており (図1-9)，土壌の飽和抽出液の電気伝導度 (ECe) が32dS m^{-1}を超えると耐性が最強であるナツメヤシ (Date palm) でも収量はゼロになる (Maas and Grattan 1999) (塩性土壌の生成機構については4-1-2を参照).

ソーダ質化 (sodication)

乾燥地における化学的な土壌劣化で最も深刻なのはソーダ質化である．Na$^+$を多く含む水を灌漑することによってNa$^+$が土壌中のCa^{2+}やMg^{2+}と交換し，ソーダ質土壌 (sodic soil) が生じる．ソーダ質土壌はECeが4以下，ESPが15以上という特徴を有する．随伴陰イオンが重炭酸イオン (HCO$_3^-$) や炭酸イオン (O$_3^{2-}$) であるので土壌pHは8.5を超える (ソーダ質土壌の生成機構については4-1-2を参照).

Na害

Salinityは必ずしも害をもたらすばかりではない (図1-8)．作物は土壌の高浸透圧に対抗して水吸収を維持するために内部の浸透圧を高めようとする．中生植物では高分子のタンパク質やデンプンを低分子のアミノ酸や糖に分解する．その結果，高品質の収穫物が得られる場合がある．塩の主体がCa，Mgのような必須元素であれば作物の栄養に有利に働く場合もある．

それに対してsodicityはすべての面で有害である (図1-8)．Naは環境中に多量に存在する元素であるが，ほとんどの作物には有害である．主なNa害として，①吸収されたNa自身が植物に及ぼす直接害，②拮抗作用 (competitive inhibition) によってK$^+$，Ca^{2+}，Mg^{2+}といった必須カチオンの吸収を抑制してそれらの元素の欠乏をもたらす間接害，③土壌のpHを上昇させることにともなう必須重金属の不可給化，④団粒構造を破壊し，粘土粒子を分散させることによる土壌物理性の悪化，である．①は葉中のNa濃度が高まることによって発生する障害で，葉縁が焼ける症状を呈する．この症状は草本類にはみられず，木本類のアボカド，柑橘，アーモンドやモモなどの核果樹 (stone-fruit trees) に特異的に見られる (Maas 1984) (写真1-1)．②は必須カチオンの欠乏症状が観察されるが最も一般的なのはCa欠乏である (Grieve and Fujiyama 1987) (写真1-2)．③はFe，Mn，

写真 1-1　マンゴーの Na 過剰症

写真 1-2　Na との拮抗作用によるトマトの Ca 欠乏（葉焼け）

写真 1-3　高 pH がもたらすリンゴの Fe 欠乏

写真 1-4　ソーダ質土壌の地割れ

Zn，Cu の欠乏症をもたらし，それぞれ特異的な症状を呈する．最も一般的にみられるのは成長部位に症状が現れる Fe 欠乏である（写真 1-3）．Fe は植物体内を移動しにくい元素であり，常に吸収していないと欠乏する．④は土壌の透水性を低下させるので，降雨は土壌に浸透せず，表面を流去する．また，いったん土壌中に侵入した水は浸透しにくいので根圏が酸素不足となって作物に湿害をもたらす一方，乾燥するとひび割れを生じ，根を切断する（写真 1-4）．それを嫌って農民は灌漑をするため，また湿害がおこるという悪循環に陥る．Sodicity の指標として交換性ナトリウム率（exchangeable sodium percentage : ESP）とナトリウム吸着比（sodium adsorption ratio ; SAR）が一般に用いられる．

化学的土壌劣化の防止

化学的な土壌劣化を引き起こさないようにするには養分の吸収率（作物の吸収

量／施肥量）を最大にする，すなわち養分（塩）の土壌中の残存量をできるだけ少なくする施肥技術が必要である．特に乾燥地における過剰の施肥は土壌の塩性化を招きやすい．また，養分の吸収率は灌漑と密接に関わっている．乾燥地で広範に利用されている表面灌漑（surface irrigation）はコストがかからないが，灌漑水中の塩類を土壌に多量に付加する一方で，養分の流亡や地下水汚染を引き起こす恐れがある．灌漑水にNa^+が多い場合は土壌のソーダ質化をもたらす危険性がある．いったん塩類によって劣悪化した土壌を修復するには大量の水で土壌を洗浄するリーチングなどの方法があるが，どのような方法を用いるにしても生産をいったん中止しなければならない．劣悪化が著しい場合は耕地を放棄せざるをえない．これを避けるには常に土壌の塩類濃度やpHを監視し，適正範囲に維持する必要がある．

(以上，藤山英保)

1-2-3　微生物学的な土壌劣化

土壌中の微生物

　一般的な土壌には非常に多くの微生物が生息している．土壌1gあたり100万〜1,000万の細菌が生息し，種類で見ても1万以上になるといわれる．この他に，放線菌が100万くらいとカビが100万くらい生息している（都留1976）．これらの土壌微生物は土壌の物理性や化学性に深く関わっており，植物の生育にも影響をあたえる．窒素は核酸やタンパク質など主要な生体高分子に多く含まれており，植物にとって重要な栄養素の一つである．しかし高等植物は大気中に約80％も存在する窒素ガスを直接利用することはできない．一方，土壌中の窒素固定能力をもつ微生物は常温・常圧のもとに窒素ガスをアンモニアへ変換し，このアンモニアを細胞の体内代謝系へとたやすく取り込んでゆくことができる．また，アンモニアはアンモニア酸化細菌により亜硝酸へと酸化され，さらに亜硝酸酸化細菌により硝酸へと酸化される．大部分の植物は硝酸塩を利用し生育する（小林1986）．硫黄もまた生体元素として重要なものである．動物や植物体の有機硫黄化合物を微生物が分解し硫酸塩が生じる．有機硫黄化合物が分解されると通常硫化水素が生成する．硫化水素は硫黄酸化細菌によって好気的に，あるいは光合成硫黄細菌によって嫌気的に硫黄，亜硫酸を経て硫酸へと酸化される．植物はこの

硫酸塩を利用する．植物の生育にはリンも欠かせない．リンは土壌や岩石中に比較的多量に含まれているが，大部分はカルシウム塩，鉄塩など不溶性の形となっている．植物に利用されるためにはこれらのリン酸の可溶化が必要であるが，これも微生物が行っている．微生物はさまざまな代謝産物を生産する．この代謝産物の中の酸性物質，有機酸，硝酸，硫酸がリン酸カルシウムを可溶化する．また，微生物が生産する硫化水素はリン酸第二鉄を可溶化する（宍戸・塚越 1998）．

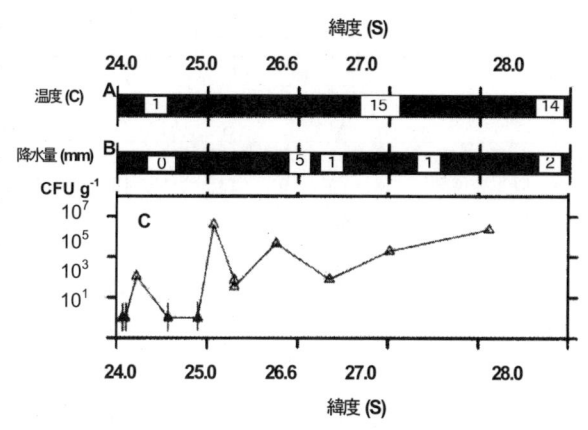

図 1-10　アタカマ砂漠土壌の気象学的，微生物学的特性
出典：Navarro-González et al.（2003）を改変

乾燥地の微生物

極度に乾燥した砂漠では土壌の水分含量と水分活性の低さによって微生物の生育，量，多様性が著しく制限される．南米チリのアタカマ砂漠の中心部は最も乾燥した砂漠である．ここではシアノバクテリアを含め植物などの一次生産者がいない．Navarro-Gonzálezら（2003）はアタカマ砂漠のいくつかの地点から土壌サンプルを採取し，2つの方法を用いて土壌中の微生物数を調べ報告している．一つはさまざまな培地を用いた培養であり，この方法により培養可能な従属栄養細菌の数を明らかにしている．二つめの方法では土壌中のDNAから細菌由来の16S rDNA領域をPCR（polymerase chain reaction）により増幅させ土壌微生物数を求めている．図1-10はアタカマ砂漠の緯度による気象の変化と微生物数の変化を示している．Aは年間平均気温，Bは年間降水量，Cは培養可能な従属栄養細菌の数をあらわしており，Cは土壌1gあたりのコロニー形成数である．最も乾燥した2地点のサンプルからは古典的な微生物培養法では従属栄養細菌の生菌は検出されなかった．またこの地点の土壌からはDNA試験においても微生物は検

表1-7 *Zygophyllum qatarense* 根圏土壌のカビ

	雨期						乾期					
	塩性地			非塩性地			塩性地			非塩性地		
	S	M	L	S	M	L	S	M	L	S	M	L
分離カビ数	51	43	77	257	328	352	25	35	41	218	244	1109
カビの種類	8	5	9	13	15	12	7	9	8	11	7	10

出典：Mandeel et al. (2002) を改変

出されなかった．このことからアタカマ砂漠のきわめて乾燥した地域にはほとんど微生物は存在しないことが明らかとなった．

中東の国バーレーンは大陸性の砂漠気候で平均年間降水量は 22 mm である．近年この国では土壌と水の塩レベルが急速に増加している．*Zygophyllum qatarense*（ハマビシ科の植物）はバーレーンの乾燥地帯に生息する塩生植物である．この植物の根圏土壌の微生物群落密度と多様性に関する報告がある（Mandeel 2002）．塩類土壌と塩類化していない土壌において乾期と雨期に生育ステージの異なる植物体の根圏土壌から微生物が分離され，カビの数とその種類が調べられた．表 1-7 は 1994 年の調査結果である．表中の S, M, L は植物体の大きさを示し，S は 1～15 cm，M は 15～50 cm，L は＞50 cm である．最も多くのカビが分離されたのは乾期の塩類化していない土壌からであり，最も多種類のカビが分離されたのは雨期の塩類化していない土壌からであった．植物の生育にともないカビの数は徐々に増加したが，カビの種類の多さとの相関は見られなかった．

乾燥地の植物の生育に必要な土壌栄養と微生物

植物の生育には，窒素，リン，カリウムなどの栄養素が必要である．中でも植物が土壌から窒素とリンを得るためには微生物の働きが重要である．特に窒素は，乾燥地で植物が長く生育していくために水の次に重要な因子であるといわれている．砂漠生態系への窒素の取り込みは沈着か生物固定のどちらかである．乾燥地では土壌表面に生物土壌クラスト（BSC：biological soil crusts）と呼ばれる薄い微生物群落がある．ここではシアノバクテリアや微細藻類による一次生産（光合成による炭酸同化）が行われ，共生関係の地衣類や他の生物も見られる．乾燥地ではこの BSC が窒素固定の主要な場となる．この群落での窒素サイクルに関する研究が乾燥地での窒素の流れを解明する鍵となると考えられている．そこで

コロラド高原の BSC について窒素固定とアンモニア酸化に関する研究が行われた (Johnson et al. 2005; Johnson et al. 2007). 異なる 2 地点から濃い色と薄い色の BSC が採取され, その特性が調べられた. 濃い色の BSC は薄い色の BSC に比べ水溶性カチオン濃度が高かった. この 2 種の BSC の表面 0 〜 10mm において, 土壌の深さと土壌窒素固定活性やアンモニア酸化細菌数の関係が調べられた. その結果, 薄い色の BSC では表層で特に窒素固定活性が強いというわけではなく 6 〜 8 mm の深さまで活性が広がっていることがわかった. 一方濃い色の BSC では 3 mm より上層に窒素固定活性のピークがあった. またアンモニア酸化細菌は濃い色の BSC と薄い色の BSC の両方で表層 2 〜 3 mm の深さに最も多いことがわかった.

半乾燥地域での農業生産にとって土壌水分や窒素が主要な制限要因となるが, リンの欠乏も多くの土壌において作物の生育を抑制する. 土壌中でのリンの変換には鉱物学的, 化学的, 生物学的プロセスが複雑に関係している. 炭酸塩の除去, 土壌のポドゾル土化にともなう鉄, アルミニウムの酸化は, 鉱物に含まれる無機リン, アパタイトなどから, より難溶性の無機リンへの変化を引き起こす. また, 有機物質や有機リン化合物の量にも影響をあたえる. Panwar ら (2005) は, 土壌溶液に可溶な変化しやすい無機リンや容易にミネラル化, あるいは土壌酵素により加水分解される有機リンを「可給性リン (labile P)」と定義した. そして

表 1-8　砂漠の木の根圏と非根圏の土壌に含まれる「可給性リン」量と各種酵素活性

| | 可給性リン ($mg\ kg^{-1}$) | | 酵素活性 ($n\ kat\ g^{-1}$) | | | | | |
| | | | 脱水素酵素 | | 酸 脱リン酸化酵素 | | アルカリ 脱リン酸化酵素 | |
Desert trees	NR	R	NR	R	NR	R	NR	R
Acacia senegal	14.97 ± 0.49	17.64 ± 0.37	1.99 ± 0.21	4.52 ± 0.69	2.83 ± 0.34	3.89 ± 0.44	5.34 ± 0.35	6.31 ± 0.39
Azadirachta indica	5.33 ± 0.17	8.35 ± 0.11	7.12 ± 0.71	8.79 ± 0.54	3.65 ± 0.32	7.48 ± 0.42	6.44 ± 0.41	6.97 ± 0.23
Eucalyptus camaldulensis	13.08 ± 0.55	14.80 ± 0.65	4.77 ± 0.18	6.31 ± 0.42	3.00 ± 0.69	5.62 ± 0.35	6.25 ± 0.39	6.83 ± 0.54
Hardwickia binata	17.38 ± 0.69	20.65 ± 1.02	9.94 ± 0.91	11.81 ± 0.86	5.76 ± 0.35	7.46 ± 0.71	6.83 ± 0.28	6.97 ± 0.38
Prosopis cineraria	6.28 ± 0.22	10.69 ± 1.12	5.70 ± 0.96	10.41 ± 0.72	3.97 ± 0.11	5.69 ± 0.65	6.45 ± 0.55	6.88 ± 0.61
P. juliflora	15.23 ± 0.76	18.50 ± 1.05	4.02 ± 0.35	4.96 ± 0.48	2.99 ± 0.15	3.06 ± 0.23	5.82 ± 0.52	6.07 ± 0.38
Salvadora persica	11.61 ± 0.36	13.25 ± 0.81	2.69 ± 0.29	3.97 ± 0.33	2.33 ± 0.21	3.47 ± 0.33	5.73 ± 0.61	6.56 ± 0.11
Tecomella undulata	5.85 ± 0.21	6.77 ± 0.19	5.94 ± 0.77	9.67 ± 0.41	3.48 ± 0.39	4.92 ± 0.21	6.80 ± 0.28	6.97 ± 0.25

Acacia senegal：マメ科アカシア属（アラビアゴムの木）, *Azadirachta indica*：センダン科（ニーム）,
Eucalyptus camaldulensis：フトモモ科ユーカリ属（レッド・リバー・ガム）, *Hardwickia binata*：マメ科
Prosopis cineraria：マメ科プロソビス属, *P. juliflora*：マメ科プロソビス属,
Salvadora persica：サルバドラ科（歯ブラシの木）, *Tecomella undulata*：ノウゼンカズラ科
出典：Panwar et al. (2005) を改変

作物の輪作，コンポストなど残渣の施用，耕作，土壌深度，砂漠の木や乾燥環境下の園芸植物の根圏における「可給性リン」の量的変化をフィールド実験で調べ報告している．表1-8は砂漠の木の根圏の土壌と根圏でない部分の土壌に含まれる「可給性リン」量と各種酵素活性の強さを示したものである．NRは根圏でない土壌サンプル，Rは根圏の土壌サンプルを示している．作物の適切な輪作とコンポストなど残渣の施用は土壌中の「可給性リン」の量を増加させる可能性があること，砂漠の木や果樹には根圏の「可給性リン」の量をかなり増加させるものがあることが示された．根圏でリンが増加するメカニズムとしては，根から分泌される粘液により微生物の活動が活発になり菌根菌の活性化，有機酸の排出量の変化，リン酸加水分解酵素による有機リンの加水分解がおこることなどが考えられている．

土壌構造と微生物

乾燥地の土壌は一般に砂質土壌が多く，砂質土壌では粘土鉱物がないため安定な凝集塊がうまく形成されない．そのため風や水による土壌侵食が起こりやすい．土壌侵食を防ぐことは持続的に農作物や植物を育てる上で非常に重要であり，そのためには砂質土壌の凝集にかかわる生物的なプロセスを無視できない．土壌の凝集に微生物の菌糸が関わっていることはさまざまな土壌で実証されている．また，砂質土壌の凝集においてアーバスキュラー菌根菌とその他のカビの菌糸が関わっているという報告がある．菌糸は土壌に架橋結合を作り，砂粒子の網目構造形成に関わっている．長い菌糸は砂粒子表面に結合し，架橋結合する菌糸の張力の強さが土壌凝集塊の安定性に影響する．大きな砂粒子を巨大な凝集塊として安定化させるにはより長い菌糸が必要である．粘土含量の高い土壌でも菌糸により小さい凝集塊が形成される．菌根菌以外のカビの菌糸も土壌凝集に関わっている．砂砂漠でよくおこる土壌水分欠乏下でも，アーバスキュラー菌根菌以外の菌は，新鮮な有機物質によって生き続け菌糸をのばすことができる．

土壌の凝集には植物の根も非常に重要である．土着のたくさんの草の根，特に根毛によって砂粒子が被われ根に強く結合した土壌が形成される．根から浸出する粘液は土壌の乾燥程度にもかかわるが，土壌構造をより安定化させるものである．メキシコの半乾燥地砂質圃場でアマランス，ギョウギシバ，トウモロコシ，

表1-9 地中海地域の代表的な植物に対する菌根接種とコンポスト施用の効果

植物/処理	菌根の割合 (%)	地上部の高さ (cm)	地上部乾燥重量 (g)	地上部の栄養含量 (mg/plant)		
				N	P	K
Pistacia lentiscus （ウルシ科）						
Control	7	12.9	2.0	12.4	2.6	17.2
M	37	27.8	2.4	29.0	4.8	25.4
R	8	23.9	2.0	23.0	2.9	22.2
RM	47	33.0	2.9	33.6	4.2	31.3
Retama Sphaerocarpa （マメ科）						
Control	13	30.0	0.7	6.7	0.6	6.4
M	33	41.9	0.8	11.7	1.0	9.4
R	6	35.1	0.6	7.1	0.7	5.2
RM	37	44.4	1.0	13.0	2.4	11.9
Olea europeae （モクセイ科）						
Control	15	29.1	1.5	16.3	1.9	17.6
M	65	45.2	4.0	46.8	8.4	64.4
R	14	35.9	1.7	17.2	1.5	23.1
RM	65	59.5	4.2	42.4	10.1	63.4
Rhamnus lycioides （クロウメモドキ科）						
Control	1	22.9	0.9	8.7	0.6	9.3
M	48	32.0	1.9	27.7	2.7	24.9
R	2	24.0	0.8	10.0	0.8	9.9
RM	38	44.8	2.3	35.9	3.7	40.0

出典：Palenzuela et al.（2002）を改変

ヒマワリの4つの植物種を生育させた後，根とその周辺の土壌の様子を観察する研究が行われた．その結果から，砂粒子の結合には根毛とカビ菌糸の両方が同時にかかわるが，土壌粒子の網目構造形成には菌糸よりも根毛の方がより重要であるという結論が得られている（Moreno-Espíndola et al. 2007）．

乾燥地の植物再生と微生物

砂漠化において最初に現れる徴候は自然の植物群落の異常である．しかし，同時に土壌構造や有機物含量，植物による栄養利用，微生物の活動といった物理化学的，生物学的な土壌特性の消失もおこる．これらの特性は土壌品質や植物生産性に深く関わっている．そのためこれらが破壊されると，やがて植物の生育が妨げられてくる．土壌の破壊は自然におこる植物再生を難しくし，土壌侵食や砂漠化を加速させる．砂漠化は特に乾燥地，半乾燥地，半湿地において環境に負の影響をあたえる．植物の主な栄養サイクルは相利共生生物である微生物によって支配される．この共生微生物が砂漠化により減少してしまう．最も重要な共生者は，菌根菌と根粒菌で，菌根菌は植物の生育を助け，栄養欠乏や乾燥，土壌撹乱など

のストレスに耐える能力を強める．菌根菌の中には，抗生物質を産生し植物の根を病害菌の攻撃から守っているものもある．一方，窒素固定根粒菌は固定化窒素が充分にない状態でもマメ科植物を繁茂させる．砂漠化によりこのような共生微生物が減少すると植物の再生が妨げられる (Requena et al. 2001)．そのため近年，土壌微生物を利用し乾燥地で植物を再生させようとする，あるいは農作物の収量を上げようとする研究が行われている．

　地中海地域は長く乾燥した暑い夏と，不規則でまれであるが激しい降雨という特徴をもつ地中海式気候である．この気候のもと南スペインの砂漠化した地域で灌木の苗を植える際の菌根菌接種とコンポスト添加があたえる効果が検討された．表 1-9 はその結果で，地中海地域の生態系において代表的な植物種，*Pistacia lentiscus*（ウルシ科マスティクス），*Retama sphaerocarpa*（マメ科レタマ属），*Olea europeae*（モクセイ科オリーブ），*Rhamnus lycioides*（クロウメモドキ科）の苗床に菌根菌を接種し，その植物を砂漠化した土地に移植する際にコンポストを施用，圃場条件下で 8 カ月生育させた後の菌根形成と植物成長を示したものである．コントロールは何も処理していないもの，M は菌根菌の接種のみ行ったもの，R はコンポスト施用のみ行ったもの，RM は菌根菌接種とコンポスト施用の両方を行ったものを示している．さらに，各植物体の地上部の窒素，リン，カリウム含量も調べられた．植物体移植の際に菌根菌を接種することにより菌根の感染媒体（propagule）の数が増加し，さらにコンポストを添加すると感染媒体がより増加することが明らかとなった．また，これにともない植物体の栄養取得能力が向上することもわかった (Palenzuela et al. 2002)．

（以上，作野えみ・中島廣光）

1-3 乾燥地における土壌劣化の事例

山本太平

　1-1で述べたように，乾燥地の土地劣化面積は6億〜12億haとされ，6大陸に分布している．ここでは，アジアから中国とイラン，アフリカからサヘル地帯，南アメリカからチリ，豪州から西オーストラリア州を取り上げ，それぞれの土壌劣化の特性について説明する．なお，現地調査は，中国は1985〜1995年，イランは1973〜1978年と1996年，サヘルは1995〜1996年，チリは1997年，西オーストラリア州は2003〜2006年に行った．

中国・毛烏素(マオウス)砂漠の風食・水食

　毛烏素砂漠はオルドス高原の南部，北緯37〜40°に分布し約400万haの面

写真1-5　中国内蒙古自治区毛烏素砂漠における風食と水食
　写真左上：流動砂丘の風食，　写真右上：黄土地帯の水食
　写真左下：丘間低地における灌漑農地と後方の砂丘地帯，　写真右下：冬期の風食

積を有す．毛烏素砂漠は中国砂漠地帯の東端の砂漠であり，解放初期 105 万 ha 程度であったが，1980 年代初めまでに年間約 10 万 ha の速度で砂漠化が進行した．また本砂漠は標高が 1,200〜1,500 m の高原に分布するが盆地状の地形を有するので地下水源が豊富である．気候は半乾燥帯に属し年降水量が 350 mm，雨期が 6〜8 月を示す．流動砂丘地が 40%，固定砂丘地が 50% および黄土地域が 10% 分布し，砂丘地では風食，黄土地域では水食が厳しい（写真 1-5）．主要産業は地下水依存による定住型牧農業であり経済体制改革が急速に浸透しつつある．牧農民の生産基盤では，砂丘地帯を中心として緑地の拡大と土地生産力の向上のために，新しい緑化技術と灌漑農法が適用されている．灌漑農業では一牧農家当たりの耕地面積が数 ha と少ないが井戸を用い小型ポンプによる地表灌漑法が主流である．この結果，年収入は全国の平均に近づき経営も安定化してきた．劣化土壌の修復プロジェクトの効果がみられ，畜産，林業，農業形態が近代化し，生産と所得の向上が著しい（山本ら 1999）．

イラン国・クーゼスタン州の塩類土壌

イラン国のクーゼスタン州（665 万 ha）は，気候は乾燥帯〜半乾燥帯に属し，年降水量が 250〜350 mm，雨期が 12〜3 月を示す．イラン国の主要河川の多くが集中し平坦な沖積大平原が形成されている．カルフェ川，デズ川，カルーン川等はいずれも豊富な水量を有する．州の北部（全面積の 15 %）だけが非塩類土壌地帯で残りは塩類土壌地帯である．クーゼスタン州は，河川水が主要な灌漑水源になる．これらの河川を利用して，近年いくつかの灌漑プロジェクトが実施された．非塩類土壌地帯のデズ灌漑プロジェクト（11.5 万 ha）では，河川水が灌漑水源になる．一方，それぞれの灌漑プロジェクト地域では圃場内において用排水が分離されてはいるが，平坦な地形で地下水位が高いため最終的に排水が河川に流入する．このような河川利用方式では, 各河川とも下流の塩類濃度が増加し，下流域における灌漑プロジェクトほど水源が塩類化することになる．一例として，州中部のシャブール灌漑における灌漑水と排水の塩類度は，州北部の 5〜10 倍を示す（写真 1-6）．シャブール川の塩類濃度が高いのは，州北部の排水の一部がシャブール川に流入しているためである．シャブール地域の排水はさらに高濃度になりカルフェ川に流入しているので，州中部より下流側の灌漑水源の塩類化が

写真 1-6　イラン国クーゼスタン州における塩類集積
写真左上：塩類が集積した農地のリーチング，　写真右上：暗渠排水用のトレンチ
写真左下：排水路の塩類集積，写真右下：排水が混入して二次的に塩類化した河川

考慮される（山本 1999）．

サヘル地帯の風水食と森林伐採

アフリカのサヘル地帯 13.4 億 ha において，年降水量が 600 〜 1,200 mm を示す半乾燥帯（ステップ）や乾燥亜湿潤帯（サバンナ）が 1/3 以上を占める．サヘル地帯における砂漠化は，人口増加に伴う過大な開発，森林破壊，過放牧，水・土壌管理の不備に伴う農業活動等の人為的要因が主要である．ガーナ国では，森林伐採して，輸出用のサトウキビのプランテーションや燃料用の木炭の生産が盛んである（写真 1-7）．土壌侵食は風食が多く発生し北部が顕著である．また降雨による水食も多い．特にケニア国の傾斜地ではガリ侵食が著しい．土壌侵食は顕著であるが，塩類化は灌漑農業があまり発達していない現在問題点が少ない．3 カ国の特徴はアジアの乾燥地帯に比べ年間を通した植物期間と豊富な降雨量にある．いっぽう，干ばつ年においては，平年降水量（600 〜 1,300 mm）に比べて，

写真 1-7 アフリカのサヘル地帯における土壌劣化
写真左上：ニジェール川に押し寄せた砂丘地と防砂林（ニジェール国），
写真右上：熱帯サバンナの風食（ガーナ国），
写真左下：熱帯雨林の伐採（ガーナ国），写真右下：灌漑農地の水食（ケニア国）

渇水年の1/10確率年には62～76％，1/100確率年には38～60％に減少するので，水資源の確保と灌漑施設の整備が提案される（山本1999）．

チリ国北部・中央窪地帯における劣化土壌

　チリ国北部の亜熱帯地域では，気象特性が複雑な地勢に左右され大きく異なる．降水量はアンデス地帯では300 mm 程度を示すが，標高の低い中央窪地，海岸地帯や海岸山脈ではほとんど降水が期待されなく，高温乾燥の極乾燥気候を示す．水資源が限定され灌漑農業はほとんど未開の状態であり，塩類集積や排水不良の面積も少ない（国際農林業協力協会 1993）．土壌侵食の割合が44％と比較的高いのは降水期におけるアンデス前緑地帯やアンデス山脈地帯で発生することが多い．中央窪地において灌漑農業が中心であり渓流水となり流下し中央窪地に貯留される．この地下水は都市用水，農業用水，工業用水に用いられる．地下水深は比較的浅いが水質はあまり良くなく，硫酸ナトリウム型，全溶存固形物

写真1-8 チリ国・北部の中央窪地帯（標高1000m付近）の土壌劣化
写真左上：未開の粘土質土壌地帯，写真右上：乾燥時の土壌収縮，
写真左下：収縮の亀裂幅は10cm以上を示す
写真右下：高水分時の膨潤による土壌面の盛上り（人物はArturo Prat大学のDr.M.Kumar）

1000mgL^{-1}，USDAの水質評価ではC_3S_3に分類される．土壌は粘土質土壌で，膨潤と収縮度の顕著な荒廃地が多い（写真1-8）．水質と土壌条件の良いところでは，広大な農地を有する農業会社がみられ，地下水利用の点滴灌漑方式による亜熱帯果樹類（柑橘，アボガド，バナナ，パパイア等）の生産が盛んである（国際協力事業団1978；1993）．

豪州・西オーストラリア州の酸性土壌

豪州の西オーストラリア州のノーサムからターミン地域においては酸性土壌地帯が広範囲に分布している（写真1-9）．この地域は南緯31～32度に位置し，年間の降水量が250～500mm，蒸発量が1,400～2,000mmの乾燥帯に属する．この地域の土壌酸性化は，陽イオン交換容量（CEC）の小さな砂質土壌で発生しやすい．また農業の近代化にともなって，郷土種の植生から新しい作物栽培体系に変化したこと，酸性化しやすい肥料を用いたことなどが酸性化の促進要因といわ

写真 1-9 西オーストラリア州ターミン地域における酸性土壌
写真左上：土地劣化修復プロジェクト地域，
写真右上：小麦収穫後の酸性土壌のサンプリング
　　　　　（人物は Curtin 工科大学の Dr.L.Martin と著者），
写真左下：郷土植物による風食土壌の修復，写真右下：砂質状の酸性土壌

れる．この地域の農家の平均耕作面積は数千 ha もあり，雨期の降水を利用した粗放的な機械化営農方式によって，小麦，牧草，菜種などの主要作物が栽培されている．ターミン地域では，農家コミュニティによる土地劣化の修復プロジェクトが成功した地域である．この地域は砂質土壌地帯であり，CEC が 6 ～ 7 cmolc kg^{-1}，pH が 4.5 ～ 4.7 を示した．酸性土壌の改良には石灰の施用が行われ，利用のガイドラインが広く普及している（山本 2004）．

1章の引用文献

国際協力事業団. 1978.「チリ共和国セロ・コロラド鉱山開発関連都市，道路及び用水整備計画」調査報告書, 172-234.

国際農林業協力協会. 1993. チリの農林業―現状と開発の課題―. 海外農業開発調査研究国別研究シリーズ No.54.

北村貞太郎. 2003. 地球環境問題. Earthian, Mar.2003, 4-7.

小林達治. 1986. 自然と科学技術シリーズ 根の活力と根圏微生物. 農文協, 165-169 p.

宍戸和夫・塚越規弘. 1998. 微生物科学. 昭晃堂, 185-187 p.

都留信也. 1976. 土つくり講座 IV 土壌の微生物. 農文協, 53 p.

松中照夫. 2003. 土壌の基礎. 東京：農文協, 123p.

山本太平. 1988. 乾燥地における砂漠緑化と農業開発 (その1) ―乾燥地の分布と地域特性―. 農業土木学会誌, 第 56 巻第 10 号, 77-85

山本太平. 1999. 砂漠化. 大学等廃棄物処理施設協議会環境教育部会編：環境講座環境を考える. 東京：科学新聞社, 31-39.

山本太平. 2004. 乾燥地の灌漑農業における持続的発展 - 灌漑開発による砂漠化と対策 -. 平成 12 年度農業土木学会畑地整備研究部会研究集会, 1-10 p.

Abruna F, Pearson RW, Elkins CB. 1958. Quantitative elevation of soil reaction and base status changes resulting from field application of residually acid-forming nitrogen fertilizers. Soil Sci. Soc. Amer. Proc 22: 539-542.

Andry Henintsoa Ravolonantenaina. 2007: Acid soil and its improvement, Ph.Dthesis, 75-86.

Arai M・Keren R・Yamamoto T・Inoue M. 2003a. Effect of water quality properties of the Niigata smectitic and Tottori kaolinitic soils. 農業土木学会論文集 224: 11-18

Arai M・Keren R・Yamamoto T・Inoue M. 2003b. Aggregate stability evaluation of sodic soils using ethanol-water mixtures. 農業土木学会論文集 224: 65-71.

Dregne H. E. 1983. Desertification of Arid lands-Advances in desert and aridland technology and development Volume 3-. United States of America: Harwood Academic Publishers. GmbH.

Edward Arnold. 1992. World Atlas of Desertification. UNEP.

Grieve C M, Fujiyama H. 1987. The Response of Two Rice Cultivars to External Na/Ca Ratio. Plant and Soil 103: 245-250.

Johnson SL, Budinoff CR, Belnap J, Garcia-Pichel F. 2005. Relevance of ammonium oxidation within biological soil crust communities. Environmental Microbiology 7: 1-12.

Johnson SL, Neuer S, Garcia-Pichel F. 2007. Export of nitrogenous compounds due to incomplete cycling within biological soil crusts of arid lands. Environmental Microbiology 9: 680-689.

Läuchli A, Epstein E. 1996. Plant response to saline and sodic conditions. In: Tanji, KK, editor. Agricultural Salinity Assessment and Management. New York: American Society of Civil Engineering, p 113-137.

Lindsay WL. 1972. Inorganic phase equilibria of micronutrients in soil. In: Mortvedt JJ et al., editor. Micronutirents in agriculture. Madison, WI: Soil Sci. Soc. America, p 41-57.

Maas EV. 1984. Salt tolerance of plants. In: Christie BR, editor. Handbook of Plant Science in Agriculture Vol. II . Boca Raton, Florida: CRC Press, p57-75.

Maas EV, Grattan SR. 1999. Crop yields as affected by salinity. In: Skaggs RW, Van Schlfgaade, editors. Agricultural Drainage, Madison, WI: J. Am. Soc. Agron., Monograph 38, p 55-108.

Maas EV, Hoffman GJ. 1977. Crop salt tolerance-current assessment. J. Irrig.and Drainage Div. ASCE 103(IR2): 115-134.

Mandeel QA. 2002. Microfungal community associated with rhizosphere soil of Zygophyllum qatarense in arid habitats of Bahrain. Journal of Arid Environments 50: 665-681.

Marshner H, Romheld V. 1994. Strategies of plants for acquisition of iron. Plant Soil 165: 261-274.

Millennium Ecosystem Assessment. 2006. Desertification synthesis. Ecosystems and Human Well-being. Millennium Ecosystem Assessment. 23.

Millennium Ecosystem Assessment. 2006. Dryland System. Global & Multiscale Assessment Reports. Millennium Ecosystem Assessment. 636-644.

Moreno-Espíndola IP, Rivera-Becerril F, Ferrara-Guerrero MJ, León-González FD. 2007. Role od root-hairs and hyphae in adhesion of sand particles. Soil Biology & Biochemistry 39: 2520-2526.

Navarro-González R, Rainey FA, Molina P, Bagaley DR, Hollen BJ, de la Rosa J, Small AM, Quinn RC, Grunthaner FJ, Cáceres L, Gomez-Silva B, McKay CP. 2003. Mars-like soils in the Atacama Desert, Chile, and the dry limit of microbial life. Science 302: 1018-1021.

Oldeman, L.R., R.T.A. Hakkeling and W.G. Sombrock. 1991. World map of the atatus of human-induced soil degradation, an explanatory note, Second revised editions, Degradation Environment Global Assessment of Soil Degradation (GLOSAD), International Soil Reference and Information Center/United Nations Environmental Programme, Wageningen /Nairobi,1-35.

Palenzuela J, Azcón-Aguilar C, Figueroa D, Caravaca F, Roldán A, Barea JM. 2002. Effects of mycorrhizal inoculation of shrubs from Mediterranean ecosystems and composted residue application on transplant performance and mycorrhizal developments in a desertified soil. Biology and Fertility of Soils 36: 170-175.

Panwar J, Saini VK, Tarafdar JC, Kumar P, Kathju S. 2005. Changes in labile P status under different cropping systems in an arid environment. Journal of Arid Environments 61: 137-145.

Reisenauer HM, Tabikh AA, Stout PR. 1962. Molybdenum reactions with soils and the hydrous oxides of iron, aluminum, and titanium. Soil Sci. Soc. Am. Proc. 26: 23-27.

Requena N, Perez-Solis E, Azcón-Aguilar C, Jeffries P, Barea JM. 2001. Management of indigenous plant-microbe symbioses arids restoration of desertified ecosystems. Applied and Environmental Microbiology 67: 495-498.

Richard LA. 1954. Diagnosis and improvement of saline and alkali soils. In Agricultural Handbook No. 60. Washington DC: USDA, 160 p.

2 風食のメカニズムと
　　その対策

　本章では，風食がどのようなメカニズムでおこるか，そして風食に対してどのような対策方法がとられるかについて概説する．また，世界各地の乾燥地における風の特徴について概観する．
　2-1では風の物理的な特徴と飛砂量を決定する要因について解説を行う．
　2-2では乾燥地の風の特徴を地理的な条件などによって示すとともに，最近東アジアで問題になっているダストストームを代表に，その発生分布やメカニズムについて解説する．
　2-3，2-4では飛砂の物理的なメカニズムを数値シミュレーションから考察する．
　2-5では風食を防止するための具体的な方法（生物・生態的，物理的，化学的，その他防砂法）について概説する．

2-1 風食と風

木村玲二

　乾燥地域において，風食は地表面の被覆状態，土壌表層の湿潤状態，斜面の勾配等に左右されるが，最も大きな要因は地表面付近を吹走する風であろう．風は土壌を動かす力を持っているため，乾燥地域で起こる風食は砂漠化の直接的な原因の一つと考えられている．風で表層の肥沃な土壌が奪い去られてしまうと，植物の根が地表面に表れて枯死してしまう．とくに乾燥地域では，一旦表土が失われた場所では，植物が必要な水や養分を十分に与えることができないので，植物が自然回復するのが困難になる．また，自然草地などで被覆されている固定砂丘が砂漠化によって動き出し，その移動した土砂が農耕地などの植生地を飲み込んでしまうことによる砂漠化もある．

　中国やモンゴルで発生する黄砂も風食によって引き起こされる現象の一つである．日本では，洗濯物や車が汚れるといった被害が多いが，中国やモンゴル，韓国では人間や家畜に対する健康被害，農作物に対する被害などが深刻化している．黄砂が近年頻繁に観測されるようになったことについて，中国北西部の土地の劣化との関連性が指摘されており，黄砂は単なる季節的な気象現象から，砂漠化に代表される「環境問題」としての認識が高まっている．

　このように，風食は水食と並んで，国連で定義されている砂漠化の代表的な要因の一つであり，塩類化などの化学的劣化や表土固結などの物理的劣化よりも割合は高く，その被害は深刻である（吉崎 2005）．

　本節では，このような砂漠化の原因の一つである「風食」を引き起こす地表面付近の風の物理的な特徴と，飛砂量を決定する要因について解説を行う．

2-1-1　大気境界層

　大気境界層は地球表面に接する最も低い気層であり，地表面の機械的，熱的な影響を直接受ける．すなわち，空気が地表面に沿って流れる場合，その凹凸の度合いによって常に表面摩擦の影響をうける（機械的影響）．また，地表面は日

射によって加熱されるので，それに接する気層に対流的な乱れを生じさせる（熱的影響）．このように，大気の運動は地表面の影響を受けるが，表面に近い気層ほどその影響は大きい．影響は地球表面から1,000 m内外の高さにまで及ぶ（原則的に1日を周期として変化する）．この気層を大気境界層とよぶ（図2-1）．その中でも，地表面から

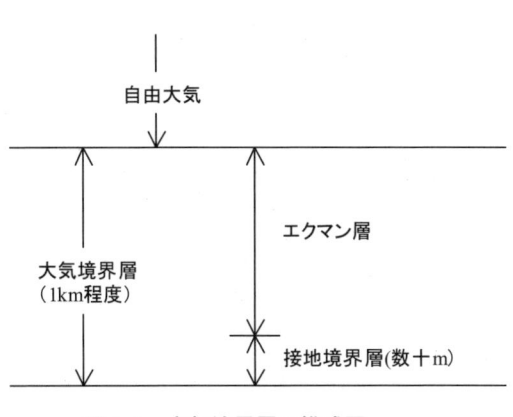

図2-1 大気境界層の模式図

数十mまでの気層は特に地表面の影響が著しいので，接地層または接地境界層といわれている．大気境界層の残りの部分は一般にエクマン層と呼ばれている．大気境界層より上の気層は自由大気とよばれる．

接地境界層

地表面の影響を全面的に受けている最も下層の大気．運動量や熱の鉛直方向のフラックス（熱流量）が地表での値と等しいとみなされる気層である．風食のプロセスを考える場合，この気層の物理的解釈が重要になる．

エクマン層

この層では，地表面による摩擦力以外に気圧傾度力，コリオリ力が重要となり，これらがほぼつりあっている．この層では接地境界層とは異なり，フラックスは高さ方向に変化し，風向も変化する．

2-1-2 接地境界層における風速の高度分布

大気安定度が中立に近い場合，接地境界層における風速Uの高度分布は次式によって表される．

$$U = \frac{u_*}{k} \ln \frac{z-d}{z_0} \qquad \cdots\cdots\cdots 式2\text{-}1$$

ここに，u_*は摩擦速度，kはカルマン定数（≒ 0.4），zは地表面からの高さ，dはゼロ面変位，z_0は地表面の粗度である．図2-2に大気安定度による風速鉛直分

布の変化の模式図を示す．図中の直線の勾配が u_*/k を表す．u_* は乱流の強さを表すスケールで，速度の次元を持つ．

d は植物や建築物等の地物が存在するため，高さを測定する基準を実際の地面より上に修正するための高さを表す．z_0 は地物の幾何学的構造に依存する，おおざっぱにいえば地表面の凹凸状態を表すパラメータである．一般に，水面や平らな裸地では値が小さく，構造物が大きくなるにしたがって値は大きくなる．d と z_0 は風速の鉛直分布の観測から同時に決めることができる．推定法として，地物の高さにある定数をかけたものがよく用いられている．植生地の場合，d と z_0 は厳密には個々の葉の葉面抵抗係数，葉面積指数，植被高の関数であり，パラメータ化は実際には複雑である．

式 2-1 は，乱流の鉛直成分の生成が風による機械的な作用（強制対流）によるという考えから導出されている．しかしながら，大気安定度が中立でない場合には浮力の作用（自然対流）によっても乱流が生成される．大気安定度を考慮した風速の高度分布は次式によって表される．

$$U = \frac{u_*}{k}\left\{\ln\frac{z-d}{z_0} + \phi_M\right\} \quad \cdots\cdots 式\ 2\text{-}2$$

ここに，ϕ_M は安定度別に表される無次元関数である．図 2-2 に大気安定度が安定，不安定時の風速鉛直分布を示す．

大気の安定度を示す指標として次式で表されるリチャードソン数がある．

$$Ri = \frac{g\Delta\Theta/\Delta z}{\Theta(\Delta U/\Delta z)^2} \quad \cdots\cdots 式\ 2\text{-}3$$

ここに，g は重力加速度，$\Delta\Theta/\Delta z$ は温位の鉛直勾配，$\Delta U/\Delta z$ は風速の鉛直勾配である．中立のとき Ri は 0，安定のとき正，不安定のとき負である．

このように接地境界層内の風は大気の安

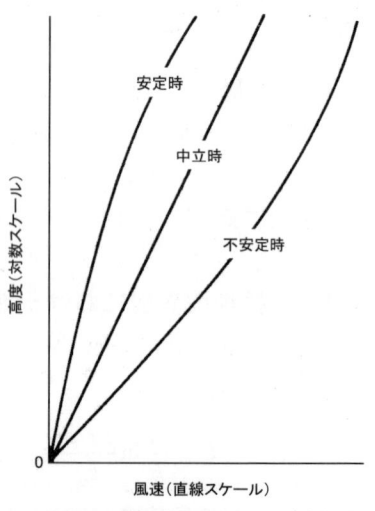

図 2-2 大気安定度による風速鉛直分布の変化

定度，地表面の粗度などによって変化する．夜間の層内の大気は安定で混合が弱く，地表面付近は微風になる．逆に，日中には日射の加熱で層内は不安定化し，上下の対流混合（強制対流＋自然対流）が盛んになる．

2-1-3 飛砂と風

土壌の粒子が風によって持ち上げられる過程は，大気乱流が粒子を持ち上げようとする力と，粒子が地表に留まろうとする力のバランスによって決定される．すなわち，風食は地表面を吹く風によって土粒子にせん断応力（レイノルズ応力）が働き，それがある限界値を超えるときに土粒子が動き始める現象である（吉崎 2005）．せん断応力 τ と摩擦速度 u_* の関係は次式で表される．

$$\tau/\rho \equiv u_*^2 \qquad \cdots\cdots\cdot 式2\text{-}4$$

ここに，ρ は空気の密度である．

したがって，過去における風食の定式化は摩擦速度および限界摩擦速度（砂表面の粒子が移動し始めるときの摩擦速度）を指標にしたものが数多く見られる．Bagnold (1941) は飛砂量 Q を以下の式で定式化しており，現在でもよく用いられている（式の導出方法は2-3節参照）．

$$Q = C(D/D_s)^{1/2}(\rho/g)u_*^3 \qquad \cdots\cdots\cdot 式2\text{-}5$$

ここに，C は砂の粒径分布で決まる定数（均一砂で1.5，ふるい分けされた砂丘砂で1.8，不均一粒径分布砂で2.8，硬い地面で3.5），D は砂の粒径，D_s は標準粒径（=0.025cm），ρ は空気密度，g は重力加速度である．

また，河村（1951）は限界摩擦速度 u_{*t} を用いて，次式で飛砂量 Q を表している．

$$Q = 2.78(\rho/g)(u_* - u_{*t})(u_* + u_{*t})^2 \qquad \cdots\cdots\cdot 式2\text{-}6$$

土壌が乾燥していて，被覆物がなく，粒径が均一な場合の土壌の侵食量は上の2つの式で示した以外にも様々な定式化がなされており，摩擦速度や限界摩擦速度を用いて精度の高い推定が可能になった．しかしながら，自然状態においては，土壌は様々な粒径を持つ粒子によって構成されている．また，限界摩擦速度は土壌水分，地表面の粗度等によって変化し，その定式化は複雑である．今のところ，

次式がよく用いられている（Shao 2001; 岡安 2004）．

$$u_{*t} = u_{*t}(d_s) f_\lambda(\lambda) f_w(\theta) f_{cr}(cr) \qquad \cdots\cdots\text{式 2-7}$$

ここに，$u_{*t}(d_s)$ は乾燥，被覆のない独立した粒子の限界摩擦速度，$f_\lambda(\lambda)$，$f_w(\theta)$, $f_{cr}(cr)$ はそれぞれ粗度，土壌水分，土壌クラストの影響による関数である．

表 2-1 に自然状態における風食量を推定する手法の比較を示す（岡安 2004）．この中でも，WEAM プロセスモデルは，東アジア全域，サハラ砂漠全域，オーストラリア全域など，広域へも応用されている（たとえば Gong et al. 2003）．

表 2-1 既存風食モデル

機関・名称	空間スケール	想定される土地利用	時間ステップ	入力パラメータ	出力パラメータ
USDA WEQ 経験モデル	圃場	耕地	1年	土壌タイプ，植生，粗度，気象，圃場長	クリープおよびサルテーション粒子の移動量
USDA RWEQ 経験モデル	圃場	耕地	1日	気象，土性，有機物含量，炭酸カルシウム含量，礫含量，植物残渣量，作物高，耕作スケジュール，圃場長，斜面長と角度	クリープおよびサルテーション粒子の移動量
USDA WEPS プロセスモデル	圃場	耕地	1日	数百（詳細なパラメータを得なくてもモデルを駆動できるようなインターフェースを装備）	サルテーション，クリープ，サスペンション粒子量および堆積．圃場の地表変化もシミュレート
CSIRO/CaLM WEAM プロセスモデル	点	草地	瞬間	団粒・完全分散粒径分布，降水量，蒸発量，風速，葉面積指数，群落高	クリープ，サルテーション，サスペンション粒子量を粒径ごとにシミュレート

出典：岡安（2004）より改変して引用．

2-2 乾燥地の風

三上正男

2-2-1 乾燥地の風にかかわる諸現象

　大気大循環にともない，赤道地帯で上昇した空気は対流圏上部まで達し緯度30度付近で下降気流となる（ハドレー循環）．そのため，緯度30度付近は亜熱帯高圧帯（中緯度高圧帯）とよばれている．亜熱帯高圧帯では上空の乾いた空気が断熱昇温しながら地表近くまで降りてくるため，一般に高温で乾いた気候になる傾向があり，地球上の砂漠の多くはこの高圧帯に沿って分布している．こうした砂漠乾燥域では，少ない降水量や大きな気温の日較差等の共通した気象学的特徴がみられる．とくに降水量は，砂漠乾燥域の植生条件を規定する最も基本的な要素であるため，砂漠乾燥域の定義や分類の指標として用いられている．いっぽう，砂漠乾燥域の風は，乾燥域の規模や地理的条件などにより砂漠ごとに異なった特徴を示すことが多い．

　一般的な乾燥地の風の特徴としてあげられるのは，日中の地表面加熱による境界層下層の強不安定化にともなう風系の発達である．通常日中の陸面上では，地表面が日射によって暖められ地表付近の大気は不安定となり，大気境界層内では乱流混合による混合層が発達する．乾燥地の場合，降水量が少なく土壌水分も非常に少ないため，植生をもつ地表面に比べ潜熱が非常に小さく，顕熱が大きくなる．このため，砂漠乾燥域ではしばしば3000から4000mにも及ぶ深い混合層が発達する．深い混合層の発達は，上空の運動量（風）を下層に伝える役目を果たすため，地上付近の風速も大きくなりやすい．また，砂漠乾燥域では植生域に比べ粗度が小さいため，地上付近の接地境界層内の風速は大きくなる傾向をもつ．こうしたことから，日中砂漠乾燥域では地表付近の風速は大きくなりやすい．

　いっぽう，夜間は大気下層の水蒸気量が少ないことと雲量が一般に少ないことから地表面の放射冷却が進み，地表面付近は強安定成層となるため，地上付近の風速は非常に小さくなる傾向を示すと考えられるが，現実の砂漠乾燥域では必ずしも地上付近の風速は小さくはならないことが多い．これは，強不安定な成層条

件下では周囲の三次元的な地形の影響を受けて，高地から低地に向かって流れる冷気流が発生しやすいことと，砂漠乾燥域では山谷風が発達しやすい条件をもっているため，周辺に山地がある場合はカタバ風が吹くことがあるからである．

もう少し大きな空間スケールでは，モンスーンとよばれる大陸と海洋の熱的性質の違いによって吹く季節風が，砂漠乾燥域の風系にも大きな影響を及ぼしている．以下の節では，世界各地の代表的な砂漠について，その風の特徴について概観する．

サハラ砂漠の風

冬季サハラでは，サハラ砂漠の北西部にサハラ高気圧とよばれる高気圧が形成され，いっぽう地中海には低圧部が形成される．サハラ高気圧により冬季の熱帯収束帯（ITCZ）は北緯5度付近まで南進する．サハラ砂漠の北部地中海沿岸部では，サハラ高気圧から地中海の低圧部に向かって吹き込む西風が卓越するが，サハラ中央部からサヘルにかけての広い範囲では，ハルマッタン（Harmattan）とよばれる北東貿易風が吹く．このとき，夜間は砂漠の広い範囲で地表面が放射冷却によって冷やされ，安定成層が地表面付近に発達するため，ハルマッタンは地表面付近にまで到達しないが，日中は日射によって暖められた地表面が深い混合層を形成し，運動量の上下混合を加速するため，ハルマッタンは地上にまで降りて来，しばしばダストストームを引き起こすような強い風となる．このため，サハラでは北東からの強風にともなう冬季のダストストームのこともハルマッタンとよぶ場合もある．

いっぽう，夏季になると，サハラ西部の高気圧は弱まり，代わりにギニア湾からの南西よりの貿易風がサヘルおよび南サハラに吹き込むようになる．熱帯収束帯（ITCZ）は，それに伴い北緯15度付近まで北進する．このときは，ハルマッタンの活動は弱まるが，南西からの暖かく湿った貿易風が高温の砂漠上に吹き込むため，しばしば非常に強い積乱雲を発達させる．この場合も，積乱雲の降水系にともなうガストフロントによりダストストームが発生する場合がある．

サハラの局地風シロッコ

春季および秋季には，北部サハラ（地中海沿岸）にシロッコ（Sirocco）とよ

ばれる強風イベントがしばしば発生する．地域によってシロッコは Kahamsin, Ghibli, Chili, Samum, Simoo 等さまざまな名称でよばれている．シロッコは，低気圧が北部サハラの地中海沿岸を東進するときに吹く南よりの風で，熱帯の大陸性気塊が吹き込むため，非常に高温かつ乾燥しており，ダストストームをともなう場合がある．

アラビア砂漠の風

　アラビア半島の冬季は，シベリア高気圧からの冬のモンスーンが北東からの風となって半島に吹き込む．反対に夏季は，南半球からの南東貿易風が赤道を超え，インド洋およびアラビア海で南西風に転じアラビア半島に吹き込み，アラビア半島北部の北よりの風との間の熱帯収束帯は半島の南部に位置するようになる．こうした風系の季節変化に加え，アラビア半島は，地中海，紅海，アラビア海，およびアラビア湾に囲まれているため，海陸風循環の影響を受けた風系が発達する．この風系は，とくに暖候期において，アラビア半島上に発生する熱的低気圧の循環系と結合した大規模海陸風となると考えられる．

　アラビア半島に吹く局地風は，場所によりさまざまな名称がつけられている．シャマル（Shamal）は，おもにアラビア半島東部にみられる北西風のことで，とくに冬季に強い風が吹く．カウス（Kaus）は，アラビア湾からアラビア半島の東部にかけて吹く南よりの風で，地中海から東進する低気圧に吹き込む乾いた熱風を指し，メカニズムは北アフリカでシロッコ（Sirocco）とよばれているものと同じである．このほか，気圧の谷の通過にともなう南西風（Suhaili）やおもに3月に半島上で発達する暑くて乾いた南よりの風（Aziab）なども知られている．

ゴビ砂漠およびタクラマカン砂漠の風

　ゴビとは本来モンゴル語で「水のないところ」という意味だが，中国語では「砂礫でできた砂漠」一般をさす用語である．ゴビ砂漠という名称は，モンゴル南部から河西回廊にかけて東西に広がる砂漠乾燥域の総称であるが，実際には地域ごとにそれぞれ固有の名称でよばれている．ここでは，便宜上これら地域をまとめてゴビ砂漠とよぶことにする．

　タクラマカン砂漠からゴビ砂漠に至る地域は，アジア最大の砂漠乾燥域である

が，サハラ砂漠と異なる際だった特徴は，それらが複雑な地形上に拡がっていることである．タクラマカン砂漠は，北に天山山脈，西にパミール高原，南に崑崙山脈と，三方を標高数千mの山に囲まれた盆地（タリム盆地）に位置している．また，ゴビ砂漠が広がる地域は，標高500〜2000mからなる山地・高原地帯を中心とした主として砂礫と砂砂漠からなる乾燥域で，地域内には氷河を抱いた高山も存在する．

両砂漠では，冬季はシベリア高気圧の影響下にあり，寒気の吹き出しにともなう降雪がみられる場合がある．いっぽう夏季は，インド洋からの南西よりのモンスーンがチベット高原でブロックされるため，強風をもたらす季節風の影響は顕著ではない．両地域に強風をもたらすのは，主として春の気圧の谷の通過にともなう寒気の流入や温帯低気圧の通過である．このため，強風の発生は春に一番大きな極大を示し，秋に二番目の極大を示す．しかし，タクラマカン砂漠の場合は，地形の影響が大きいため，同砂漠が広がるタリム盆地内の風系は特異な特徴をもつようになる（2-2-3項参照）．

オーストラリア砂漠の風

オーストラリアは，亜熱帯高圧帯の直下にあり，しかも南東からの水蒸気を含んだ季節風がオーストラリア南東岸の山地によって遮断されるため，その国土の7割が砂漠乾燥域によって占められている．

オーストラリア砂漠に強風をもたらす擾乱の特徴は，北部と南部で異なっている．北部ではモンスーンにともなう降水系や熱帯低気圧が北部の砂漠に強風をもたらし，しばしば降水もともなう．この擾乱の活動は，南半球の春季から夏季の始めにかけて活発となる．いっぽう南部では，夏季（1月〜3月）に温帯低気圧の通過にともなう寒冷前線が強風と雨をもたらしている．

パタゴニア砂漠の風

南米のパタゴニア砂漠は，アンデス山脈の東側に位置し，アンデス山脈に吹き込む西よりの卓越風の風下になるため，乾いたフェーンが吹き下りることによってできた砂漠である．このため，同地域ではほぼ年間を通して西〜南西よりの強風が発生する．パタゴニアの北部，南緯35〜40度にかけて位置するモンテ

(Monte）砂漠は，パタゴニアに比べより複雑な地形をもつため，地上風系は複雑であるが，基本的にはパタゴニア同様アンデス山脈からの乾いた高温のカタバ風（現地では Zonda とよばれる）が支配的である．

塵旋風（dust devil）

これまで見てきた比較的大きな空間スケールの風に対し，砂漠特有の局所的な風も存在する．塵旋風（dust devil）とよばれる現象で，日中晴天で風が弱いときに，地表面付近の気温の鉛直勾配が非常に大きくなり，接地境界層内が強い不安定となった場合にしばしば発生する．塵旋風は，竜巻に似た渦巻状の風であるが，竜巻とは異なり，その成因が地表面と地表面近傍の大気との温度差によるものであり，竜巻のように強風被害をもたらすものではない．一般的に，塵旋風の直径は数〜10 m 程度，高さは 100 m ほどで，中心付近の風速は 10 ms^{-1} 程度，持続時間も数分程度である．

2-2-2　ダストストーム

大陸の砂漠・乾燥域で，強風に伴い地表面から砂塵が舞い上がる現象をウィンドエロージョン（wind erosion：土壌の風食）とよんでいる．ウィンドエロージョンは，ウォーターエロージョン（water erosion：水食作用）と並んで，有機物に富んだ表土が流出するメカニズムの一つであり，これまでに多くの研究が行われてきた（Bagnold 1941；Shao 2000）．ウィンドエロージョンは，強風に伴い発生するので，強風が生じるメカニズムがあれば砂漠乾燥域や荒廃した耕作地などではどこでも発生する可能性がある．

このうち，比較的空間スケールの大きい顕著なダスト発生イベントを一般にダストストーム（砂塵嵐：dust storm あるいは sand storm）とよんでいる．ダストストームは，強風とともに大量の砂塵を舞い上がらせるため，発生域の乾燥地の農牧業や社会に甚大な被害をもたらしている．たとえば，中国西北地区で発生した 1993 年 5 月 5 日の砂塵嵐の場合，85 名の死者と 13 名の行方不明者，12 万頭の家畜が失われたと報告されている（王 2003）．米国では，1930 年代，米国中西部のテキサス，アーカンソー，サウスダコダ，オクラホマ州に渡る広い範囲でダストストームが頻発した．このため 1930 年代はダストボウル（Dustbowl）の時

代ともよばれている．この一連のダストストームとそれにともなう肥沃な表土の流出は，同地区の農業の疲弊と荒廃を招聘し，多くの農民がカリフォルニア州などへ移住を余儀なくされた．ダストストームは，当時のアメリカの社会にも大きな影響を与えたのである（三上 2007）．

また，ダストストームは発生域に災害をもたらすだけでなく，ダストストームにより地表面から舞い上がったダスト粒子は，自由大気中に長時間滞留し，日射の散乱吸収や雲降水過程を通じて地球規模の気候に大きな影響を与えていると考えられている（気象庁 2005）．ダストの大陸を超えた長距離輸送の実態がはじめて明らかになったのは，1979年のことであった．1979年4月に中国内陸部で大規模なダストストームが発生した．このとき，中国内陸部で大量に舞い上がったダストが，名古屋大学のライダーによって名古屋上空で観測され（Iwasaka et al. 1983），さらに北太平洋のマーシャル諸島の大気バックグラウンド観測により測定されたのである（Duce et al. 1980）．これ以降，同様の事例が次々と報告されるようになり，ダストが地球規模で長距離輸送されることが普遍的な現象であることが理解されるようになった．

近年，地球観測衛星による各種エアロゾルのモニタリング技術が発達し，ダストについても TOMS（Total Ozone Mapping Spectrometer）から得られるエアロゾル指数（Aerosol Index）マップなどにより全球規模でその大気中の動態をみることができるようになった（http://toms.gsfc.nasa.gov/）．また，1990年代以降，全球モデルでダストの発生・輸送・沈着過程をシミュレートできるようになり，全球ダストモデルによるダストの発生域評価，大気中分布や沈着量の評価などが行われている（たとえば Tanaka and Chiba 2005）．

図2-3は，気象研究所が開発した全球ダストモデル MASINGAR を用いて計算した1990から1995年の6年平均の全球年平均ダスト放出量分布（図a），全沈着量（図b），湿性沈着／乾性沈着量の比（図c），ならびに大気中の全滞留ダスト量分布（図d）である（Tanaka and Chiba 2006）．これをみると，アフリカ，中東ならびに東アジア起源のダストが広く北半球全域に輸送されていることがわかる．また，同実験による全世界からのダスト発生量の年平均値は 1877 TgYr^{-1} にもおよび，発生地域別にみると北アフリカが 57.9 % と過半を占め，ついでアラビア半島が 11.8 %，東アジアが 11.4 %，中央アジアが 7.5 %，オーストリアが

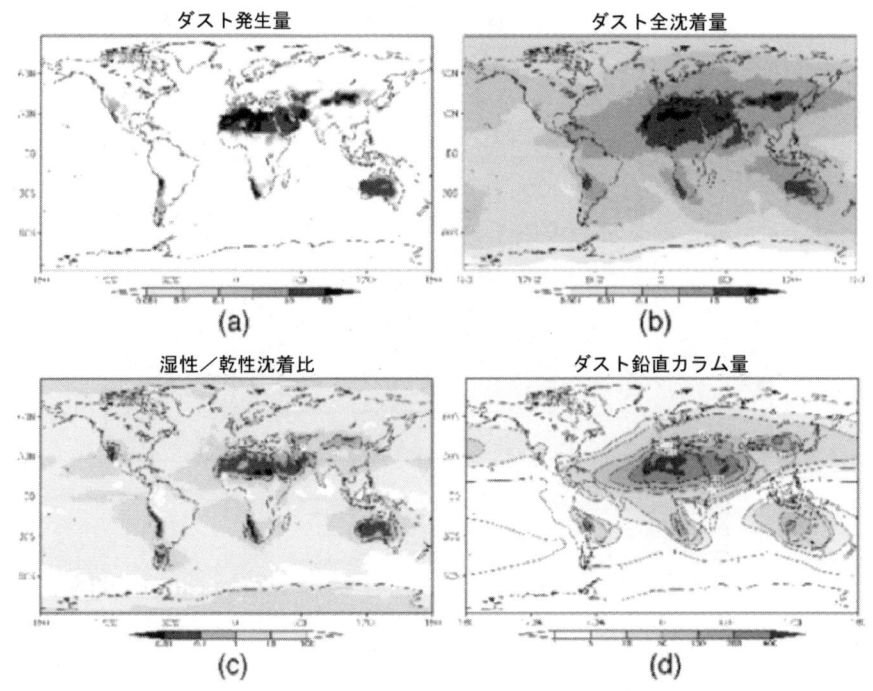

図 2-3 全球ダストモデル MASINGAR で計算した全球ダスト分布（1990〜1995年の6年平均値）
(a) ダスト放出量，(b) 全沈着量，(c) 湿性沈着量／乾性沈着量の比，(d) 大気中全滞留ダスト量（カラム量）．
出典：Tanaka and Chiba（2006）

5.7％を占めることがわかった．

　このように，現在では衛星データと数値モデルにより，全球のダスト分布についてかなりの情報が得られるようになった．しかしながら，地球観測衛星からのモニタリングでは，陸面上のダスト分布の定量的評価にいまだ技術的な問題が残されており（Huebert et al. 2003），また全球モデルによるシミュレーションも，ダストモデルの国際比較実験 DMIP（Uno et al. 2006）の結果が示すように，ダスト発生量評価精度や沈着量の検証などにいまだに多くの課題が残されている．

東アジア発生分布

　東アジア各国の気象台の地上気象観測データを用いて，黒崎と三上は東アジア

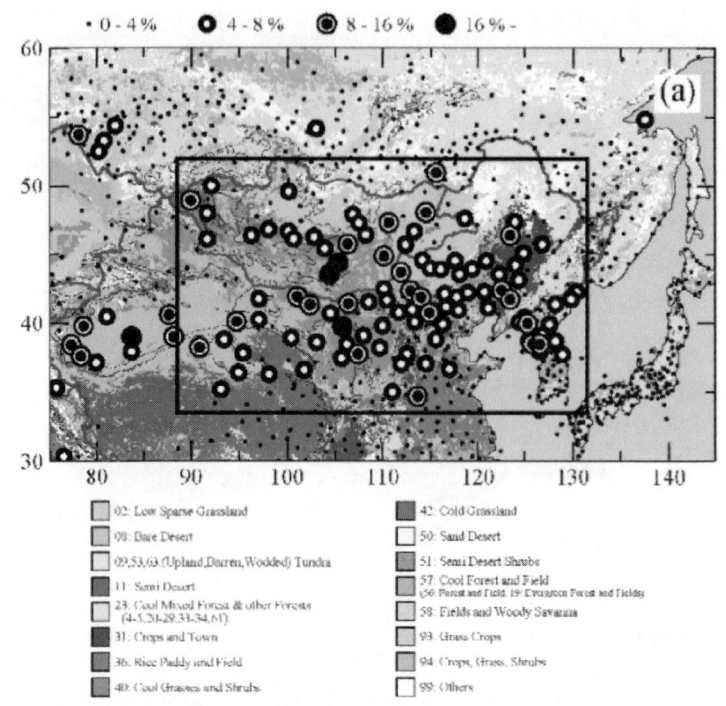

図 2-4 東アジアの土地被覆(色分け表示)と月別ダスト発生頻度の過去 10 年間(1993 年 1 月～ 2002 年 6 月)の最大値
出典:黒崎・三上(2002)

のダストストーム発生頻度分布を土地利用分布と地形図と重ね合わせた(黒崎・三上 2002; Kurosaki and Mikami 2003).この結果によると,ダストはおもに東アジア北方の森林域を北限とし,黄河中・上流域を南限とする地域で発生し,発生頻度やその季節変化は地表面条件(土地利用)によって大きく異なっている(図 2-4).また,1993 年から 2002 年までの 10 年間のダストストーム発生頻度と強風発生頻度の年々・季節別変動を比較した結果によると,強風発生頻度とダストストーム発生頻度が非常に良い対応を示している(図 2-5).

東アジアダストストームのより長期間の変動については,東アジア 681 地点において,1954 年から 1999 年にかけての長期間のダストストーム発生頻度の年々変動を調べた Wang et al.(2004)の研究結果がある.これによると,東アジア全域では,1960 年代から 1990 年代の後半にかけて緩やかな減少傾向を示して

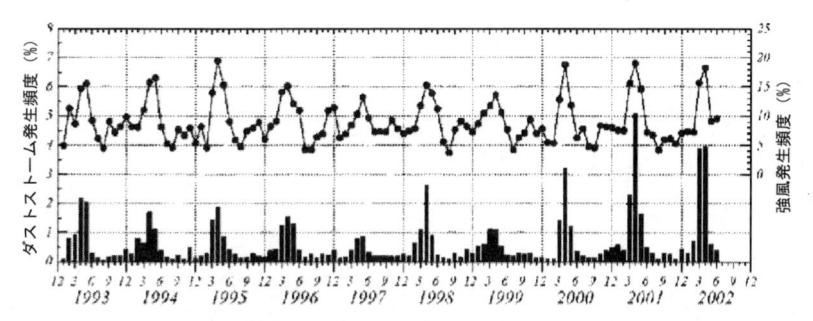

図 2-5　1993 年〜 2002 年の東アジア地域におけるダストストーム発生頻度と強風（風速 $\geq 6.5\mathrm{ms}^{-1}$）発生頻度の年々・季節別変動（グラフは月平均値）
出典：Kurosaki and Mikami（2003）

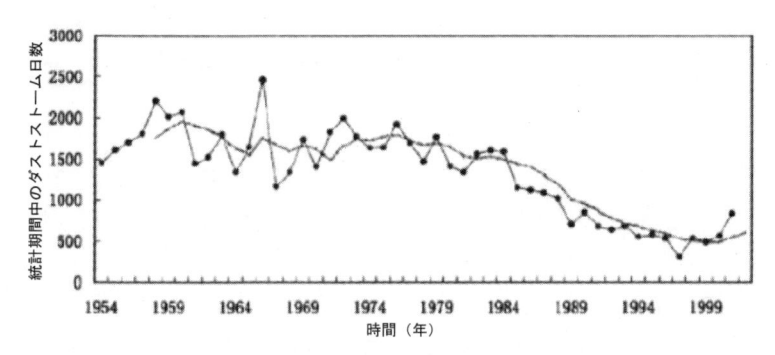

図 2-6　中国 681 カ所の観測所におけるダストストームの発生頻度の時間変化（黒丸点線は観測値，点線は 5 年移動平均値）
出典：Wang et al.（2004）

いるが，近年は再び上昇する傾向を示している（図 2-6）．この 20 世紀後半の東アジアダストストーム発生頻度の減少傾向と近年の増加傾向の原因については，さまざまな議論があるものの（たとえば吉野ら 2002；Zhao et al. 2004；Liu et al. 2004），はっきりとした結論は現時点では得られていない．

2-2-3　ダストストームのメカニズム

すでに見てきたように，ウィンドエロージョンは砂漠や荒廃した耕作地で強風に伴い発生する現象である．たとえば荒廃した休耕地など砂塵が舞い上がりやすい地表面条件では，日中の混合層の発達にともなう地上風の増大や塵旋風でもダ

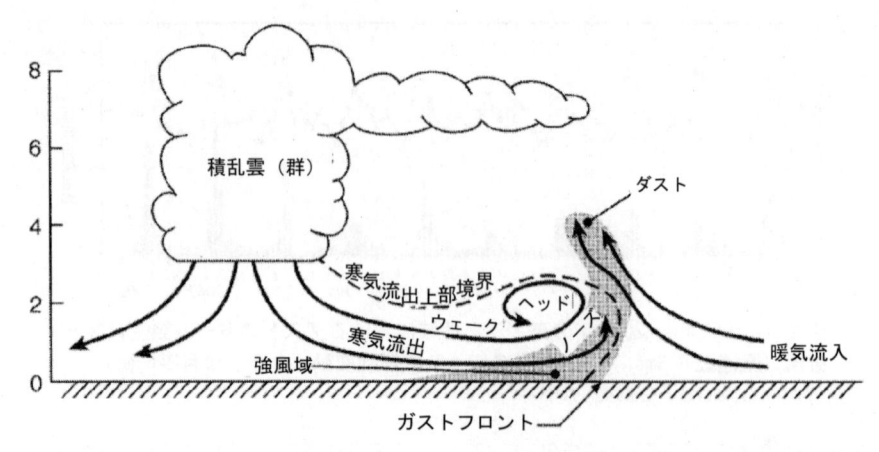

図 2-7　スコールラインに伴うガストフロントにより発生したダストストームの構造図
出典：Thomas（2004）の図を元に改変.

ストが舞い上がることがある．このような小さな時空間スケールをもつウィンドエロージョンに対し，ダストストームの場合は，比較的大きな時空間スケールを持ち，その発生のメカニズムも局在的散発的なウィンドエロージョンイベントとは異なっている．

　ダストストームの空間スケールは通常数 10 km から数 100 km に及び，また持続時間も数時間から数日に及ぶものも知られている．これら時空間スケールの差異は，おもにダストストームを引き起こす擾乱メカニズムの時空間スケールに起因するが，土壌水分，植生，三次元的地形などの地表面条件にも関係している．

　こうした乾燥域で強風を発生させるメカニズムとしては，低気圧の寒冷前線に伴う寒気の流入や，不安定な大気成層時に発達した積乱雲（群）に伴うスコールラインによるガストフロントの発生（図 2-7），孤立した積乱雲の下で発生するダウンバーストに伴うガストフロントの発生などさまざまな要因が考えられる．

　近年，中国東北部の内蒙古地区やモンゴルにおいてダストストームの多発化が問題視されており，これらの地区は日本にも比較的近いため，日本での黄砂現象の多発化と大気環境への影響という意味でも関心が持たれている．これまでにも，寒気の流入や低気圧活動などの大気気候場の変化，過放牧による植生の後退や耕作地の不適切管理による土壌劣化などの人為的原因による地表面条件の変化など

2-2 乾燥地の風　49

がその原因として議論されているが，観測資料の問題などもあり，現時点でその実態とメカニズム双方で不明な点は多い．以下の節では，世界の主要なダストストーム発生域におけるダストストーム発生メカニズムを概観する．

サハラのダストストーム

サハラ砂漠は，世界のダスト発生量の過半を占める巨大なダスト発生域である．この地域には，さまざまな風が吹くため，強風にともなうダストストームにも幾通りかの発生パタンがみられる．2-2-1項で述べたように，サハラ砂漠の中央からサヘルに至る領域では，10月から翌年4月にかけての乾期に北東よりの貿易風が吹き（ハルマッタン），これがダストストームを引き起こす．しかし，TOMSのエアロゾル指数のモニタリングによると，ダストストームは上記地域全域で発生するのではなく，ティベスティ山地（Tibesti Mts.）からチャド湖（Lake Chad）にかけて

写真 2-1　地球観測衛星 SeaWifs によってとらえられた 2000 年 2 月 26 日に発生したアフリカ西岸のダストストーム（NASA）

写真 2-2　2006 年 2 月 24 日に発生したシロッコに伴うサハラ砂漠北部のダストストーム（SeaWifs 衛星，NASA）

のニジェールとチャドの国境付近が主たる発生源であることがわかっている．この場合のダストの輸送経路は，貿易風に流されて発生域から南西に向かうことが多い．

いっぽう，春から夏のサハラ砂漠中央からサヘルにかけての領域は，大気も不安定で，強い対流雲が発達するため，積乱雲の下に発生する強い下降流にともなうガストフロントによってダストストームが発生する．この場合のダストストームの発生域は，TOMS の観測によれば，アルジェリア南部からマリノ北部さらにはモーリタニアの中央部に至る一帯が中心であり，ダストは地中海に運ばれる場合が多い．写真 2-1 は，地球観測衛星 SeaWifs によってとらえられた，このパタンのダストストームである．

また，サハラ砂漠北部では，地中海の低気圧に向かう風（シロッコ）に伴い，春季と秋季にダストストームが発生する場合がある．このときの主たる発生域は，リビア砂漠であるが，上記のダストストームに比較すると規模・発生量ともに小さい．シロッコにともなうダストストームは，アフリカ起源のダストがヨーロッパに輸送される主要なルートとなっている（写真 2-2）．

オーストラリアのダストストーム

オーストラリアのダストストームは，エルニーニョの影響を受け大きな年変動を示す（Shao 2000）．エルニーニョの年には，対流活動が低下するため降水量が少なく，その結果，植生も後退しダストの発生を激化させる．ただし，このプロセスには時間差があり，干ばつ年の後にダストストーム多発年が発生する傾向にある．地域別にみると，南オーストラリアでは，冬季（1〜3月）に南西から北東にかけて通過する寒冷前線に伴いダストが発生する．いっぽう北部では，ダストの発生は南半球の春季から夏季の始めにかけてみられる．

東アジアのダストストーム

東アジアのダストストームは，東アジアの乾燥域が複雑な三次元的地形と多様な地表面条件をもっているため，サハラ砂漠やアラビア半島のダストストームよりも複雑なメカニズムをもつと考えられる．また，同地域では，冬季にシベリア高気圧が発達にともなうユーラシア大陸から周辺の海域に流れ込む風系（冬季

モンスーン）が生じ，夏季にはインド洋を起源とするユーラシア大陸南西域に吹き込む湿った南西風（夏季モンスーン）にともなう循環場の影響を受ける．そのため，低気圧の通り道（ストームトラック）も冬季は南進し，夏季には北進するという季節変化が生じる．東アジアの乾燥域はおおよそ北緯 35 度から 50 度の範囲に帯状に拡がっているが，この乾燥域に低気圧が頻繁に通過する時期は，上記の理由により春季と秋季に集中する．このため，擾乱

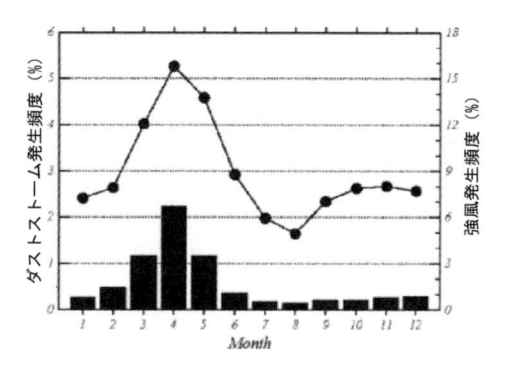

図 2-8 ダスト発生頻度と強風（風速 $\geqq 6.5$ ms^{-1}）発生頻度の過去 9 年間（1993 年～2001 年）の平均季節変化
棒グラフはダスト発生頻度，折れ線グラフが強風発生頻度を示す．
出典：黒崎・三上（2002）

通過にともなう強風の発生も春季と秋季に多くなるが，秋季は暖候期の降水による自然植生の増加や灌漑による耕作地の拡大により，春季よりも広範な植生分布がみられるため，ダストの発生は抑えられる傾向にある．図 2-8 は，東アジア全域の気象台の地上観測データから求めた月別の強風（> 6.5 ms^{-1}）発生頻度とダストストーム発生頻度である（黒崎・三上 2002）．図中折れ線で示した強風発生頻度には春季と秋季に二つの極大がみられるが，棒グラフで示すダストストームの発生頻度は，春季に明瞭な極大がみられるいっぽう，秋季には強風の極大に対応する発生頻度の極大はみられない．これは以上で述べた理由によるものである．

中国河西回廊のダストストーム

　中国河西回廊におけるダストストームの発生メカニズムについて，Takemi（1999）による事例解析があるので，ここではそれを紹介する．事例として選ばれたのは，1993 年 5 月 5 日に中国北西部の乾燥地で発生し，甘粛省を中心に死者 49 名を数え農作物にも甚大な被害を与えたブラックストーム（黒風暴）とよばれる巨大なダストストームである．このときの被害地域は北西から東南方向に 500 km 以上にも及び，気象衛星からも砂塵で可視化されたガストフロントが認

められる（Mitsuta et al. 1995）．ダストストームが通過した Minqin における地上気象観測では，ガストフロントが通過した 16:50（北京時間）に，風速の急な増大，温位の低下，気圧と水蒸気量の増加がみられる．ガストフロント通過にともなう突風は，Zhangye では 37.9 ms^{-1} にも達した．このときの衛星画像から，このダストストームは背の高い線状の対流システム，すなわちスコールラインによるものであることがわかった．このスコールラインの移動速度は約 19 ms^{-1} という速いものであったが，ガストフロント前面で上層まで輸送されたダストは対流圏上層の風速 30～40 ms^{-1} の風で流されるため，スコールラインの前方に上層のダスト層が広がるのが気象衛星から観測されている．ダストストーム発生直前の大気状態は，条件付き不安定成層を示し，乾いてかつ高さ約 4400 m にも及ぶ非常に深い対流混合層が発達していた．つまり，このときの大気は，境界層内の空気塊を持ち上げるなんらかのトリガーがあれば，深い対流セルが発達する条件を備えていた．この大規模なダストストームをもたらしたスコールラインは，線状の構造を保ちつつ長い間持続していた．スコールラインにともなう降水は，深く乾燥した混合層内を落下する際に蒸発し，蒸発の潜熱効果で重く冷たくなった空気塊（cold pool）が強い下降流となり地上に衝突した後発散することにより，ダストストームが発生したと考えられる．スコールラインの長寿命化は，このダストストームの持続時間を長いものにした．

　Takemi and Satomura（2000）は，2 次元の雲解像領域モデルを用いて，このときのスコールラインの数値実験を行い，深い対流混合層の存在が発達したスコールラインにとって重要であり，いっぽうスコールラインの長寿命化にとっては，高さ方向に均一の乾燥した水蒸気量鉛直分布が重要であることを示したが，これらの結果は，上記観測事実とも整合的である．

タクラマカン砂漠のダストストーム

　中国で最もダストストームの発生頻度が大きいタクラマカン砂漠のダストストーム発生メカニズムは，これまで見てきたものとはかなり異なっている．タクラマカン砂漠が位置するタリム盆地は，すでに述べたように三方を高い山に囲まれている．このため，盆地内に広がるタクラマカン砂漠で発生するダストストームの発生機構は複雑であり，長い間その実態も含め不明な点が多かった．しか

し，2000年以降 ADEC (Mikami et al. 2006) などのようなダストを対象とする大規模な観測計画が始まり，ようやくその実態と発生機構が明らかとなりつつある．Aoki et al. (2005) は，領域数値モデルを用いて，タクラマカン砂漠で発生するダストストームのシミュレーションを行い，同地区で発生するダストストームが次の三つの発生パタンをもつことを明らかにしている．一つは，タリム盆地では盆地の北，南，西の三方が高い山で囲まれているため，気圧の谷にともなう寒気が天山山脈の東を迂回して標高の低いタリム盆地北東部から流れ込み，タリム盆地に北東よりの強風(カラブラン；KaraBran)が発生する結果，盆地の東側でダストストームが生じるパタンである．二つめは，寒気が北方の天山山脈を超えてタリム盆地に向けて巨大な重力流として流れ込み，そのため地上付近で強風を発生させるパタンで，この場合ダストストームはタリム盆地の南縁で発生し，南向きに移動するパタンとなる．第三のパタンは，パミール高原を超えて西から寒気が流入し，タリム盆地の南西縁，カシュからホータンにかけての地域にダストストームをもたらすもので，この場合は比較的規模が小さいものとなる．これらのモデル結果は，過去の解析結果(たとえば吉野1997；三上1998)とも整合的である．

2-2-4 ダスト発生メカニズム

　これまでは大きな空間スケールから見たダストストームの発生メカニズムを見てきたが，本節では，実際の地表面で強風が吹き荒れるときに，どのようなしくみで砂が舞い上がり始めるのかについて，すなわちダスト発生の物理過程について見てゆくことにする．

　ダストストームにともない，大量の土壌粒子が地表面から大気中へと運ばれる．通常，粒径が 500 μm 以上の土壌粒子は自重が重いため，強風の下でも空気中に飛び上がることはなく，地面を転がって移動する(クリーピング；surface creeping)(次節の図 2-11 参照)．地表面から飛び上がることができるのは，粒径がおよそ 500 μm 以下の土壌粒子である．このうち，粒径がおよそ 70 μm から 500 μm の比較的大きな粒子は，いったん舞い上がった後，自らの自重により再び地面に落下・衝突する．これをサルテーション(Saltation)とよぶ．さらに小さな粒子(粒径 < 70 μm) は，地表面から飛び上がった後，地表面付近の風の乱

れ（乱流）により比較的長い時間大気中に滞留することができる．とくに粒径が数 μm 以下の土壌粒子は，ダストストームにともなう上昇流によって自由大気圏まで運ばれた場合，上空の風に運ばれ長距離輸送されることが知られている．北東アジアでは，乾燥域で発生したダストストームが毎年大量の細かい土壌粒子を大気中に舞い上がらせ，自由大気上空に運ばれた土壌粒子は偏西風に流され風下の韓国や日本のみならずしばしば北米大陸まで運ばれる（Huser et al. 1998）．これは，日本では黄砂（Kosa, Yellow-sand）とよばれ広く知られた現象である．

　地表面の土壌粒子の運動は，重力 F_g と空気力学的抵抗 F_d，空気力学的浮力 F_l ならびに粒子間結合力 F_i のバランスによって決まる（図 2-9）．このうち空気力学的抵抗 F_d と空気力学的浮力 F_l は，粒子を地表面から引き離す力で，重力 F_g と粒子間結合力 F_i は，粒子を結びつける方に働く．粒子間結合力 F_i は，ファンデルワース力 F_{iv} と粒子間静電力 F_{ie}，粒子間を覆う表面水による表面張力 F_{ic} ならびに化学結合力 F_{iv} の 4 つの結合力の合力で表され，粒径に比例することが知られている．このため，粒径によりこれらの力のバランスは異なり，上で述べたように粒径により土壌粒子の運動形態は異なった形をもつ．たとえば，粒子が非常に小さい場合（粒径 < 50 μm），粒子間結合力 F_i が支配的になるため，強風条件下においても自らは地面から舞い上がることはできない．

　では，何故直径数 μm 以下の微細なダスト粒子が大気中に舞い上がることができるのか？　これは，サルテーション粒子が地表面に衝突した際，その粒子の運動エネルギーが地表面を破壊するエネルギーに変わり，その結果直径 50 μm 以下の小粒子が地表面から掻き出され空気中に舞い上がるからである．このメカニズムは，サルテーション粒子の地表面への衝突により生じることから，サルテーション・ボンバードメント（Saltation Bombardment）とよばれている．

　いったん地面から舞い上がったダスト粒子は，地表面付近の風の乱れ（乱流）によって接地境界層内を上方に輸送され，さらにダストストームをもたらす擾乱場が作り出す組織的な上昇流によって，大気境界層からさらに上方の自由大気中にまで輸送される．中緯度帯の自由大気では偏西風とよばれる強い西風が吹いており，ダストはこの上空の風に運ばれ長距離輸送される．そのため，大気中を風で運ばれ長距離輸送するこうしたダスト粒子は，風送ダスト（Aeolian Dust）ともよばれている．

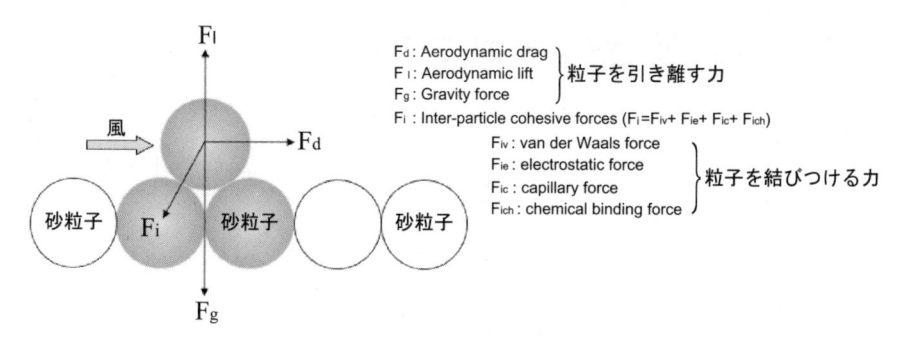

図 2-9 強風条件下で地表面の土壌粒子に働く力
F_l は空気力学的浮力，F_d は空気力学的抵抗，F_g は重力，F_i は粒子間結合力をあらわし，$F_g+F_i<F_l+F_d$ の時に粒子は地表面から離れ，舞い上がる．

さて，ダスト粒子の粒径が比較的大きい場合（＞数 μm）は，自重が重く終末速度が大きいため比較的短い時間（～数時間）で地上に落下する（乾性沈着）．この場合，ダスト粒子の沈着域は，発生域から遠くない地点となる．いっぽう小さな粒子（＜数 μm）は，終末速度は小さく長い間大気中を漂うため，大気中を長時間長距離輸送される．この場合の大気中からの除去過程は，おもに降水による湿性沈着により，沈着域もほぼ全球に及ぶ（Tanaka and Chiba 2005）．

現実の乾燥地は，裸地の場合だけではなく地表面が植生や雪面などに覆われていることも多い．こうした場合，砂塵の発生は抑えられる．また，土壌水分は粒子間結合力 F_i を大きくするので，土壌水分が増えると粒子は舞い上がりにくくなる（Fécan et al. 1999; Ishizuka et al. 2005）．さらに，実際の地表面はさまざまな粒径で構成されており，土壌粒子どうしが結びついた団粒構造をもっているため，実際のダストの発生過程は複雑である（Shao 2000）．

2-3 砂の動きのメカニズム

河村哲也・菅 牧子

　風の作用は砂漠において非常に重要である．なぜなら，風はさまざまな砂の地形をつくる原因であるとともに，飛砂による被害の原因になるからである．風と砂移動の相互作用の結果としておきる身近な現象に砂浜などでみられる風紋（学術的には砂漣という）がある．風紋は砂の上に作られる美しい縞模様として良く知られている．これは，ほとんどの場合，風向に直角方向に規則正しく並ぶが，風向や風速が変わると形も少しずつ変わる（佐藤 1986）．

　いっぽう，砂漠地帯においては砂丘が数多く存在している．砂丘のスケールは，風紋に比べてはるかに大きく，10 m～1 km のものから数 km に及ぶものまである（佐藤 1986; Mckee 1979）．砂丘には，上空を吹く風の強さや風向の安定性，砂の補給量等と関連して特徴的な形状がみられる（図 2-10）．これも風と砂移動の密接な関係が現れた例である．

　図 2-10 (a) に示した三日月形状をしたバルハン砂丘は比較的一定方向から吹く風のもとで形成され，この形状を保ったまま長い距離を風下側に向かって移動する．大きさにもよるが1年で5～25 m 移動するという観測結果がある（佐藤 1986; 長島 1991; 竹内 1997; Long and Sharp 1964）．砂丘の移動は砂漠近辺で生活している人々にとっては深刻な問題である．道路や耕地，家屋などに砂が積もって被害を受けたり，極端な場合には村全体が砂丘に飲み込まれて廃墟になった例もある（長島 1991）．乾燥地ではこういった砂の被害を防ぐための対策が必要になるが，そのひとつに防砂林の設置がある．たとえば中国の毛烏素砂漠では植生を設けることにより移動砂丘の固定に成功している．また，鳥取砂丘の観光砂丘とよばれる一帯は，1952（昭和 27）年の植林前には 300～400 ha であったが，防砂林の効果により，現在は 146 ha まで縮小している．このように植生などを用いて風の流れを変化させることは砂の移動に大きな影響をもたらし，被害を防ぐ有力な手段になることがわかる．しかし，防砂対策は経験的な有効性にもとづいて行われてきたにすぎないので，今後，風の流れと砂の移動を定量的に評価す

(a) バルハン砂丘　　(c) 星型砂丘

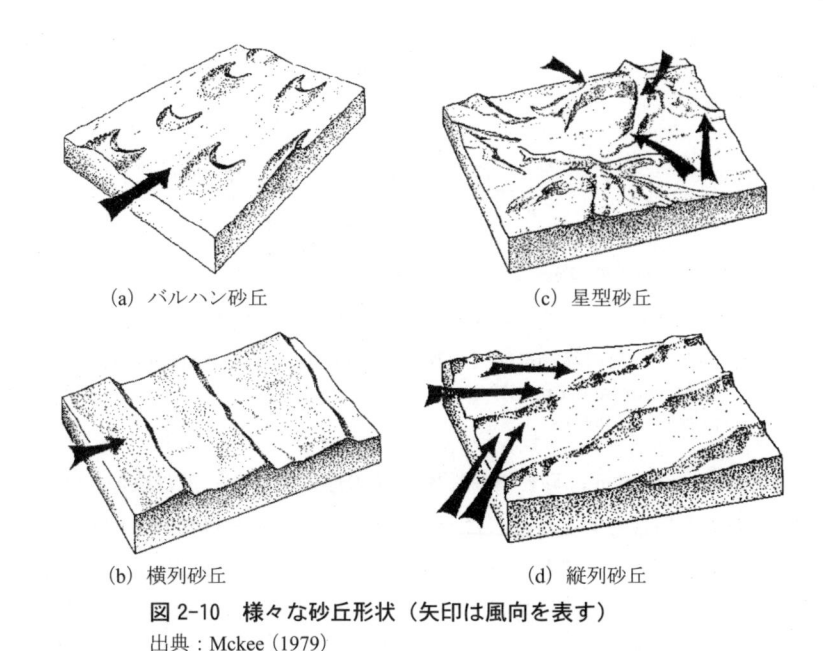

(b) 横列砂丘　　(d) 縦列砂丘

図 2-10　様々な砂丘形状（矢印は風向を表す）
出典：Mckee（1979）

ることができれば，より合理的な対策を立てることができる．

　砂漠には岩石砂漠，礫砂漠，砂砂漠がある．このうち，さまざまな砂丘が観測されるのは砂砂漠であるが，分布範囲は意外に狭く，世界の砂漠地帯の 5％しか存在しない．砂砂漠の代表的なものはタクラマカン砂漠であり，アラビア砂漠・サハラ砂漠においては 20 〜 30 ％を砂砂漠が占める．

　砂砂漠を形成している砂の粒径分布は，どの地方の砂もだいたい同じ分布をもつ．すなわち，直径 0.2 〜 0.3 mm の粒子が砂粒の大部分を占め，0.05 mm 以下および 0.5 mm 以上の粒子はほとんど含まれない．このため，砂砂漠は，大小さまざまな砂粒が存在する場所から，風がある粒径範囲の砂粒を拾い上げ，特定の場所に集中的に堆積させたものであると考えられている．これは風の大規模な篩い分け現象である．

　風による砂の輸送形態は suspension（浮遊），saltation（跳躍），surface creep（転動）の 3 種類に分類される（シャイデッガー 1980 ; Bagnold 1936 ; 河村 1951）（図 2-11）．suspension は主に粒径 0.05 〜 0.1 mm の細粒の行う運動で，空中を漂いながら非常に長距離を移動するものである．これは中国などで見られる黄土形成

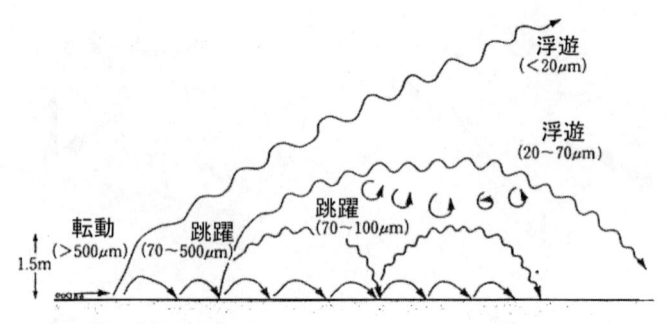

図2-11 砂の移動形態（浮遊：suspension, 跳躍：saltation, 転動：surface creep）
出典：Pye (1987)

の原因になる．saltationは砂粒の短距離跳躍の連鎖である．飛び跳ねた砂粒は着地して落ち着く場合もあるが，またバウンドして跳躍を続けたり，別の砂粒にぶつかってその粒を空中に跳ね上げたりする．その結果，跳躍は砂面全体に次々と連鎖して砂が輸送される．これは主として粒径0.2〜0.3 mmの粒子の運動であり，飛距離はおよそ10 cm〜1 mである．surface creepは砂が表面を転がりながら移動する形態で，比較的大きな粒子がこの形態により運ばれる．砂砂漠の大部分を占めている粒径0.2〜0.3 mm程度の粒子はsaltationで輸送される粒子である．このためBagnold (1936)は，砂の地形形成に大きな影響をもつ輸送形態はsaltationであると考えた．

　Bagnold (1936)は風の篩い分け現象について実験を行い，砂丘形成要因に関して以下のような考察を行った．さまざまな粒径の砂粒が混合した砂面に風を吹かせると，大きな砂粒は動かず，0.05 mm以下の砂粒は大きな砂粒に保護されるため，かえって動きにくくなる．このときもっとも吹き飛ばされやすいのは，saltationによって運ばれる粒径約0.25 mmの砂粒である．ただし，このときの粒子のsaltation運動は，一様な砂面の場合とは性質を異にする．すなわち，一様な砂面の場合は，粒子がジャンプして砂面に着地するとき，まわりの砂粒をはね散らすことでsaltationが継続されるが，小石の混ざった地面にぶつかる場合は，その粒子自身が再び勢いよくバウンドし，saltationの高さ，水平距離が飛躍的に大きくなる．その結果，砂粒は風速に近い速度で風下側に移動する．このようにして，風は大小様々な砂粒からなる砂面から，小石の間にある砂粒を大量に拾い上

げて移動させる．運ばれた砂粒は，砂丘のような細かい砂粒の砂面に着地すると，saltation 運動が安定し，風速で決まる一定の輸送量で運ばれるようになる．このため，限界の輸送量を超えて移動してきた砂が砂地に堆積する．これが砂砂漠あるいは砂丘に一定の粒径分布をもつ砂粒が集まり，いっぽうで粒径の大きい砂粒が多いところには砂がまったく集まらない理由である．そして，砂の堆積地で，砂粒は安定した saltaion 運動をおこしながら，バルハン砂丘に代表されるさまざまな形状を形成する．

　砂丘形状を決定する主な要因は，風速，風向の安定性，砂の補給量である (Wasson and Hyde 1983)．たとえば，風向が一定方向に安定している環境では，図 2-10 に示した (a) バルハン砂丘や (b) 横列砂丘が形成される．これらには砂が滑り落ちる急斜面（滑り面）がただひとつ存在する．滑り面は支配的な風に対する風下側に形成される．バルハン砂丘と横列砂丘の違いを決定するのは，風上側から運ばれてくる砂の量である．砂の量が少なければ，いくつかの分離した砂山が形成され，そのひとつひとつがバルハン砂丘になる．実際に，バルハン砂丘は砂のまばらな岩盤上に存在していることが多い．いっぽう，風上側から大量の砂が運ばれてくる場合は，個々の砂山が横につながって横列砂丘を形成する．

　バルハン砂丘の形状は，図 2-12（Howard et al. 1978）に示すような風下側がえぐられた三日月型である．砂丘の風上側は緩やかな斜面からなり，風下側は急斜面の滑り面からなる．バルハン砂丘はこの三日月型形状を保ったまま風下側に向かって長距離移動する．移動速度は砂丘の高さと反比例の関係をもつことが簡単な考察から示される（本節末の［補足］参照）が，実際の観測結果ともよく一致する．すなわち，バルハン砂丘は小さいほど移動速度が速い．観測によると高さ 1 m ほどの砂丘で年間 50 m も移動することがある（佐藤 1986：Long and Sharp 1964）．

　このことから，バルハン砂丘が三日月形状をもつ理由は砂丘の各部分の高さが影響した結果であるという説がある．すなわち，砂の小丘があったとき，丘の両端は中央部の高さに比べて低いので，中央部より速く移動する．その結果，砂丘の両端がより風下側に移動して三日月型になると考えられる．しかし，このように砂丘断面の 2 次元的な移動で考えると，砂丘中央部と砂丘両端はどんどん離れてしまう．そこで，砂丘の両端がある程度風下側に伸びると，砂丘の中央部によ

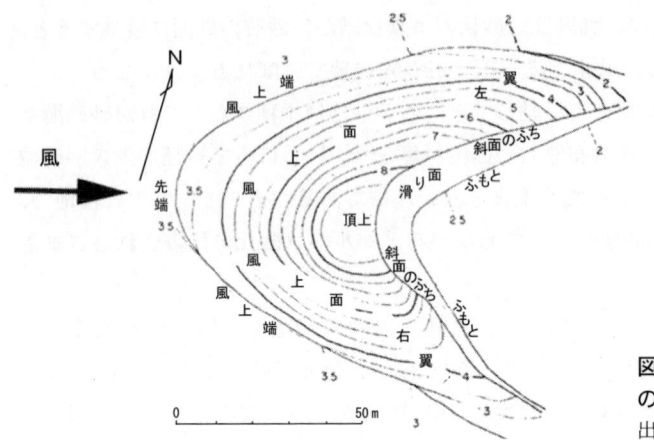

図 2-12 バルハン砂丘の形状
出典：Howard et al.（1978）

って風がさえぎられて砂の移動量が減少し，その結果，砂丘形状が安定するのではないかと推測されている（佐藤 1986）．ただし，この理論は定性的なものであって，バルハン形状の安定性に関する厳密な理論は存在しない．また，バルハン砂丘の形成要因として，砂の補給量や風向の安定性の他に周囲の環境や砂丘配置の影響も考えられる．このことは，バルハン砂丘が砂漠の縁辺域では孤立して存在することが多く，砂漠内部では複数で群れをつくって存在していることが多い事実から推測される．

　バルハン砂丘は長距離移動する砂丘であり，砂漠に隣接するオアシスや農地，道路等に侵入して被害をもたらしている．このため，バルハン砂丘の移動を予測したり，植生を設置した場合の飛砂防止の効果を定量的に評価することが重要になる．そのような場合に数値シミュレーションが有効である．シミュレーションの方法はいくつか考えられるが，正攻法とでもいうべき方法は砂丘上を吹く風による流れを計算し，砂面に働く表面摩擦を計算した上で，摩擦力と砂の移動量を関係づける．詳しい計算方法は次節で述べるが，本節の残りの部分では摩擦力と砂の移動量の関係について説明する．

　Bagnold（1936）は簡単な考察から，風による表面摩擦速度 u_*（ms^{-1}）と saltation による砂輸送量 q（kg m^{-1}s^{-1}）の間の定量的な関係式を導いた．以下に Bagnold の理論を紹介する．

　まず 1 個の砂粒の saltation 運動を考える．質量 m（kg）の砂粒が速度 v_1（ms^{-1}）

2-3 砂の動きのメカニズム

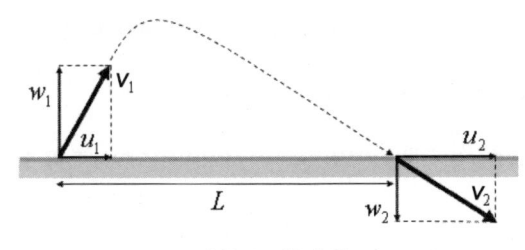

図2-13 砂粒の理想跳躍

（水平速度成分 u_1，鉛直速度成分 w_1）で飛び出し，L (m) だけ離れた地点に速度 v_2 (ms^{-1})（水平速度成分 u_2，鉛直速度成分 w_2）で着地したとする（図2-13）．このとき，速度の水平成分は風から運動量を得て増加する．砂粒が得た水平方向の運動量は $m \cdot (u_2 - u_1)$ (kgms^{-1}) である．

砂輸送量 q (kg m^{-1} s^{-1}) は，風向に垂直な方向の単位長さの線分（図2-14の線分AB）を横切って飛んでいく単位長さ当たりの砂粒の総質量として定義される．いま，平らな砂面に一定方向から風が吹き，風速場および風による砂の輸送がどの場所でも一様な定常状態に達している場合を考える．砂は個々の砂粒の大小様々な跳躍によって輸送されるが，ここではすべての砂粒が図2-13に示した理想跳躍によって運ばれると仮定する．また，跳躍は1回で終わり，バウンドすることはないとする．

以上の仮定のもとで，砂輸送量が q (kgm^{-1}s^{-1}) である場合を考える．このとき，図2-15の斜線部分にある砂粒が合計で q (kg)，単位時間内に飛び跳ねて，長さ1 mの線分ABを超えていかなければならない．

輸送された砂粒全体が得た運動量は，個々の砂粒が得た運動量の和になるため，

$$q \cdot (u_2 - u_1) \qquad \cdots\cdots\cdot 式2\text{-}8$$

である．この運動量は風が失った運動量に等しい．風はせん断力によって砂粒に

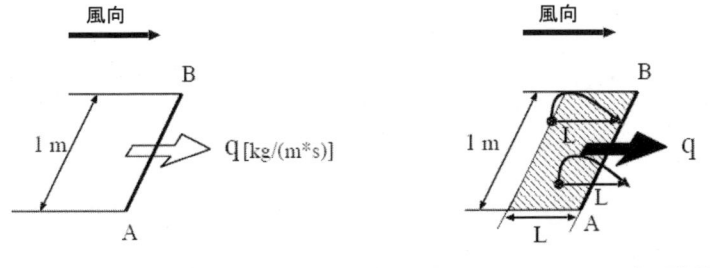

図2-14 q の定義

図2-15 Bagnoldの式の説明図

運動量を与える．風が図 2-15 の斜線部分に及ぼす単位時間当たりのせん断力は

$$\tau_g \times (面積) \times (時間) = \tau_g \times (L \times 1) \times 1 = \tau_g L \qquad \cdots\cdots 式 2\text{-}9$$

である．ただし，τ_g は地面におけるせん断力である．τ_g は地面における摩擦速度 u_* の概念を導入すると

$$\tau_g = \rho_0 u_*^2$$

と書ける．ただし，ρ_0 は空気の密度であり，摩擦速度は

$$u_* = \sqrt{\nu \frac{du}{dz}}$$

で定義される．ここで，ν は空気の動粘性率，u は地面に平行な速度成分，z は地面に垂直な方向である．

　運動量の保存から，式 2-8 と式 2-9 は等しいため，

$$q \cdot (u_2 - u_1) = \tau_g = \rho_0 u_*^2 L$$

が成り立つ．砂は空中に飛び出すときはほとんど垂直に飛び出すことが観測されているため，$u_2 \gg u_1$ であるとして u_1 を省略すると上式は

$$q = \frac{\rho_0 L}{u_2} u_*^2 \qquad \cdots\cdots 式 2\text{-}10$$

となる．砂粒の 1 回の跳躍時間 t_s を考えると

$$t_s = 2 \frac{w_1}{g} \sim 2 \frac{L}{u_2} \qquad \cdots\cdots 式 2\text{-}11$$

よって

$$\frac{L}{u_2} \sim \frac{w_1}{g}$$

この式を式 2-10 に代入すると

$$q = \frac{\rho_0}{g} w_1 u_*^2 \qquad \cdots\cdots 式 2\text{-}12$$

ここで Bagnold は砂が飛び出すときの速度が摩擦速度に比例すると仮定し

$w_1 = b_1 u_*$ を用いて式 2-12 を変形した．その結果，摩擦速度と砂輸送量を関連づける砂輸送方程式として

$$q_s = b_1 \frac{\rho_0}{g} u_*^3 \qquad \cdots\cdots\text{式 2-13}$$

が得られる．Bagnold は砂の輸送についての実験を行い，式 2-13 が近似的に成り立っていることを示した．

式 2-13 の改良として，

$$q = \begin{cases} b_2 \dfrac{\rho_0}{g}(u_* - u_{*_t})(u_* + u_{*_t})^2, & u_* > u_{*_t}, \\ 0, & u_* \leq u_{*_t} \end{cases} \qquad \cdots\cdots\text{式 2-14}$$

という砂輸送方程式（河村 1951, 1948）や

$$q = \begin{cases} b_3 \dfrac{\rho_0}{g} u_*^2 (u_* - u_{*_t}), & u_* > u_{*_t}, \\ 0, & u_* \leq u_{*_t} \end{cases} \qquad \cdots\cdots\text{式 2-15}$$

という砂輸送方程式（Wipermann and Gross 1986）がある．ここで u_{*_t} は砂が移動を開始する限界摩擦速度であり，約 0.2（ms^{-1}）である．式 2-14, 2-15 は摩擦速度 u_* がある限界値 u_{*_t} 以下のときは砂が全く移動せず，限界値を超えると動き出すという性質を含む．ただし，u_* が十分に大きい場合には，両式とも q が u_{*3} に比例することになるため，Bagnold の式 2-13 で近似される．

以上の砂輸送方程式は saltation による輸送を前提としていたが，実験から surface creep による輸送量は saltation による輸送量の約 1/4 になることがわかっている（シャイデッガー 1980）．このため，式 2-12 〜 2-14 の比例定数 b_1, b_2, b_3 を調節することにより，surface creep による輸送量も式 2-12 〜 2-14 に含ませることができる．ただし，比例定数 b_1, b_2, b_3 の値は砂の状態や砂面形状に依存するため，明確に定めることはできない（長島 1991）．

[補足] 砂丘の高さと移動速度（シャイデッガー 1980）

砂丘の移動を砂丘断面（図 2-16）に着目して考える．この砂丘が形状を変えずに風下側に速度 C（ms^{-1}）で移動しているとする．このとき，Δt（s）間に滑り面の上端を超えて移動する砂（奥行き方向の単位長さ当たり）は斜線部分（体積 ΔV（m^3））で表せる．この砂の総質量を ΔM（kg）とすると

$$\Delta M = \rho_s \Delta V \quad \sim \quad \rho_s \int_0^h c\Delta t \times 1 dh = \rho_s c\Delta th \qquad \cdots\cdots\cdot\text{式 2-16}$$

となる．ただし，ρ_s（kgm^{-3}）は砂の密度を表す．式 2-16 より砂丘の移動速度 c（ms^{-1}）は

$$c = \frac{1}{\rho_s h}\frac{\Delta M}{\Delta t} = \frac{Q}{\rho_s h} \qquad \cdots\cdots\cdot\text{式 2-17}$$

となる．ここで

$$Q = \frac{\Delta M}{\Delta t}$$

とおいた．Q（kgm^{-1}s^{-1}）は滑り面の上端を超えていく単位時間および単位幅当たりの砂の輸送量であり，上空の風速によって決定される．式 2-17 より，同じ風速場のもとでは砂丘の移動速度 c（ms^{-1}）は砂丘の高さ h（m）に反比例することがわかる．

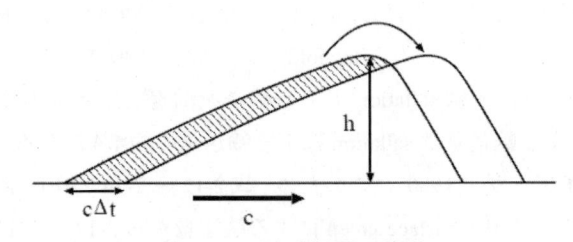

図 2-16　砂丘断面の移動

2-4 流体力学のシミュレーションからみた砂移動のメカニズム

河村哲也・菅 牧子

　砂丘の移動を予測するためには，砂丘上空の風の流れを把握し，その風の流れによって砂丘形状がどのように変化するかを見積もる必要がある．一般に砂丘は大規模かつ複雑な形状をしており，またその移動には長時間を要する．さらに，実際に防砂対策を行うことを考えると植生の影響を考慮する必要がある．このような複雑な環境下での砂の移動を観測あるいは実験によって予測することは容易ではない．これに対し，地形の規模にかかわらず適用でき，また長時間後の状態を短時間で予測可能な数値シミュレーションは砂丘移動の解析の手段として非常に有力である．

　風による砂の移動はいろいろと複雑な要素を含んでいるため，いくつかの部分に分けて解析する必要がある．

　まず，砂は風によって運ばれるため，砂丘の上空を吹く風速場をシミュレーションにより決める必要がある．そうすることによって，直接に風にあたっている部分の砂の輸送量と，砂丘の陰になって風が弱められている部分の輸送量との差が定量的に見積もれる．この場合，地表面は平坦ではなく凹凸が激しいため，複雑な形状領域で流れの方程式を解かなければならないという困難が加わることになる．

　次に風速場がわかれば，表面近くの風速から表面に働く摩擦力が計算できる．一方，砂の輸送量は摩擦力の関数と考えられるため，その関数をなんらかの方法（理論的な考察や実験など）で決めれば砂の輸送量が推定できる．その例として前節ではBagnoldの理論を紹介した．

　最後に砂の輸送量から地形の変化が計算できる．具体的には，表面を小さな領域に分割して，各領域で砂の収支を勘定すればよい．すなわち，もし入ってくる量が出て行く量より大きければ，砂が積もって地表面の高さが増し，逆に出て行く量の方が多ければ，砂が減るため地表面の高さは低くなる．以上まとめると，風による砂の移動を計算するためには

(1) 複雑な領域形状での風速場の計算
(2) 砂面の速度から砂の輸送量の推定
(3) 砂面の形状の計算

の3つの手順を踏めばよいことになる．ここで（3）の計算を行うと（1）の領域形状が変化するため，時間ステップごとに（1），（2），（3）を繰り返す必要がある．

以下に各ステップについて，もう少し詳しく述べることにする．

2-4-1 流れ場の計算

砂丘上空を吹く風による流れ場は非圧縮性のナビエ・ストークス方程式に支配される．

(a) 連続の式
$$\nabla \cdot \boldsymbol{u} = 0 \qquad \cdots\cdots\cdot 式 2\text{-}18$$

(b) 運動方程式
$$\frac{\partial \boldsymbol{u}}{\partial t} + (\boldsymbol{u} \cdot \nabla)\boldsymbol{u} = -\frac{1}{\rho_0}\nabla p + \nu \nabla^2 \boldsymbol{u} \qquad \cdots\cdots\cdot 式 2\text{-}19$$

ここで，$\boldsymbol{u}$：速度ベクトル，p：圧力，ρ_0：空気の密度，ν：動粘性率，t：時間である．ただし動粘性率は場所によらず一定であるとしている．砂丘形状は複雑であるため，この基礎方程式を一般座標で表現し，砂丘表面に沿った格子で計算する．なお，3次元計算になるため通常は標準的な数値解法であるＭＡＣ系の解法を用いる．

2-4-2 砂の輸送量の推定

前節の最後の部分で Bagnold が導いた表面摩擦速度と砂輸送量の間の関係を紹介した．この関係を実際の3次元のシミュレーションに適用する場合には拡張する必要がある．すなわち，前節の関係は砂面上のどの場所でも一様な砂輸送がなされていると想定されていたが，現実には砂面上空の流れ場は場所によって様々な方向をもち，砂は各地点における風の強さに従った量がその風向の向きに運ばれる．したがって，砂輸送量は場所によって異なる大きさと方向をもつベクトル $\boldsymbol{q}$ で表される（図2-17）．このとき，式2-13は

$$\boldsymbol{q} = b_1 \frac{\rho_0}{g} |\boldsymbol{u}_*|^2 \boldsymbol{u}_* \qquad \cdots\cdots\cdot 式 2\text{-}20$$

となる（図2-18）．また摩擦速度ベクトル $\boldsymbol{u}_*$ は

図 2-17 砂輸送量は方向をもつ

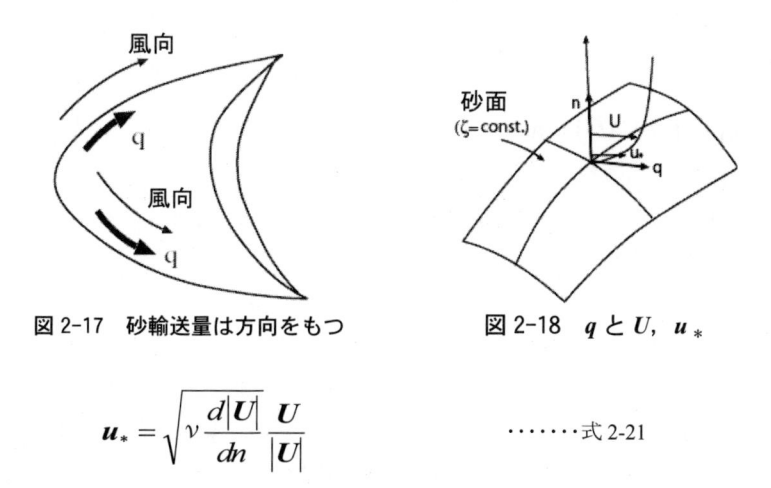

図 2-18 q と U, u_*

$$u_* = \sqrt{\nu \frac{d|U|}{dn}} \frac{U}{|U|} \qquad \cdots\cdots\cdot 式 2\text{-}21$$

となる．ここで d/dn は砂面に垂直方向の微分を意味し，U は砂表面に平行な方向の速度である．

計算においては 2-4-1 によって流れ場から得られた U から式 2-21 を用いて u_* を求め，それを式 2-20 に代入して q を求める．

2-4-3 砂面形状の変化の計算

各地点で砂の輸送量ベクトルが定まると砂面の高さを決めることができる．すなわち，砂面上の微小面積における砂の質量保存から以下の式が成り立つ（図 2-19）：

$$\rho_s \frac{dh}{dt} = -\frac{dq_1}{dX} - \frac{dq_2}{dY} \qquad \cdots\cdots\cdot 式 2\text{-}22$$

図 2-19 砂の質量保存

ここで ρ_s (kgm^{-3}) は砂の密度，h (m) は砂面に垂直な方向の高さ，X, Y は砂面に平行な面の局所座標，q_1, q_2 (kgm^{-1}s^{-1}) はそれぞれ砂輸送ベクトル q の X, Y 成分である．新しい砂面形状は，式 2-22 から得られる Δt_h 時間での高さ変化 Δh を前の砂面の高さに加えることで計算できる．具体的には，ある時刻 t の砂輸送量から式 2-22 の右辺の値が計算できるが，それを $R(X, Y, t)$ と記すことに

すれば，式2-22は

$$h(X,Y,t+\Delta t_h) = h(X,Y,t) + \frac{\Delta t_h}{\rho_s} R(X,Y,t) \qquad \cdots\cdots\cdots 式2\text{-}22$$

で近似される．そこで，時刻 t の h (X, Y, t) および R (X, Y, t) から Δt_h 後の高さである左辺が計算できる．

　砂面形状の計算で注意すべき点は，砂面がとり得る傾斜角には最大値が存在することである．その最大値は安息角とよばれている．安息角は，砂粒の大きさや砂面の湿り方など表面の状態に依存するが，おおよそ30°である．もし砂面の傾斜角が安息角を超えれば砂は滑り落ちるため，傾斜角が安息角を超えることはない．一方，式2-22により砂面形状を決定する場合に，最大傾斜角が安息角を超えることがある．そこで，この場合には砂を人工的に移動させて安息角になるように修正する．具体的には，砂面上の隣接した格子，対角線方向の格子間の傾斜を順に調べていき，安息角以上のものがあれば砂の全体量の保存を考慮して図2-20に示すように格子点の高さを変化させる．この修正によりその隣接辺の傾斜が再び安息角を超える場合もあるため，上の作業を砂面全体に対して何回か繰り返す必要がある．格子点の高さを繰り返し修正することにより，砂丘上部でおきたなだれが順に下まで伝わっていく．

　以上のことを考慮して砂面上の格子点を移動させたあとで上空の計算格子全体を作り直す．そして再び2-4-1の上空の流れ場の計算にもどる．

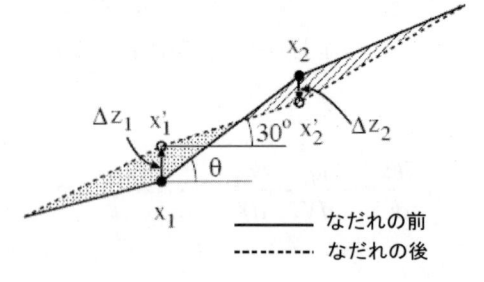

図 2-20　なだれの概略図

バルハン砂丘

　はじめに上記の方法でバルハン砂丘の形成をシミュレーションした結果を示す．
　計算の初期条件としては全領域において x 方向に一様流れ（$u_0 = 10$ (ms^{-1})）を与えた．また，初期の砂丘形状として長軸60 m，短軸36 mの楕円上に高さ18 mまで丸く砂を盛った形状を選んだ（図2-21）．境界条件としては，x 方向にも

砂丘が連なっていることを想定して，流入流出口に周期条件を課した．また砂面上ではすべり無し条件，上空では一様流とした．

図 2-22 (a)，(b) は砂丘の等高線と砂面上空約 5.0 m における瞬間速度ベクトルの時間変化の様子である．等高線は各図の砂面の高さの最小値から最大値の範囲を 30 等分して描いてある．初期に楕円状をした砂丘は，時間が経つにつれて，砂丘両端が風下側に発達し，三日月型砂丘に変化している．また，風は砂丘を横によけて風下側に流れており，砂はこの流れに沿って運ばれるため，砂丘の両端が横に広がりながら風下側に移動していることがわかる．図 2-22 (c) は同じ結果を斜め上空から見た鳥瞰図である．この図から，砂丘が時間とともに平たくなっていく様子がわかる．また，砂丘風上側には傾斜が約 7°の緩やかな斜面が形成されたが，風下側には勾配が安息角である急斜面が形成された．風下側の急斜面の勾配はどの段階でも安息角を保っているため，この部分で砂はなだれをおこしていることがわかる．すなわち，砂丘はなだれをおこしながら風下側に向かって移動している．なお，観測によると実際の砂丘においても風上側の傾斜は 5°～10°程度であり，風下側に傾斜が 30°～33°（安息角）の滑り面が形成されている（佐藤 1986；竹内 1997）．図 2-22 (d) は $y = 0$ (m) の断面の瞬間速度ベクトルである．この図から，砂丘の風下側に急斜面が形成される理由が明らかになる．すなわち，風上側から次第に運ばれてくる砂は，風下側の風速の弱まりに対応して移動が抑えられる．超過して輸送されてきた砂は砂丘頂上付近に堆積するが，ある程度堆積すると，砂丘の風下側の斜面が安息角を超えるため，砂はなだれをおこして砂丘風下側に転げ落ちる．

このように考えると，砂丘は時間とともにどんどん低くなり，最終的にはなくなることになる．しかし，計算により砂丘の高さの時間変化を追跡すると，ある一定高さに近づく傾向があることがわかる．図 2-23 に $y = 0$，20，40 (m)（図

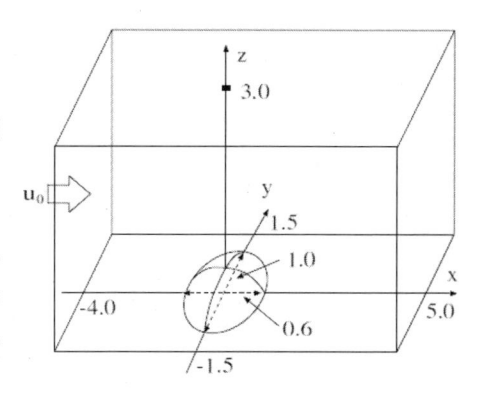

図 2-21 計算領域
（バルハン砂丘の形成過程）

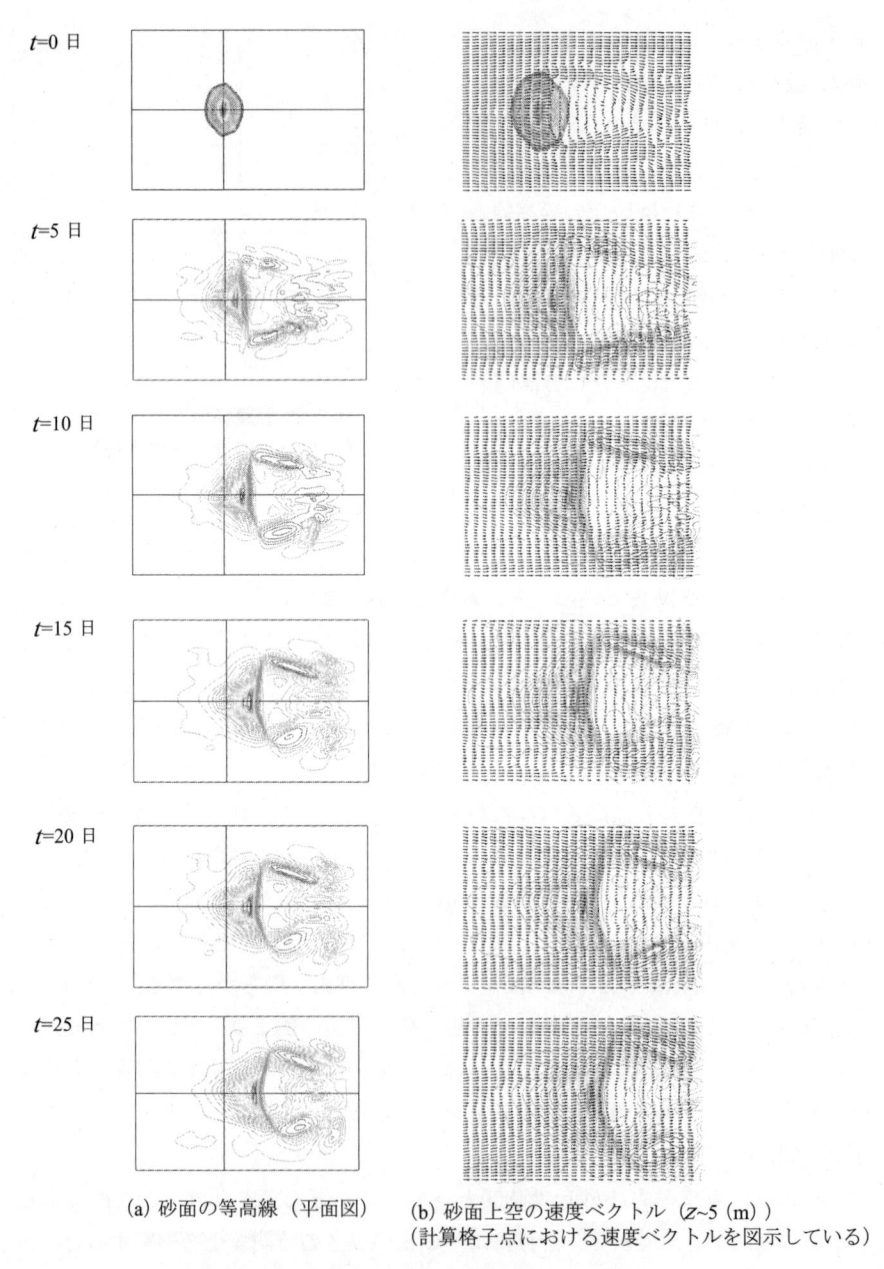

$t=0$ 日		
$t=5$ 日		
$t=10$ 日		
$t=15$ 日		
$t=20$ 日		
$t=25$ 日		

(a) 砂面の等高線（平面図）　　(b) 砂面上空の速度ベクトル（$z\sim5$ (m)）
　　　　　　　　　　　　　　　　（計算格子点における速度ベクトルを図示している）

図 2-22 (1) バルハン砂丘の形成過程（平面図）

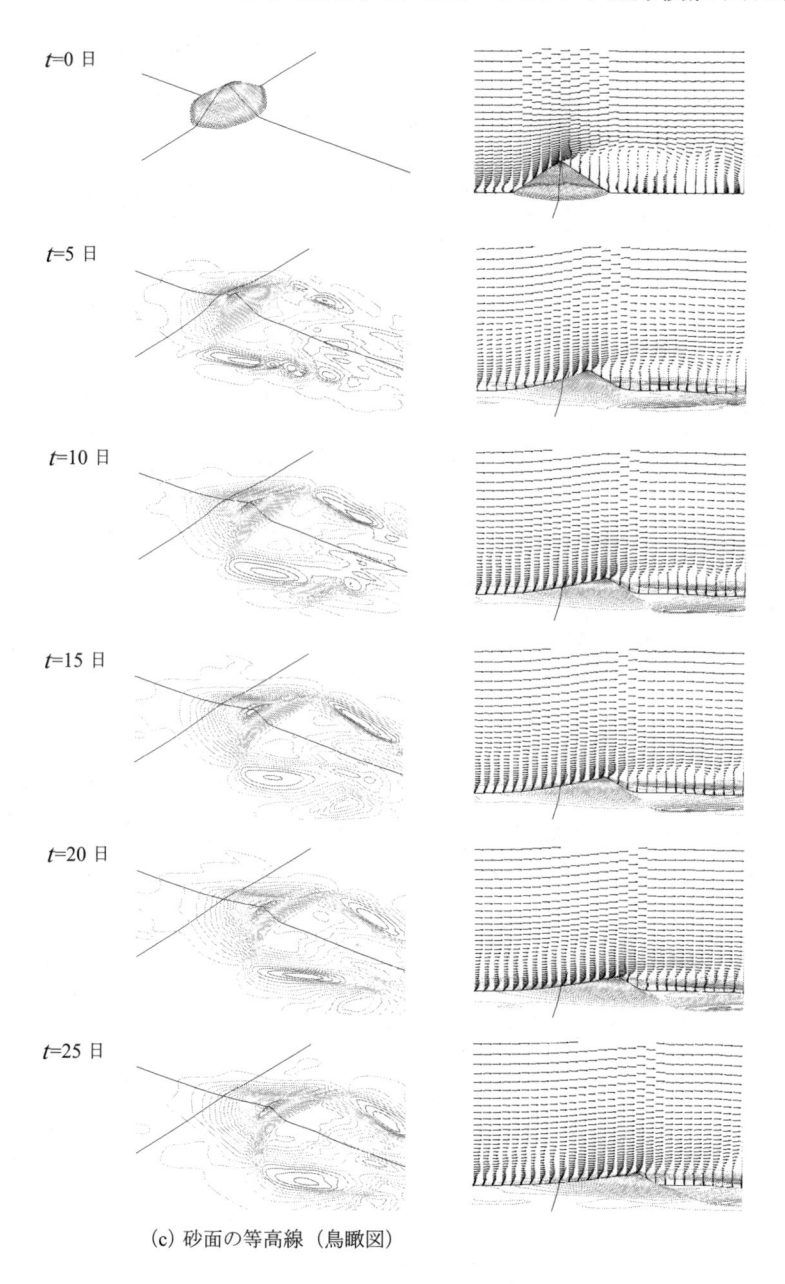

2-4 流体力学のシミュレーションからみた砂移動のメカニズム　71

$t=0$ 日

$t=5$ 日

$t=10$ 日

$t=15$ 日

$t=20$ 日

$t=25$ 日

(c) 砂面の等高線（鳥瞰図）

図 2-22（2）バルハン砂丘の形成過程（鳥瞰図）

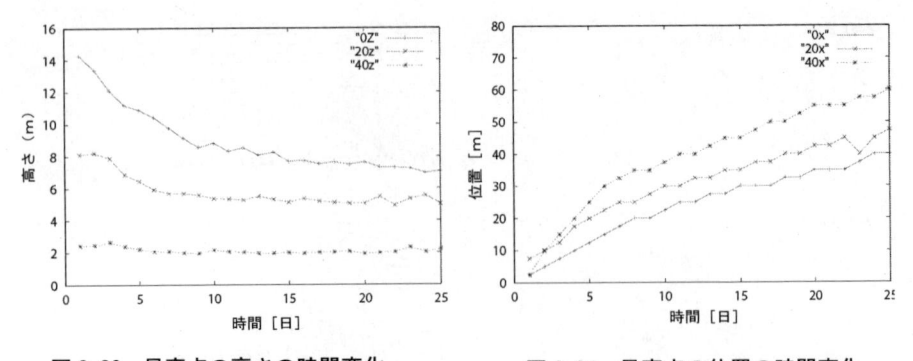

図 2-23　最高点の高さの時間変化
図右上の 0z, 20z, 40z は順に
$y = 0, 20, 40$ (m) に対応．

図 2-24　最高点の位置の時間変化
図右上の 0x, 20x, 40x は順に
$y = 0, 20, 40$ (m) に対応．

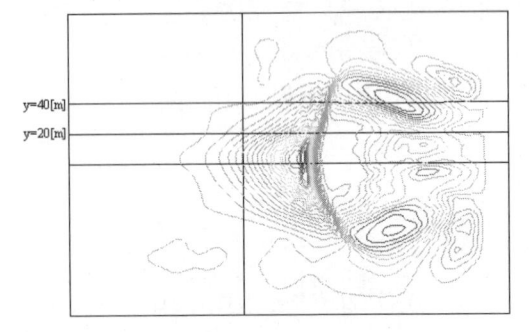

図 2-25　砂丘断面の位置
（図 2-23，図 2-24 の範囲）

2-25）の砂丘断面における最高点の高さの時間変化を示す．砂丘中央部は時間が経つにつれて低くなり，端の部分に砂が堆積していく．高さの変化は初期には大きいが，15 日以降はほぼ一定の高さに保たれている．図 2-24 は図 2-23 と同じ 3 つの砂丘断面における最高点の位置 x の時間変化を示している．初期は砂丘の端（$y = 40$ (m)）の移動速度が速いが，15 日後には 3 つの断面の速度がほぼ等しくなっていることがわかる．これらの結果から，砂丘はある形状で安定し，その形を保ったまま風下側に移動していくことが予想できる．なお，図 2-24 から得られる砂丘の移動速度は約 1 m／日である．観測によると，実際の砂丘の移動速度は高さ 15 m のもので 5～20 m／年，高さ 5 m のもので 15～50 m／年程度であるといわれている（竹内 1997）．計算から得られた速度はこれと比べるとかなり速いが，風の強い季節には砂丘は 1 日に 10 m 移動することも珍しくはない．本シミュレーションでは 10 m s^{-1} という強風下で砂を移動させているため，計算

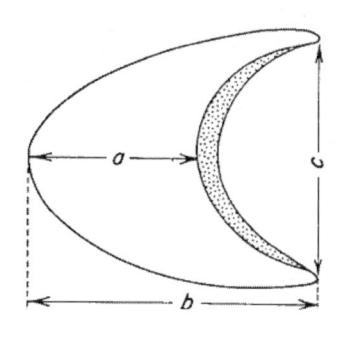

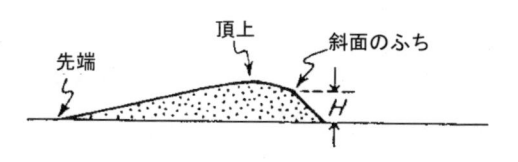

図 2-26 バルハン砂丘の長さの定義
出典：Long and Sharp (1964)

から得られた砂丘の移動速度は妥当であると思われる．

図 2-26 にはバルハン砂丘を特徴づける長さを示している．この長さから作ったいくつかの比に対して，実際の観測結果（Long and Sharp 1964）（カリフォルニア砂漠で見られた 26 のバルハン砂丘の平均値）と計算結果の比較を表 2-2 に示している．

表 2-2 観測結果と計算結果との比較

	観測結果（Long and Sharp 1964）	計算結果（25 日後）
H/a	0.0934	0.102
H/c	0.0626	0.0628

種々の砂丘

初期条件を山が 3 つ（図 2-27）というように変化させて計算した結果を次に示す．この場合，縦および横方向は（周期的に）無限につながっているという条件（周期条件）を課している．すなわち，図 2-27 のような領域が無限にあり，そのひとつを取り出して見ていることになる．このとき，領域から下流方向に出

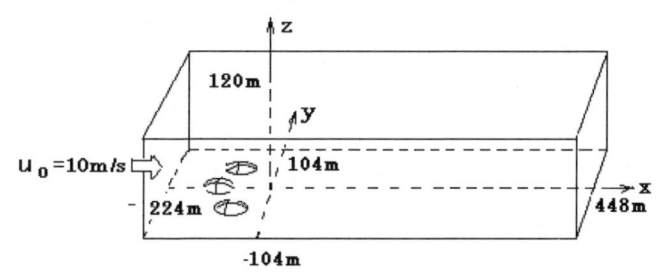

図 2-27 横列砂丘のシミュレーションの初期条件

図 2-28　横列砂丘の形成

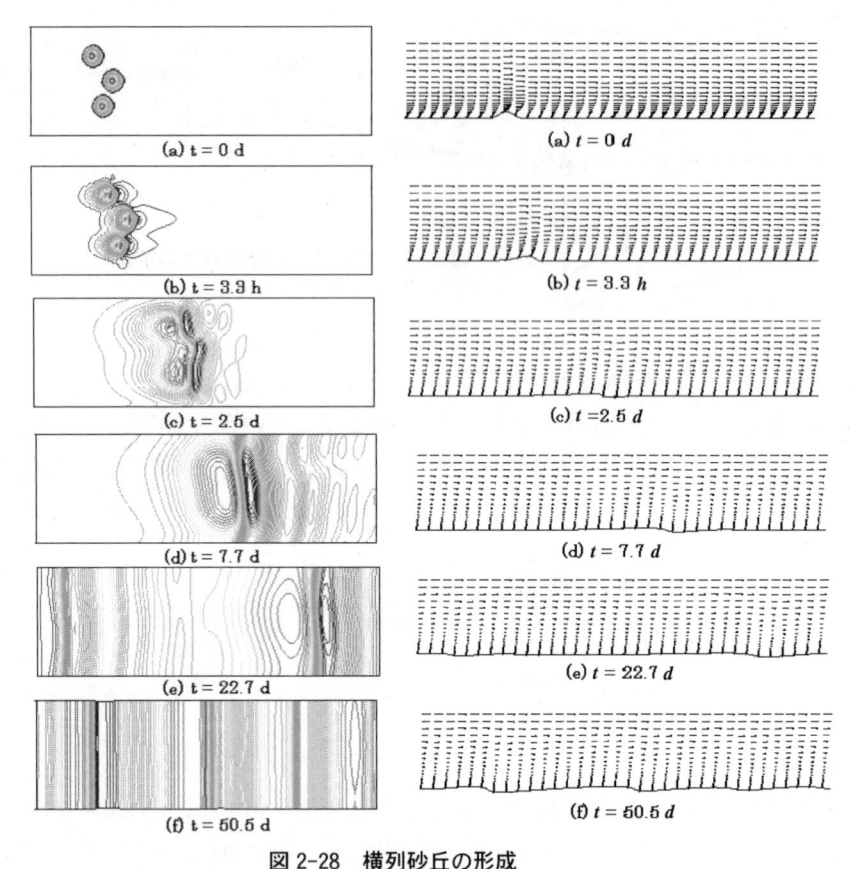

左図：等高線　　　右図：中央断面の速度ベクトル（h : hour　d : day）

た砂や空気はそのまま上流から入り，また左から出たものは右に，右から出たものは左から入ってくる．このような条件で計算した一連の結果が図 2-28 であり，この場合には横列砂丘が形成されている様子がわかる．

　次に風向を 2 種類とり交互に吹かせたときの計算結果を示す．これは季節によって風の風向が変わるような場合に対応する．計算条件としては図 2-29 のような 2 種類の風向を仮定し，ある一定時間ひとつの方向の風が吹いたあと，次の一定時間はもうひとつの方向から吹くようにしてそれを周期的に繰り返す．また，横列砂丘の場合と同様に縦および横に周期条件を課している．初期の山がどのよ

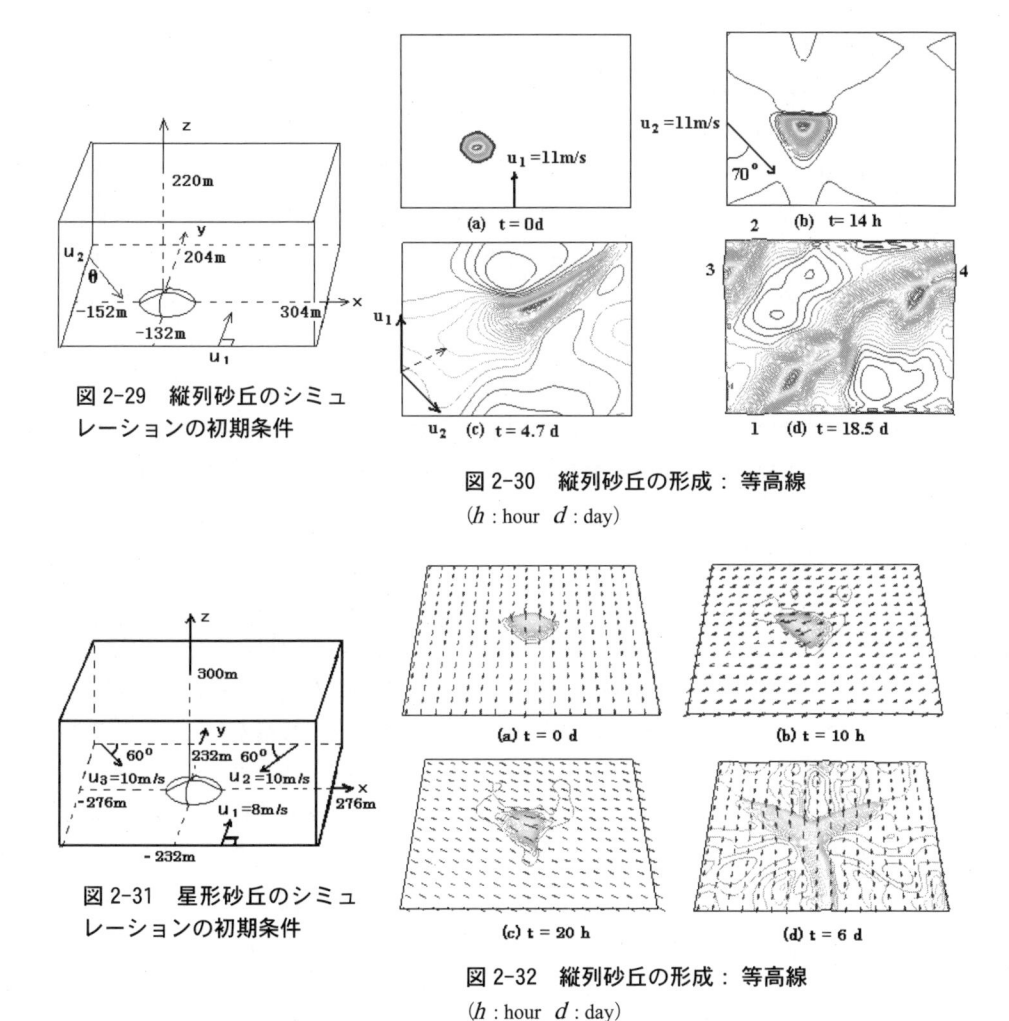

図 2-29　縦列砂丘のシミュレーションの初期条件

図 2-30　縦列砂丘の形成：等高線
(h : hour　d : day)

図 2-31　星形砂丘のシミュレーションの初期条件

図 2-32　縦列砂丘の形成：等高線
(h : hour　d : day)

うに変化していくかの一連の計算結果を図 2-30 に示す．この図から 2 つの風をベクトル的に合成した方向に稜線をもつような砂丘（縦列砂丘）が形成されていく様子がシミュレーションされていることがわかる．

　さらに，風向を図 2-31 に示すように 3 方向（各方向に 10 時間ずつ吹かせる）に変化させて計算した結果，図 2-32 に示すように 3 つの腕をもつ星型砂丘が形成された．

洗掘問題

最後に，砂の移動と関連して，一見不思議にみえて面白い現象を紹介する．それは，ある中国の研究者の話によると，砂地に建っている建物の前に大きな甕を置いておいたところ，強風のあと転倒したが，不思議なことに風上側に転がっていたという現象である．これと類似の現象もある．すなわち，鳥取砂丘では砂面の高さの変化を測定するために 100 m 間隔に測定用の木の杭が砂面に打ち込まれているが，砂面の高さが減少する場所ではその杭が風上側と思われる向きに倒れているという現象である．

風に対する障害物が風上側に倒れるということから，風圧によって直接転倒するわけではない．そこで，転倒する理由を別に探す必要がある．この謎を解く鍵として，砂と風と物体の相互作用が考えられるが，実際にシミュレーションした例を以下に示すことにする．

ここでは話を簡単にするため砂に円柱を立てた状況を考える．計算方法は砂丘の移動のシミュレーションと同じである．図 2-33, 2-34 は風の吹き始めからの一連の計算結果を示している．図 2-33 は中心面上における速度ベクトルであり，図 2-34 は砂面の形状を等高線で示したものである．このシミュレーションから明らかなように，円柱と砂が接する部分で，風上側の部分で砂が掘られていることがわかる．また風下部分では，逆に砂が堆積している．このことから，甕や杭も前面部分の砂が掘られることによってバランスを崩して風上側に転がったと解釈できる．

実はこの現象は土木の分野で洗掘とよばれる現象と本質的に同じものである．洗掘は川の中に建てられた橋脚に関する現象で，橋脚の川底が上流側で削られて，

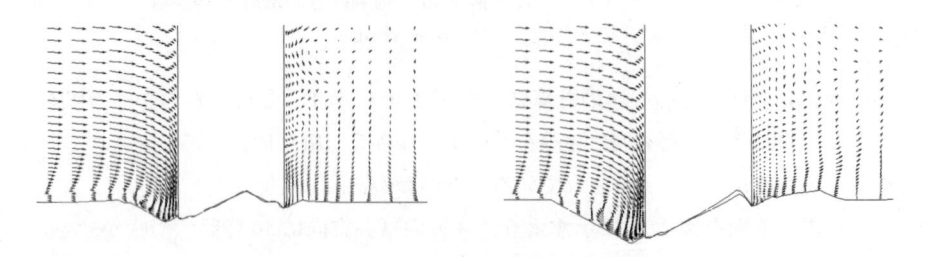

図 2-33 対称面における速度ベクトル
左：$t = 20$ (s)，右：$t = 100$ (s)

2-4 流体力学のシミュレーションからみた砂移動のメカニズム 77

t=20 (s)
z_{min}=0.2 (m)
z_{max}=0.12 (m)

t=100 (s)
z_{min}=0.4 (m)
z_{max}=0.18 (m)

t=200 (s)
z_{min}=0.55 (m)
z_{max}=0.26 (m)

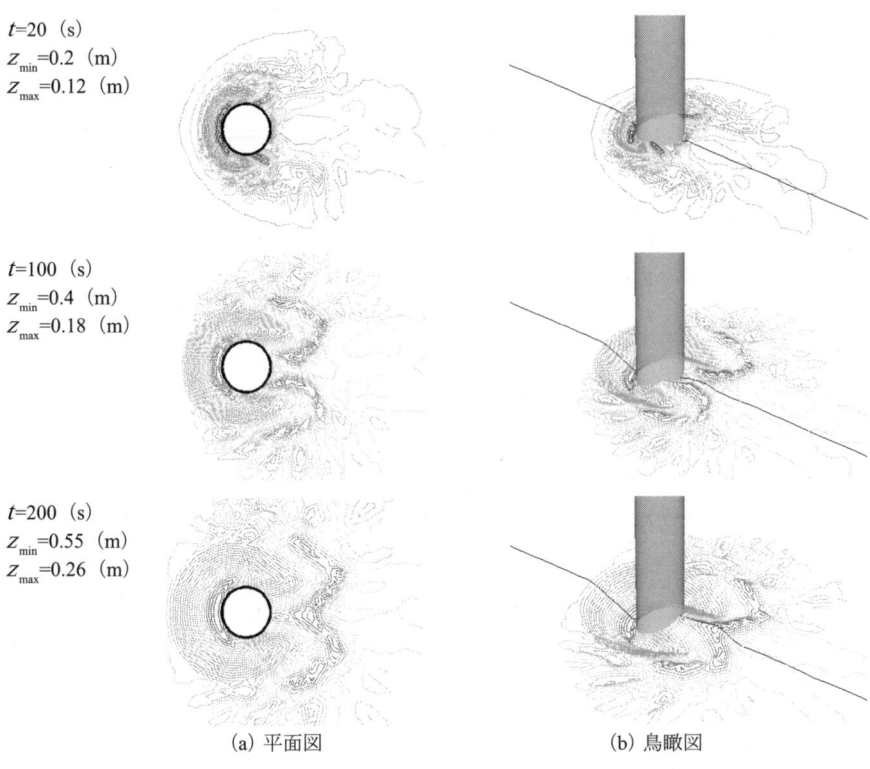

(a) 平面図　　　　　　　　　(b) 鳥瞰図

図 2-34 砂面の等高線

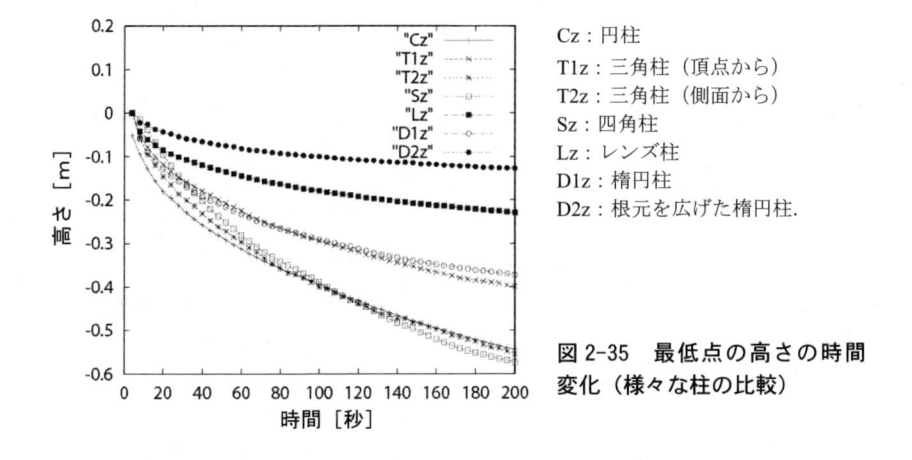

Cz：円柱
T1z：三角柱（頂点から）
T2z：三角柱（側面から）
Sz：四角柱
Lz：レンズ柱
D1z：楕円柱
D2z：根元を広げた楕円柱．

図 2-35　最低点の高さの時間変化（様々な柱の比較）

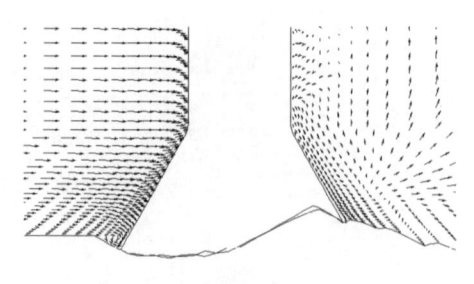

(a) 対称面の速度ベクトル

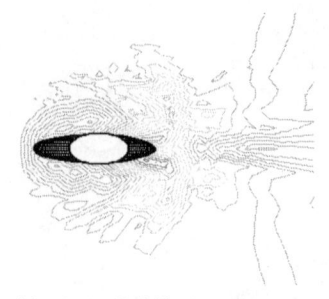

(b) 砂面の等高線（平面図）

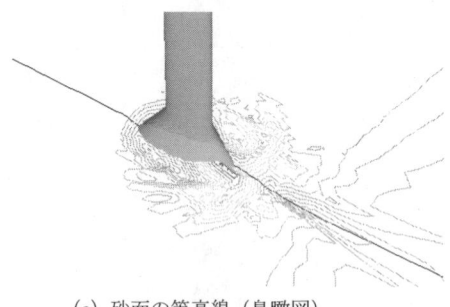

(c) 砂面の等高線（鳥瞰図）

図 2-36　すそを広げた楕円柱の場合
$t = 200$（s）
$z_{min} = 0.27$（m）
$z_{max} = 0.30$（m））

橋脚の強度に悪影響を及ぼすという現象である．洗掘を防ぐ一つの方法として橋脚の形を工夫することが考えられる．このことは実際に橋脚をつくらなくてもシミュレーションを行うことにより十分に予想できることであり，図 2-35 に示すようにいろいろな形状を試した結果，図 2-36 のような裾広がりの形状がもっとも洗掘が少ないことが明らかになった．

　なお，物体の前方が掘られる理由は，円柱と流れと地面の相互作用の結果，図 2-37 に示すような渦が円柱前方から中間部あたりまで円柱に沿って存在するためである．この渦は馬蹄形渦とよばれている．この渦の存在は図 2-33 のシミュレーション結果でも確かめられる．

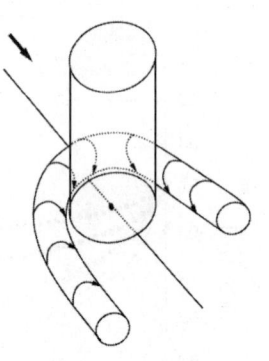

図 2-37　馬蹄型渦の概略図

2-5 風食の防止対策

真木太一

2-5-1 「砂漠化」とは

　砂漠化（desertification）の用語は英語を訳したものであり，フランスではじめて1940年代に使われるようになったと間違えられて世界に広まっているが，実は，1923年に日本の雑誌「世界大勢」の中で，すでに使われていることを記述しておきたい．

　さて，繰り返しになるかも知れないが，砂漠化とは，降水量の減少や高温化など気候を主因とする乾燥化（自然的要因）と半乾燥地域の過度の土地利用や不適切な水管理などを主因とする人為的要因による土地の荒廃の両面があるが，最近では，人為的な狭義の意味で使われることが多い．

　砂漠化については，1930年代のアメリカのダストボール（干ばつと過耕作による風食・水食による土壌侵食害）や1970年代のアフリカのサハラ・サヘル地域の大干ばつと砂漠化のように，気候による自然的要因と人間活動による人為的要因が相乗的に関与して砂漠化した事実が過去からあった．砂漠化は，とくにアフリカで問題として大きく取り上げられているように，1968～1973年，および1984年までは，サハラ砂漠南縁のサヘル地域では，飢饉の死者は10～25万人も出たとされる．そして，干ばつによる植生の減退や土地荒廃が砂漠化を加速しており，極めて激しかった一頃よりは少なくはなっているが，現在も治まってはいない（真木1996，1999，2007）．

　この砂漠化の状況を集約すると，砂漠化は，主として人口増加に起因して進行しており，今後とも広範囲な砂漠化の進行が予測される．乾燥地は開発途上国が多いため，開発を目指す国が多く，環境保全に重きを置く国は実際には少ない．開発途上国での政治的不安定も影響して，長期的見通しが立ちにくく，開発による施設の建設と，紛争などによる破壊が繰り返されている．また，乾燥地の住民の貧困性や植生への愛着心の欠如など，多方面にわたる難しい社会的問題がある．しかし，このまま放置し，対策が遅れれば一層砂漠が拡大し困難になるため，風食防止にも重

点を置きながら，世界の砂漠化防止と緑化を早急に進める必要がある．

2-5-2 砂漠化は風食の影響が大きい

　砂漠化の原因は次のとおりである．①過放牧は多頭家畜導入による植生の過剰利用であり，家畜の蹄による土地の踏み固めや植生破壊などへの影響もある．過放牧の直接的影響は植生減退であり，間接的な風食，水食，塩類化への加速度的破壊がある．特に砂漠化した地域での風食による土壌侵食，および強雨による土壌侵食（水食）は大きい問題である上に，今後は地球温暖化によって，乾燥と大雨の繰り返しや，降れば大雨のような傾向もあり，雨の降り方が強くなるとされ，危惧されるところである．②過耕作による砂漠化と土地荒廃には，農地の不適切管理，休耕期間短縮による土地劣化，不適切な施肥や過剰な施肥，大規模耕作の失敗，不適切な重機械導入などがある．③過伐採には商業的森林伐採，焼畑移動耕作，燃料の需要増大，未整備な法制度などが悪影響を与えている．

　今後の砂漠化防止対策の課題には，①砂漠化と緑化の歴史的評価，②過放牧・過伐採・過耕作・水の過消費などの評価と防止，③砂漠化の監視による地域・面積・進行状況などの情報収集，④砂漠化対策と緑化のための経済的・技術的支援，⑤社会・自然科学者の学際的共同研究の実施と応用などが，順にあげられる．

　砂漠化がおこす地表形態の変化として最も明瞭な砂漠化指標の変化形態を以下に示す．

　まず，砂漠化によって地表の細砂は風食で飛ばされて減少し，粗大粒子の粗砂や礫が増加する．また，有機物・栄養分・微量要素は減少し，土地は脆弱化し，生産力も低下して最終的には有機物・養分は消失する．塩分，アルカリ分は一般的に乾燥地で増加する．さらには，内陸河川沿いの砂質草原では，不適切な水利用で，砂漠化した地表景観に変化する．そして，水の減少で河岸林の生長が衰退し，風食による飛砂・堆砂の増大，弱風域の樹間に流砂堆積が発生し，水がなくなると流動砂丘景観になり，河岸の天然オアシスは激甚砂漠化地形に変化する．したがって，定量的には，特徴的な風成地形を示した土地として砂漠化面積が拡大し，定性的には砂質地形に変質する．この結果，砂漠化した初期の草原地域や乾燥農業地域には風砂地形が一部にある程度であるが，次第に増加して最終的には密集した流動砂丘を形成するようになる．結果的には，乾燥農業地域の景観は質的に

変化することになる．

2-5-3 防風・防砂法による砂漠化防止

防風・防砂法には生物的・物理的・化学的防止法などの防止法がある．主として日本と中国の防風・防砂法の区分について述べるとともに，砂漠化防止・緑化法について記述する．なお，本報告の区分は「大気環境学」（真木 2000）にまとめたものを中心に述べる．

生物・生態的防風・防砂法

植物被覆による防風・防砂法，すなわち植栽による植生防風・防砂法である．砂丘化防止や固砂法として年数はかかるが，自然回復力を借りて砂漠化を防止する方法に，草本・木本植物による砂丘固定法，砂丘周辺の防砂林の造成法，農地内の保護林の造成法などがある．高木・中木・低木（灌木）樹や草本植物を播種・植栽して砂面を被覆し，地表の風を弱めて砂の移動を防止する方法である．

草生法 地表面を被覆する方法に草生法があり，植生回復によって気象改良を行い，厳しい気象環境を緩和する．中国では封砂育草法（草で覆って砂を封じる植生被覆）とよばれ，耐乾性の草本を砂砂漠，石礫砂漠に播種・移植して防風・防砂草地を育成する．草生法には地上での手作業や機械による播種法および航空機による播種法がある．移植する場合には灌木や高木樹の移植が多い．乾燥の激しい地域では灌漑による移植法が主であり，雨の比較的多い地域では播種法が有効である．

草方格 草生法（被覆法）による自然植生回復には防風・植物保護用の草方格（写真 2-3）が優れており，ワラの中央部をシャベルで砂中に押し込み埋める方法とワラを逆向きに砂中に埋める方法がある．まず草方格で減風を行うとともに風食防止と堆砂，気象改良を行う．その中に種々の草木が発芽，生育し始める．場合によっては草方格の内部に植栽することもある．草方格は地上部が $20 \sim 30$ cm，地下部が $15 \sim 20$ cm のものが多く，幅は $0.5 \sim 2$ m で，多くは 1×1 m の碁盤の目状に造成する防風・防砂施設である．ワラ量は $4.5 \sim 6.0$ tha^{-1} であり，傾斜地では下方のワラの先端を次の上方のワラの接地面より 5 cm 程度高くして，ワラの高さが重なることで効果を加算させている．この草方格の設置場所として膳

写真 2-3 中国乾燥地での砂漠化防止・
緑化用の風食防止施設の草方格

格里砂漠南東端の沙坡頭が有名である．主風向側に幅500 m，反対側に300 mの飛砂・砂丘移動防止帯を作ることで，環境保全・改良に成功している．

また，新疆では麦ワラ・稲ワラの代わりに葦ワラを使った草方格で，タクラマカン砂漠内の砂漠道路を保護している．さらに，寧夏自治区では粘土を使った粘土方格，青海省では塩殻地の土塊を用いた塩土方格，さらには材木を使った木材方格もある．

なお，草方格は中国で1950年代に開発されたとされるが，この方法と同じ技術は，日本では1890年代，少なくとも1940年以前には，すでにあった方法であり，静砂垣，防砂垣などとしてよばれていたことを老婆心ながら記述しておきたい．

灌木・草生法　砂丘表面の草本・灌木群による固砂法であり，流動砂丘の風上側斜面の麓に耐乾性の樹木や草本性植物を植栽して防風・防砂によって気象改良を行う．部分的には次の方法と同様である．

砂丘間防風・防砂林帯法　流動砂丘の風下側や砂丘群の窪地の砂丘間低地に集団的に造成する防風・防砂林帯である．毛烏素砂漠での砂砂漠の緑化方法は，半乾燥，高地下水位を利用した挿木を用いるなど，強乾燥地域の新疆での方法とは異なっており，また大がかりな土木的方法によらないで，自然の砂丘形態をたくみに利用した方法が取られている．

2-5 風食の防止対策　83

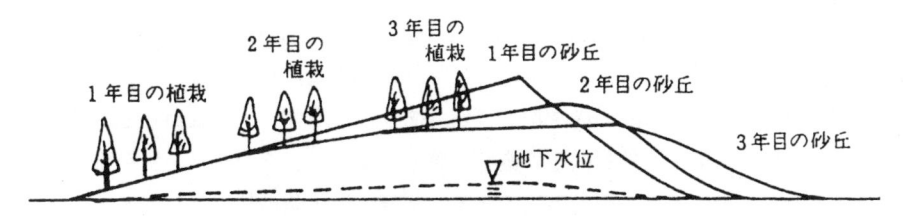

図 2-38　毛烏素砂漠での砂丘の固定による緑化法
出典：小橋・奥村（1989）；真木ら（1997）

　高さ 8 m 以下，砂丘間隔 50 m 以上の中・小型砂丘の固定には，図 2-38（小橋・奥村 1989；真木ら 1997）のような造林法が実施されている．まず砂丘の風上側底部に植林し，2 年，3 年目へと砂丘の風下の高い位置に植林する．砂丘頂部を風食で削らせ風下側に堆積させて砂丘自体を低くし，数年で植生を回復させて全面的に砂丘を固定する方法である．

基幹防風・防砂林帯法　図 2-39（新疆生物土壌沙漠研究所 1978；真木ら 1997）に新疆での事例を示すように，砂漠と農地の境界線に配置する．これは防砂・固砂と防風・防砂の基幹林帯に 2 区分される．図 2-39（A）は砂の供給の多いタクラマカン砂漠などの砂丘の前線に幅 100～200 m の林帯を設定する．樹種は沙棗（シャツォユ），楡（ニレ），紅柳（タマリスク），沙拐棗（シャカイツォ），梭梭（ソウソウ）などであり，株列間 1 × 1 m で，耐乾性の灌木・草地を前面に造成する．

　図 2-39（B）は一般の防砂林として砂の供給の比較的少ない前線に設定する．

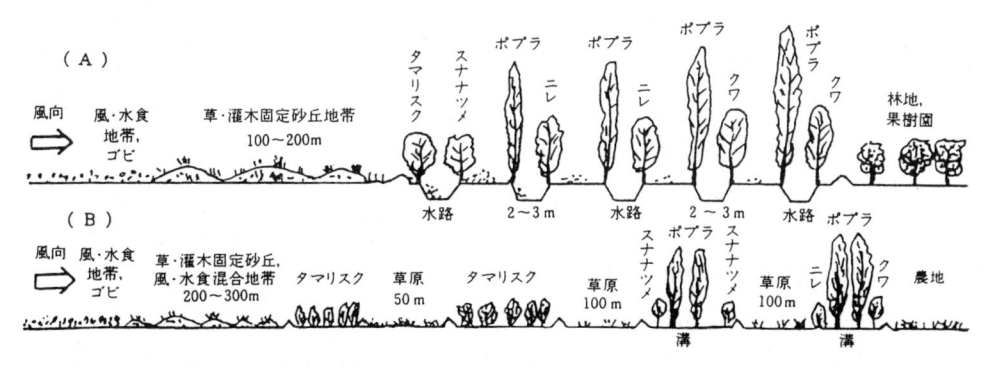

図 2-39　砂丘をオアシスにするための草生・防風垣・防風林帯の配置状況
(A) 砂量が多い場合，(B) 砂量が少ない場合．
出典：新疆生物土壌沙漠研究所（1978）；真木ら（1997）

砂漠の前面に200 m程度の草地と1～2列の灌木林を造成する．基幹林帯幅は200 mである．樹種はポプラ，ニレ，クワ，タマリスクで，株列間は1×2 mである．灌漑用に2～3 mの溝を掘ることもあり，トルファンの流動砂地に造成された五道林の防風・防砂林はその典型である．また，風食の激しい所や強風地域では多列に配置すると一層効果的である．基幹防風・防砂林帯としてタマリスクや胡楊(フヤン)・楡・沙棗防風林がよく利用されている．

耕地防風林帯　中国では耕地防護林帯網とよばれる．農耕地，オアシス内に防風林を碁盤の目状に配置し，幹線用水路や道路沿いにも造成する．防風林樹種はポプラ，胡楊，楡，沙棗，桑などである．防風林を多層の混交林にすると一層効果的である．なお，乾燥地の気象改良用の防風網（防風ネット）は防風林とほぼ同様の効果があり，次の物理的防止法に区分される．

物理的防風・防砂法

　工学（土木）的被覆防風・防砂法ともよび，防砂垣（ネット・網・壁），草（粘土）方格，低い防風・防砂物（砂障）を用いる防風・防砂法および粘土，礫などによる被覆法である．

高防風・防砂垣　中国では高立式防風・防砂垣（壁・砂障）とよび，1～5 m程度の高い防風資材による防風・防砂垣，防風・防砂ネット，土壁，石垣，板塀，フェンスなどを列状，帯状，格子状に配置して防風・防砂を行う方法である．人工の防風施設を用いるため，短期間に造成が可能である．それらの資材にはムギ・アシ・イナワラ，トウモロコシ茎稈，そだ（綿，柴，雑木の枝葉），ネット，粘土，礫石などを用いる．

　高防風・防砂垣を設置して結果的にできた堆砂を防砂堤防（人工砂丘）の別項目にする場合もあるが，基本は防風・防砂垣である．これは風上からの飛砂を止め，小砂丘の移動を防止するものである．砂丘，砂地，石礫砂漠では，まず主風向に直角に防砂垣を設定し，それが砂に埋まると，次にその風下の最高部に別の防砂垣を造る．砂丘が高くなれば移動速度が遅くなるので，結果的には飛砂害を防止でき，砂漠化防止になる．さらに被害の激しい所では多列にする．石礫砂漠では最初に高さ2 mの人工砂礫堤防を築き，その上に防砂垣を造成したり，南新疆では道路の風上側400 mに長さ12 kmの人工堤防・砂丘を造成した事例がある．

これは日本の海岸砂丘地帯で自然的・人工的に砂移動防止用の高い砂丘を造る工法と同じである（真木 1987）．

低防風垣・防砂垣　中国では隠蔽式防風・防砂垣（壁・砂障）とよぶ．この低防風・防砂垣は，植物を植栽しないでムギ・アシ・イナワラや粘土の 1 m 以下の低い障壁・防砂壁を用いる場合で，列状・格子状に配置して防風・防砂を行う方法である．

　また，防風・防砂垣は新疆生物土壌沙漠研究所（1978）によれば，防風・防砂垣の埋め込み部分より地上部分が長い場合が高立式，短い場合が半隠蔽式であり，砂丘の風上側の斜面に格子状に埋め込んで砂の移動を防止する方法が隠蔽式である．なお，隠蔽式は生物的防風・防砂法の草方格にも区分される．

石礫粘土被覆法　石，礫，砂，粘土，塩塊，鉱滓（スラッグ），アスファルト（次項の化学的防止法），ネット，フィルムなどで砂丘を包むマルチ被覆法である．石，礫，砂では 2 ～ 5 cm，土類では 10 ～ 15 cm にすると効果的である．また，風食に強い粘土などを客土する方法（次項の化学的固化剤）もある．

化学的防砂法

化学物質被覆防砂法ともよび，2 区分される．

化学的固化剤（乳剤）の吹き着け　地表面凝固法であり，化学物質のアスファルト・高分子・ゴム乳剤などで砂面を被覆し，砂を固める固砂法である．速効性があるが，広範囲の実施には経済的に負担が大きい．また，飛砂防止効果は大きいが，昼間の気温・地温が裸地の場合よりも上昇し，逆に夜間は裸地より低温化するため，気象緩和にはあまり向かない．

化学薬剤・資材の混入　砂中に化学物質（吸湿性資材，土壌改良剤など）を鋤込み，混入する地表面改良法であり，客土する場合もある．なお，吸湿剤・保水剤による実験はエジプト，メキシコなどで多く実験された（遠山 1989）．その結果は水が少しでも得られる砂漠の農地，とくに園芸施設（野菜栽培）での使用に大きい効果を発揮するが，降水量が極めて少なく，不規則な降雨形態である広大な乾燥地域では吸湿剤の使用効果は低く，経済的負担（採算性）や吸湿剤自体の使用後の廃棄・処理問題などで好ましくない場合がむしろ多い．すなわち，根が吸水する力より保水剤の吸水力が大きいため，返って，干ばつ時には根に水が行かなく枯死することもあり，逆効果になる．生き残った乾燥地の植物を調査してみ

ると，多くの場合，それらの生存植物は保水剤を除けて，砂中に根を張っているケース（興味深いが当然のことである）が観察されている．

その他の防砂法

灌漑・沈砂法　洪水灌漑ともよぶ．(a) 河川水を灌漑して地表面を湿らせて飛砂を防止する方法，(b) 河川水で小砂丘を崩し均平化する方法，(c) 黄河などの泥水を引いて灌漑し，泥を沈澱させて土壌を改良する方法などがある．これは以前，エジプトのナイル川デルタ地域での毎年の自然洪水を利用した土地改良法と同じ意味がある．

なお，灌漑法を区分すると，(a) 散水灌漑法にスプリンクラー法，多孔管法，点滴（ドリップ）法が，また (b) 地表灌漑法には畝間法，ボーダー法，水盤法が，さらには (c) 地下灌漑法がある．

灌漑法による気象改良効果はたしかに高いが，乾燥地では特に水量に制限があり，広範囲の灌漑には限度がある．したがって，植生（緑化）と組み合わせた灌漑法がより有効であり，これには防風林の造成が最適である．

②飛砂捕捉水路・溝防砂法　大小の溝を掘って砂を溜める方法であり，砂漠内の幹線水路から農地内の灌漑水路までがこの役割をはたすが，無灌漑でも飛砂防止にはなる．トルファンの五道林の防風・防砂林に事例がある．

以上のように，緑化，砂漠化防止，風食・風害など気象災害防止，防風・防砂施設など相関連する種々の技術がある．この中で，長期的・永続的な砂漠化防止対策としては，時間はかかるが植物の播種・植栽による植生の造成法が最適であり，農業，林業，牧畜業と結びつけた多角的・総合的な農林牧畜業が可能となる．

2-5-4　風食による土地荒廃の危険性

風食とその発生メカニズム

まず土壌侵食は風による風食と水による水食に区分される．どちらも土地の荒廃をもたらして，激しい場合には回復不能となる．世界の砂漠化・土地荒廃面積は，風食が 4.3，水食が 4.7，化学的劣化が 1.0，物理的劣化が 0.3 億 ha である．風食・水食と劣化全体ではアジアが 3.7，アフリカが 3.2 で多く，欧州，北米，南米，豪州・ニュージランドは $1.0 \sim 0.8$ 億 ha である（地球環境研究センター 1997）．

2-5 風食の防止対策

　風食とは強風による地表面上の砂粒子，土粒子の侵食，移動，飛散によって発生する砂・土壌の減少，作物の損傷などの被害を指す．風食は環境問題としての砂漠化に重大な影響を及ぼす現象である．ここに，風食状況の写真を写真2-4に示す．

写真2-4　中国の乾燥地のトルファンにおける激しい風食を受けた景観

　風食の発生機構として，農耕地や砂丘地では粒径の異なる土砂で形成されており，1 m高の風速が4〜5 ms^{-1}で土・砂粒子が動き始める．その土・砂は窪地や低地の弱風域に堆積する．移動形態には，① 0.5 mm以上の粗粒子が地表面を転がって移動する転動，② 0.1〜0.2 mmの粒子が地表面より跳ね上がって落下する運動の繰り返しで移動する跳躍，③ 0.05 mm以下の微粒子が空中に浮いて移動する浮遊の3形態がある（図2-11参照）．

　風食の発生原因は第1に風速，第2に土壌水分，第3に表面硬度である．上述の①〜③に関して，乾燥土壌では1 m高の風速が4〜5 ms^{-1}で転動，5〜6 ms^{-1}で跳躍，6〜7 ms^{-1}で浮遊が発生し始める．10ms^{-1}以上では浮遊が激しく砂塵で空が覆われ，黄塵万丈になることが多い．

　中国北西部のタクラマカン砂漠などで巻き上げられた黄砂は，高度3000 mを中心とする標高にまで達し，東の黄土高原から中国東部の北京付近や韓国，日本に黄砂をもたらすことになる．このように風食は黄砂，ひいては地球環境に悪影響を及ぼすため，風食を軽減しないと，砂漠化により土地は荒れるいっぽうとなりかねない．

　いっぽう，土壌が湿っていると，7〜8 ms^{-1}で転動，10 ms^{-1}で跳躍が発生する．降雨中でも12〜15 ms^{-1}以上になると風食が発生するが，水食と区別が付きにくくなる．

　風食地では強風による土壌・砂粒子の篩い分け作用が働き，飛土が激しいと有

機物の多い細粒子が飛ばされ，乾燥地の砂丘では大粒子砂や小石で地表面が覆われるようになるいっぽう，堆積地では 0.2～0.5 mm の粒子で覆われ土壌劣化が発生するため，土地は痩せてくる．

飛砂量・風食量の推定

風速の3乗に比例して増加する飛砂量，風食量 Q は，古くから有名なバグノルド（Bagnold 1941）の式で表す（式2-5 参照）．

なお，風食量には次の簡易実用式がある．

$$Q = 7.1 \times 10^{-3} C (U_1 - U_t) \qquad \cdots\cdots\cdot 式 2\text{-}23$$

ここで，U_1 は1 m 高の風速，U_t は砂の限界風速で 4 ms^{-1} である．その他，多くの関係式がある（2-1-3 項参照）．

次に，高さ約 7 m の砂丘の移動距離 d（m）は吹走時間 t（hr）と風速 u（ms^{-1}）より求められる（真木ら 1995）．

$$d = 7.3 \times 10^{-5} t \cdot u^{3.18} \qquad \cdots\cdots\cdot 式 2\text{-}24$$

よって，砂丘は風速のほぼ3乗に比例して移動する．また，砂丘の移動距離は強風の継続時間と風速に関係するが，1年程度の長期間の場合には 8～10 ms^{-1} の風速とよく対応する．なお，砂丘移動は飛砂の限界風速（4～5 ms^{-1}）や時に吹く強風よりも，長時間吹く限界風速以上の風によって移動距離が決まる．なお，25 ms^{-1} 以上の強風では高さ 7 m 程度の砂丘は1日にして1 m も移動することがある．

風速による飛砂の評価

風食の指標化として，飛砂（砂の舞い上がり）の問題を考える．ある場所，ある時間の飛砂（風食）量を F，風速を U とすると

$$F = aU^3 \sim F = aU^4 \qquad \cdots\cdots\cdot 式 2\text{-}25$$

ただし，a は経験定数である．すなわち，$F = aU$ の3～4乗が適用される．

次にコントロール区での飛砂（風食）量を F_c，コントロール区の風速を U_c とすると，飛砂量は風速との比で表示できる．

$$F/F_c = (U/U_c)^3 \sim (U/U_c)^4 \qquad \cdots\cdots \text{式 2-26}$$

すなわち，$F/F_c = (U/U_c)$ の 3 〜 4 乗である．

飛砂量は風速比の 3 〜 4 乗である．例えば風速が 20 % 減少すると飛砂量は 0.512 〜 0.410（4 〜 5 割）に減少するとされる．従って，顕著な減少率であることがわかる．ただし，これらの式はその場所の地表面状況（植生の有無，土壌の種類等）で異なり，評価に際しては，経験定数などを決定する必要がある．

しかし，いずれにしても，ある範囲での予測または評価は可能であり，多くの場合のように，植生の違い，地表面の状況の差異，観測高度など，大きく条件の異なる設定地区においては，平均的あるいは代表的な数値式による相対的な比較においては，相当に高精度の評価が可能であると判断される．

なお，風食による飛砂に関する文献としては，次の 2 つが上げられる（Gillette 1978 ; Murayama et al. 2001）．

防風林・網による風食防止と堆砂

2 列のタマリスク防風林による堆砂状況を写真 2-5 に，また堆砂状況を図 2-40（真木ら 1993）に示す．1 列目の風上側が多く，高さ 10 m にも達するが 2 列目は少ない．防風林は砂を落下させる作用は大きいが，乾燥条件下では砂の粘着性は極めて低いため，林内と風下側ではあまり堆積せず，ほぼ定常状態である．植生

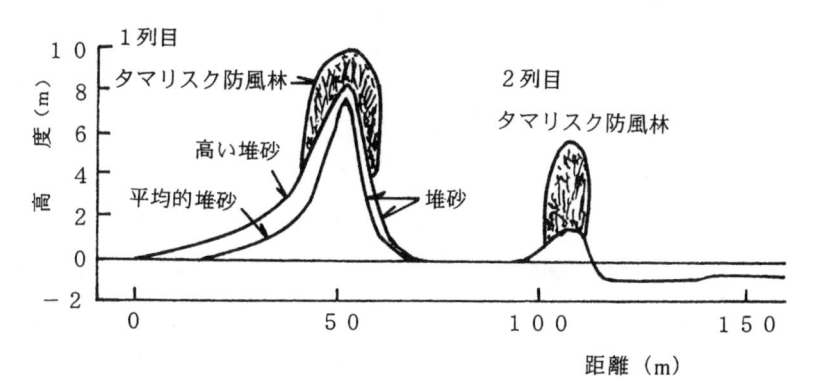

図 2-40 2 列のタマリスク防風林による堆砂状況の変化
出典：真木ら（1993）

の生育につれて次第に堆砂するため，風下側で砂丘ができたり，防風林自体が急激に埋まることはない．

防風ネットによる堆砂状況を写真2-6に示す．さて，防風ネットの密閉度はAネットで30〜40％，Bネットで40〜50％である．約6カ月の堆砂状況を示す図2-41（真木ら1993）をみると，堆砂量はAネットの3〜4H（高倍距離）で最高30 cmであり，5Hで20 cmを超え，10Hでも約5 cmある．Bネットでは3Hに最高40 cmの堆砂があり，-4Hでは風食が認められるが，堅い粘土質土壌のため風食量は少ない．堆砂範囲は-5〜15Hである．なお，両ネットとも下層を5 cm開けてあるため，ネット直下には堆砂がなく，場合によっては風食が発生する．

写真2-5 風食防止用の2列のタマリスク防風林とそれによる堆砂状況

写真2-6 風食防止用のポリエチレンラッセル防風ネットによる堆砂状況（1年経過した状況で撤収直前）

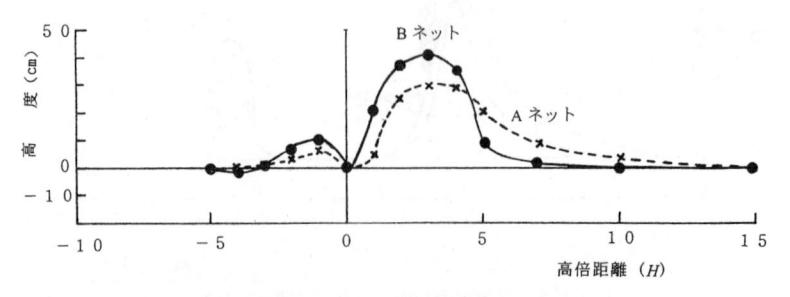

図2-41 1列の防風ネットによる堆砂状況の変化
出典：真木ら（1993）

2-5-5　その他の対策

　以上のように防風林・垣・網は減風，気象改良・緩和，作物増収・品質向上，風食防止・堆砂などの機能があり，ひいては砂漠化防止，緑化に効力を発揮できる．

　なお，防風林・防風垣・防風ネットに関しての気象改良・緩和効果等については，真木（1987, 2000, 2007）を参照されたい．したがって，ここでは割愛する．また，砂漠化については，真木（1999, 2007）等を参照されたい．

　本報告が，砂漠化防止，砂漠緑化に，風食防止の立場から貢献できれば幸いである．

　なお，現在，その砂漠化防止や砂漠緑化に向けて，著者としては最も手っ取り早いと考えている人工降雨，特に液体炭酸法による実験を九州北部・福岡で実施しているが，今後とも推進したいと思っている．また，現在，日本学術会議からこの液体炭酸人工降雨法について，対外報告として提言をまとめ，2008年1月24日付で公表された．官公庁・試験研究・行政機関を初め，大学，民間企業，社会一般にまで提言が伝わり，人工降雨が実用化されて，世界全体，すなわち人類に貢献できることを祈念している．

2章の引用文献

赤木三郎．1991．砂丘のひみつ．東京：青木書店, 170 p.
岡安智生．2004．風食による侵食について．平成15年度砂漠化防止対策推進支援調査業務報告書：28-37．
河村龍馬．1948．風による砂の運動．科学 18：24-30．
河村龍馬．1951．飛砂の研究．東京大学理工学研究所報告 5：95-112．
気象庁．2005．異常気象レポート2005．東京：気象庁．（available from: http://www.data.kishou.go.jp/climate/cpdinfo/climate_change/）
黒崎泰典・三上正男．2002．東アジアにおける近年のダスト多発現象とその原因．地球環境 7：233 - 242．
小橋澄治・奥村武信．1989．乾燥地における砂漠化と農業開発（その5）．農業土木学会誌 57(2)：143-147．
佐藤一郎．1986．砂丘：その自然と利用．大阪：清文社, 177 p.
シャイデッガー．1980．理論地形学．東京：古今書院, p46-47, p411-425．
新疆生物土壌沙漠研究所．1978．新疆沙漠和改造利用．北京：新疆人民出版社, 104p.
竹内清秀．1997．風の気象学．東京：東京大学出版会, p122-130．
地球環境研究センター 1997. Data Book of Desertification/Land Degradation. Center for Global Environmental Research, 68p.
遠山柾雄．1989．砂漠緑化への挑戦．東京：読売新聞社, 228p.
長島秀樹．1991．砂漠における砂丘の形状と砂の移動．日本流体力学会, ながれ 10: 166-180．
真木太一．1987．風害と防風施設．東京：文永堂出版, 301p.
真木太一・中井信・高畑滋・北村義信・遠山柾雄．1993．砂漠緑化の最前線 調査・研究・技術．東京：新日本出版, 214p.
真木太一・潘伯榮・杜明遠・上村賢治．1993．中国トルファンの乾燥地における防風ネットによる微気象改良と飛砂防止．農業気象 49（3）：p159-167．
真木太一・潘伯榮・杜明遠・鮫島良次．1995．中国北西部の新疆および特にトルファンにおける沙漠気候と砂丘移動．沙漠研究 4（2）：p91-101．
真木太一．1996．中国の砂漠化・緑化と食料危機．東京：信山社, 191p.
真木太一・鈴木義則・早川誠而．1997．中国における乾燥農業限界地の気象改良．農業気象．53(1)：p47-53．
真木太一．1999．砂漠化ー『ISO14000 環境マネジメント便覧』．東京：日本規格協会, p783-788．
真木太一．2000．大気環境学 地球の気象環境と生物環境．東京：朝倉書店, 140p.
真木太一．2007．風で読む地球環境．東京：古今書院, 171p.
三上正男．1998．タクラマカン砂漠南縁で発生したダストストーム．沙漠研究 7：97-106．
三上正男．2007．ここまでわかった黄砂の正体．東京：五月書房, 250p.
吉崎真司．2005．乾燥・半乾燥地域における風食のメカニズムと治砂緑化法．武蔵工業大学環境情報学部紀要 6：p113-122．
吉野正敏．1997．中国の砂漠化．東京：大明堂, 301p.

吉野正敏・鈴木潤・清水剛・山本享. 2002. 東アジアにおけるダストストーム・黄砂発生回数の変動に関する総観気象学的研究. 地球環境: 243-254.

王涛（主編）. 2003. 中国沙漠与沙漠化. 北京：河北科学技術出版社, 955p.

Aoki I, Kuroaski Y, Osada R, Sato T, Kimura F. 2005. Dust storms generated by mesoscale cold fronts in the Tarim Basin, Noerthwest China. Geophysical Research Letters 32: L06807. doi:10.1029/2004GL021776.

Bagnold RA. 1936. The movement of desert sand. Proceedings of the Royal Society A157: 594-620.

Bagnold RA. 1937. The size-grading of sand by wind. Proceedings of the Royal Society A163: 250-264.

Bagnold RA. 1941. The Physics of Blown Sand and Desert Dunes. London: Methuen & Co., Ltd., 265p.

Duce RA, Uni CK, Ray BJ, Prospero JM, Merrill JT. 1980. Long-range atmospheric transport of soil dust from Asia to the tropical North Pacific: Temporal variability. Science 209: 1522-1524.

Fécan F, Marticorena B, Bergametti G. 1999. Parameterization of the increase of the Aeolian erosion threshold wind friction velocity due to soil moistute for arid and semi-arid areas. Annales Geophysicae 17:149-157.

Fryberger SG. 1979. A study of global sand seas, Dune forms and wind regime. US Geological Survey Professional Paper 1052: 137-169.

Gillette D. 1978. A wind tunnel simulation of the erosion of soil: effect of soil texture, sandblasting, wind speed, and soil consolidation on dust production. Atmospheric Environment 12: 1735-1743.

Gong SL, Zhang XY, Zhao TL, McKendry IG, Jaffe DA, Lu NM. 2003. Characterization of soil dust aerosol in China and its transport and distribution during 2001 ACE-Asia: 2. Model simulation and Validation. Journal of Geophysical Research 108: 4262, doi: 10.1029/2002JD002633.

Howard AD, Morton B, Gad-El-Hak M, Pierce DB. 1978. Sand transport model of barchan dune equilibrium. Sedimentology 25: 307-338.

Huebert BJ, Bates T, Russell PB, Shi G, Kim YJ, Kawamura K, Carmichael G, Nakajima T. 2003. An overview of ACE-Asia: Strategies for quantifying the relationships between Asian aerosols and their climatic impacts. Journal of Geophysical Research 108(D23): doi:10.1029/2003JD003550.

Huser RB et al., 2001. Asian dust event of April 1998. Journal of Geophysical Research 106 (D16): 18317-18330.

Ishizuka M, Mikami M, Yamada Y, Zeng F, Gao W. 2005. An observational study of soil moisture effects on wind erosion at a gobi site in the Taklimakan Desert. Journal of Geophysical Research 110: doi:10.1029/2004JD004709.

Iwasaka Y, Minoura H, Nagaya, K. 1983. The transport of spatical scale of Asian dust-storm clouds: a case study of the dust-storm event of April 1979. Tellus 35B: 189-196.

Kurosaki Y, Mikami M. 2003. Recent frequent dust events and their relation to surface wind in East Asia. Geophysical Research Letters 30: doi:10.1029/2003GL017261.

Liu X, Yin ZY, Zhang X, Yang X. 2004. Analyses of the spring dust storm frequency of northern China in relation to antecedent and concurrent wind, precipitation, vegetation, and soil moisture conditions. Journal of Geophysical Research 109: doi:10.1029/2004JD004615.

Long JT, Sharp RP. 1964. Barchan-dune movement in imperial valley, California. Geological Society of America Bulletin 75: 149-156.

Mckee ED. 1979. A study of global sand seas, Introduction to a study of global sand seas. US Geological Survey Professional Paper 1052 : 1-19.

Mikami M, Shi GY, Uno I, Yabuki S, Iwasaka Y, Yasui M, Aoki T, Tanaka TY, Kurosaki Y, Masuda K, Uchiyama A, Matsuki A, Sakai T, Takemi T, Nakawo M, Seino N, Ishizuka M, Satake S, Fujita K, Hara Y, Kai K, Kanayama S, Hayashi M, Du M, Kanai Y, Yamada Y, Zhang XY, Shen Z, Zhou H, Abe O, Nagai T, Tsutsumi Y, Chiba M, Suzuki J. 2006. Aeolian dust experiment on climate impact: An overview of Japan-China joint project ADEC. Global Planetary Change 52: 142-172.

Mitsuta Y, Hayashi T, Takemi T, Hu Y, Wang J, Chen M. 1995. Two severe local storms as observed in the arid area of northwest China. Journal of the Meteorological Society of Japan 73: 1269-1284.

Murayama T, Sugimoto N, Uno I, Kinoshita K, Aoki K, Hagiwara N, Liu Z, Matsui I, Sakai T, Shibata T, Arao K, Sohn BJ, Won JG, Yoon SC, Li T, Zhou J, Hu H, Abo M, Iokibe K, Koga R, Iwasaka Y. 2001. Ground-based network observation of Asian dust events of April 1998 in east Asia. Journal of Geophysical Research 106(D16): 18345-18359.

Pye K. 1987. Aeolian dust and dust deposits. New York: Academic Press, p49.

Shao Y. 2000. Physics and Modeling of Wind Erosion. Vol. 23 of Atmospheric and oceanographic sciences library. Dordrecht, the Nethrlands: Kluwer Academic Press, 393p.

Shao Y. 2001. A model for mineral dust emission. Journal of Geophysical Research 106: 20239-20254.

Takemi T. 1999. Structure and Evolustion of a Severe Squall Line over the Arid Region in Northwest China. Monthly Weather Review 127: 1301-1309.

Takemi T, Satomura T. 2000. Numerical Experiments on the Mechanisms for the Development and Maintenance of Long-Lived Squall Lines in Dry Environments. Journal of the Atmospheric Sciences 57: 1718-1740.

Tanaka TY, Chiba M. 2005. Global Simulation of Dust Aerosol with a Chemical Transport Model, MASINGAR. Journal of the Meteorological Society of Japan 83A: 255-278.

Tanaka TY, Chiba M. 2006. A numerical study of the contributions of dust source regions to the global dust budget. Global Planetary Change 52: 88-104.

Thomas T. Warner. 2004. Desert Meteorology. Cambridge: 595p.

Uno I, Wang Z, Chiba M, Chun YS, Gong SL, Hara Y, Jung E, Lee SS, Liu M, Mikami M, Music S, Nickovic S, Satake S, Shao Y, Song Z, Sugimoto N, Tanaka T, Westphal DL. 2006. Dust model intercomparison (DMIP) study over Asia: Overview. Journal of Geophysical Research 111: doi:10.102 9/2005JD006575.

Wang X, Dong Z, Zhang J, Liu L. 2004. Modern dust storms in China: and overview. Journal of Arid Environments 58: 559-574.

Wasson RA, Hyde R. 1983. Factors determining desert dune type. Nature 304: 337-339.

Wipermann FK, Gross G. 1986. The wind-induced shaping and migration of an isolated dune: a numerical experiment. Boundary-Layer Meteorology 36: 319-334.

Zhao C, Dabu X, Li Y. 2004. Relationship between climatic factors and dust storm frequency in Inner Mongolia of China. Geophysical Research Letters 31: doi:10.1029/2003GL018351.

3 水食のメカニズムとその対策

　本章では，降水や灌漑水による土壌の侵食について説明する．3-1 では，まず土壌侵食に関する降水特性について述べ，乾燥地の降水は変動性が大きくアフリカ象の死亡率と大きな関わりがあること，中国黄土高原の雨期の降水量が太平洋北半球南北特定海域の海水面温度差から予測できることを説明している．

　3-2 では，水食に影響する基本的な因子および水食に関係する降雨の性質について解説する．そしてこれまでの研究成果を元に，水食と土壌の性質との関係を，特に受食性の評価法について述べる．つぎに，降雨の浸入流出や水食に影響を与える土の分散凝集特性は，土中の塩の種類と量，土中の粘土のタイプに左右されることに着目し，3-3 では石膏や高分子凝集剤を用いて土の分散凝集を制御することで土・水保全を図ることを述べている．さらに侵食は人間活動に比例して自然現象を上回る早さで大地から土を流出させてきた．3-4 では，侵食の要因を拾い上げ，それらと侵食との関わりについての研究の歴史をふりかえる．そして侵食現象の科学的知見に基づいて，人々が開発した侵食の予測手法やいくつかの対策事例を概観している．

3-1　乾燥地における降水の特徴

安田 裕

3-1-1　降水量からみた日本の位置づけ

　乾燥地の降水を考える前に，我々が今住んでいる日本の降水の特徴を世界的視野から考えてみる．降水という観点から，東洋の神秘，極東の謎の国「日本」の位置づけを考えてみる．深田（1977）はその著に，西欧の価値観からは雨期に大雨が降るような風土に偏見を感じるとしている．文化の相違をエキゾウスティックととるのは主観の問題として，客観的に自然環境が類似であるかどうかは数字を使って示すことができる．山紫水明などという言葉をもつ我が国，日本は水に恵まれた国といわれているが，世界的な視野で見ればどのような位置づけになるのであろうか．

　表 3-1 は日本・世界各地の年間降水量である．表の左側は日本各地の年間降水量を示している．東京の降水量は 1405.3 mm，日本の乾燥地研究の中心となっている鳥取大学乾燥地研究センターのある鳥取は，1897.7 mm である（理科年表 2005）．瀬戸内気候の広島の年間降水量は 1540.6 mm であり，高知は 2627.0 mm である．表の右側にある世界各地の年間降水量と比べてみると一目瞭然の違いがある．

　海外と比べると，日本は大雨の国と言える．年間降水量だけをとってみると，日本は欧州とは大きく異なり，アジアモンスーンの豪雨地帯に近い分類である．ロンドンやベルリンに比べて

表 3-1 世界各都市の年間降水量（mm）

都市名	降水量	都市名	降水量
網走	801.9	ロンドン	750.6
札幌	1127.6	マドリード	440.3
仙台	1241.8	ベルリン	570.7
金沢	2470.2	ウィーン	620.1
東京	1466.7	ワルシャワ	514
鳥取	1897.7	ローマ	716.9
京都	1545.4	モスクワ	705.3
広島	1540.6	バーレン	81
大阪	1306.1	アブダビ	66.6
潮岬	2534.2	ピョンヤン	951.7
福岡	1632.3	ソウル	1343.1
鹿児島	2279	バンコク	1529.5
宮崎	2457	クアラルンプール	2389.8
高知	2627	ウルムチ	269.8
名瀬	2913.5	カシュガル	61.8
		北京	575.2
		西安	555.8
		カイロ	26.7
		アスワン	0.6

出典：理科年表 2005

東京は2〜3倍の雨が降る．欧州人からみると日本は雨の多い国であるといえる．やはり日本は雨に恵まれた国のようである．

日本は世界的視野でみると水事情の上からは湿潤地帯であり，西欧は日本に比べると乾燥しており，真の乾燥地である中近東やアフリカは，さらに乾燥しているという位置づけになる．日本が弥生時代から培ってきた水田を中心とする農業生産技術は，世界的にみるとアジアモンスーンでのみなりたつ限定された技術であるといえる．

この日本の持つ特殊な湿潤気候に関して文化的見地から，司馬（2000）は，昔の製鉄が大量の木炭を必要としていたことから，モンスーン地帯に位置する日本は歴史的に，鉄の生産性において中国大陸よりも有利であったとしている．中国，朝鮮半島，日本各地の年間降水量をみると，北京，西安でそれぞれ575.2，555.8 mmとなっているのに対し，日本では東京，京都で1466.7，1545.4 mmとなっている．中国の3倍雨ほどの降る日本は森林復元能力が高く鉄の生産性にとって有利であったというのは納得がいくものである．

さて日本が大雨の国であるということがわかった．降水量の観点からは，ヨーロッパは半乾燥といえるものであり，水環境の点ではアフリカ・中東とオーバーラップしている．単純化してみると，日本は湿潤であり，ヨーロッパは半乾燥そして中東・アフリカは乾燥である．水田にみられるような日本の伝統的水管理技術は湿潤環境に由来するものであるのに対し，ヨーロッパの伝統的水管理技術は半乾燥環境により培われたものであり，降水量からみると日本のものと比べて，より乾燥地に適合性があるといえる．

3-1-2　乾燥地の降水の変動性

乾燥地では年較差（年ごとの雨の降り具合の変化）が大きいといわれているが，年ごとのばらつきをみる指標として，標準偏差を平均値で割った値で示した変動係数がある．この変動係数でみると，ヨーロッパでは0.1〜0.2，サハラで0.8〜1.0となっている（日比野1987）．乾燥地では，日最大降水量が年平均降水量を上まわるようなこともある．つまり降水量が少なくなるにつれ変動係数は大きくなるという特性がある．

降水量と変動係数の関係を一つの地域でみるために，中国黄土高原における32カ所の降水観測点のデータをみる（図3-1）．中国黄土高原は黄河の中流域に

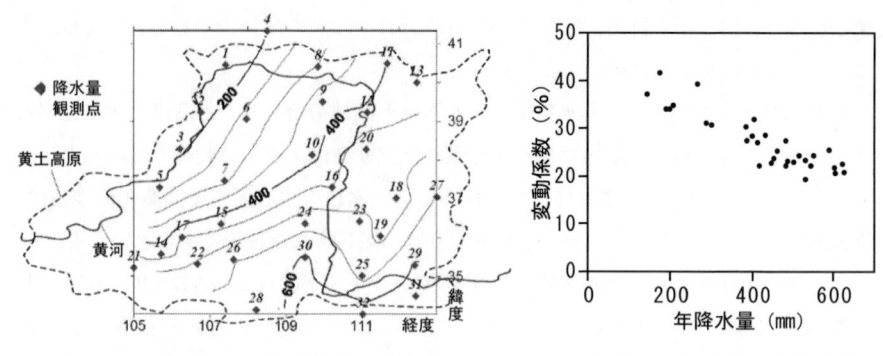

図 3-1　中国黄土高原降水量観測点（32 カ所）と等降水量線（mm）

図 3-2　黄土高原の年降水量と変動係数

位置し，年降水量は図中の等降水量線が示すとおり 100 ～ 700 mm である．これら 32 カ所の降水量観測点について年降水量と変動係数を示すと図3-2 のようになる．年降水量 500 ～ 600 mm では変動係数は 0.2 ほどであるが，年降水量が 200 mm 以下になると変動係数は 0.4 ほどにもなり，年降水量と変動係数の半比例の関係が明白に示されている．乾燥環境下では，降水量が少ない問題点に加え，降水量のばらつきが大きく不安定であるという問題点を抱え込むことになり，より一層水管理を困難なものにしている．

3-1-3　西オーストラリアの降水

　乾燥地の降水の事例として，西オーストラリアにおける降水時系列の特徴をみてみる（安田ほか 2001，2002，2003）．西オーストラリア，スタートメドー（図 3-3）は年間降水量が 211.7mm，年降水量の変動係数が 51 %もあり，年降水量の変動が激しい（図 3-4）．図 3-5 にあるように雨期・乾期の差異は明白ではないが，12 月から翌年の 6 月までが雨期といえる．月別の降水量は南半球の夏である 1 ～ 3 月に多いが，変動係数は高い．月別降水量第 1 位は 3 月であり，第 2 位は 2 月である．この 2 月は月別降水量が第 2 位になっているが，変動係数は月別第 1 位である．4 月に降水量がいったん減少するが，5 ～ 6 月に降水の第 2 のピークが見られる．ここでは変動係数は少なく，安定した降水を期待することができる．表 3-2 に現地の連続無降水日数の上位 20 を示す．1950 年代に半年にもわたる連続無降水が 4 回も発生している．また，2 月に全く雨が降らなかった事例が順位

3-1 乾燥地における降水の特徴　99

図 3-3　西オーストラリア スタートメドーの位置

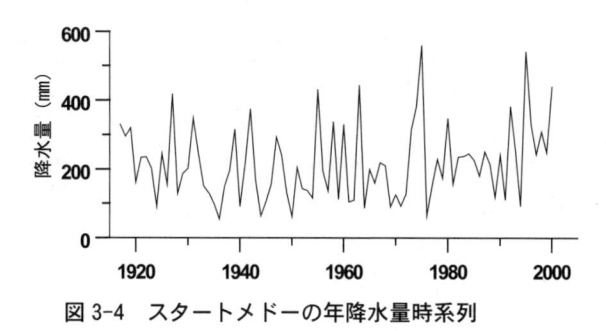

図 3-4　スタートメドーの年降水量時系列

1, 3, 4, 5, 10, 13, 16 位と 7 回も出現している．3 月も全くの無降水もしくは無降水期間に含まれていた事例がみられる．いっぽう，表 3-3 は 1 回の連続した降水事象による降水量である．連続した降水事象を総降水量の順に並べたものである．表中 1 位の 1975 年 2 月には 6 日間に 301.8 mm と年平均降水量の 5 割増の降水がもたらされている．この表中で 2・3 月に出現した連続降水事象はそれぞれ 6, 4 回である．図 3-5 にある高い変動係数はこのような 2・3 月の降水の不安定性を反映したものである．2・3 月は変動係数も 1.0 (平均) 以上あり，干天が続いたり，大雨が降ったりする不安定な時期である．5・6 月の降水の方がより安定しているといえる．

このように大きな年変動があることから，何らかの周期性があることが想定される．先

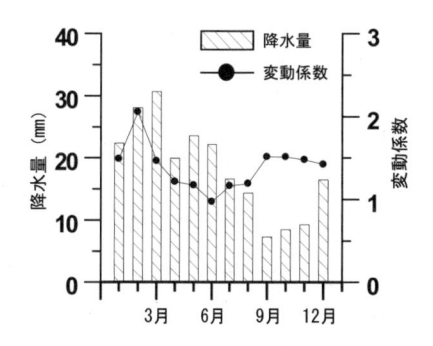

図 3-5　スタートメドーの月別平均降水量および変動係数

表 3-2　連続無降水日数　上位 20 位

順位	期間 (年/月/日)	日数
1	1952/ 7/29 - 1953/ 3/ 2	217
2	1950/ 7/ 1 - 1951/ 1/ 1	185
3	1949/11/ 6 - 1950/ 4/29	175
4	1955/11/18 - 1956/ 5/ 7	172
5	1976/10/12 - 1977/ 3/13	153
6	1951/ 7/31 - 1951/12/26	149
7	1972/ 8/15 - 1973/ 1/ 8	147
8	1995/ 9/30 - 1996/ 2/21	145
9	1976/ 4/ 4 - 1976/ 8/16	135
10	1943/11/15 - 1944/ 3/20	127
11	1923/ 7/28 - 1923/11/30	126
12	1918/ 8/20 - 1918/12/22	125
13	1997/11/15 - 1998/ 3/10	116
14	1979/ 4/12 - 1979/ 8/ 1	112
15	1989/ 7/22 - 1989/11/10	112
16	1971/11/11 - 1972/ 2/28	111
17	1942/ 8/12 - 1942/11/30	111
18	1988/ 8/14 - 1988/11/29	108
19	1990/12/ 6 - 1991/ 3/21	106
20	1990/9/8 - 1991/3/21	106

にのべた連続無降水日数と連続降水量の出現を図示すると図 3-6 のようになる．図の最下段は 25 カ月移動平均（Moving average：MA25）とスペクトル解析から得られた 4.1, 5.3, 10.9, 18.5 および 19.4 年の周期によるフーリエ級数の当てはめである．表 3-3 からも読み取れたように，1950, 1970 年代に渇水傾向がみられるが，豊水傾向は明白ではない．しかしいっぽうで，70 年代には歴代 1 位の降水量が記録されている．乾燥地の降水は不安定ではあるが，4.1, 5.3, 10.9, 18.5 および 19.4 年の周期によるフーリエ級数の適合があることから，4〜5 年，10 年および 20 年の周期性が想定される．10.9 年の周期は太陽黒点数の周期と同調するものと考えられる．

表 3-3 連続降水事象

順位	期間		日数	総降水量 (mm)
1	19750220	19750225	6	301.8
2	19950225	19950300	4	288.6
3	19270317	19270323	7	225.6
4	19920313	19920317	5	137.6
5	19390111	19390115	5	125.2
6	19600131	19600203	4	114.8
7	19180401	19180408	8	106.7
8	19170315	19170319	5	99.3
9	19480223	19480224	2	97.0
10	19311103	19311106	4	90.1
11	19630110	19630111	2	87.6
12	19520121	19520123	3	85.3
13	20000325	20000326	2	84.8
14	19480421	19480424	4	82.4
15	19870120	19870122	3	81.0
16	19250226	19250301	4	80.0
17	19310330	19310400	2	78.8
18	19770830	19770900	2	78.5
19	19630208	19630210	3	77.1
20	19790213	19790216	4	75.0

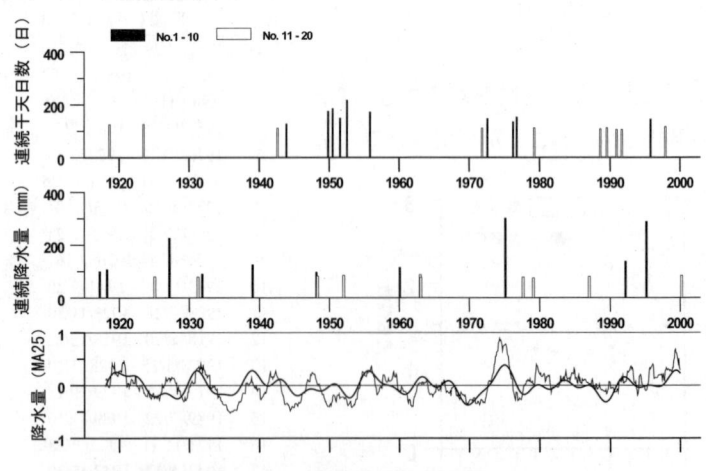

図 3-6 スタートメドーの連続降水量の出現
　上段：連続無降水日数，
　中段：連続降水量
　下段：月降水量（25 カ月移動平均：MA25）とフーリエ級数の当てはめ

3-1-4 降水変動が野生動物へ及ぼす影響

乾燥地では降水の変動が水資源的に限界近くで営まれている農業などに大きな影響を持つのみならず，野生動物の生存環境にとっても大きな問題になる．1つの事例としてアフリカの野生動物である象の生存環境と降水変動との関連をみる．Duldley et al.(2001) は，ジンバブエ・ナショナルパークの象の死亡率と雨の統計との関係から，鼻の短い子象は地下水を得られずに，短い雨期のために大量死するということを報告している．

図3-7はジンバブエ・ウワンゲ自然公園（Hwange National Park: HNP）における1993～1994年と1994～1995年の月別降水量である．現地の雨期は南半球の夏であるので，年をまたいだ表示になっている．1993～1994年の雨期は総降水量としては1994～1995年の雨期に比べて3倍近く降っているが，1993年の11月から1994年の2月までの4カ月だけに限定された雨期であった．つまりここで問題になるのは，2倍以上の雨が期間半分に集中した短期集中の雨期と，総量は半分以下であるが2倍の期間降り続いた持続した雨期ではどちらが野生動物の生態系に対して有利であろうかということである．

図3-8はこの降水量データに対応した（1993～1994年と1994～1995年）ウワンゲ自然公園における2年間の象の年代別の死亡率である．1994年と1995年の2年間のうち，1994年は特に7.5歳以下の子どもの象の死亡率は1995年の2倍以上になっており，子象の大量死が発生している．Duldley et al. は論文（Drought mortality of bush elephants in Hwange National Park, Zimbabwe）の中で，この子象の大量死は雨の降り具合によるものとしている．1993～1994年と1994～1995年の月別降水量は図3-7にあるように大きな違いがある．1993～1994年は総降水量は多かったが，雨期は4カ月しか続

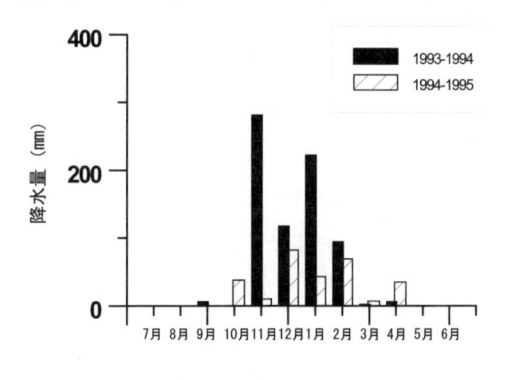

図3-7 国立公園の1993～1994, 1994～1995年雨期の月別降雨パターン
出典：Duldley et al.(2001)を改変

かなかった．いっぽう，1994〜1995年の雨期は各月100 mm以下で少雨に見えるが，1994年10月から1995年5月まで8カ月間と前年の2倍の期間降り続けた．この相違が1993〜1994年における子象の大量死を引き起こしたとしている．少し長くなるが，原文訳を示す．

　　ウワンゲ自然公園のカラハリ砂漠領域には天然の永続的な表流水源はない．カラハリ砂漠で，動物の飲用水は，雨期の間だけは容易に得られるが，乾期がやってくると急激に枯渇してゆく．ウワンゲ自然公園の未開発カラハリ砂地に生息する象は，乾期の間は地下水源の飲用水に全面的に依存している．象たちは，脚や牙や鼻で穴を掘り，地下に孔をあけて乾いた河床や適切な草地の地下水にたどり着こうとする．これらの掘削は深さや形状が土壌特性や地下水面の深さに応じて変化し，地表から2 mもしくはそれ以上にまで達する．これらの掘削による地下水面が，小さな象の鼻が届くレベルよりも低い時は，授乳中の子象，青年，壮年の象にとっては問題ないが，幼少の象は大きな障害を受け脱水症状で死んでしまう．…省略…

年間総降水量ではなく，雨期の期間の長さが，ウワンジ国立公園における灌木象の干魃死に対する潜在的危険性の最適な予測手段であると思われる．」

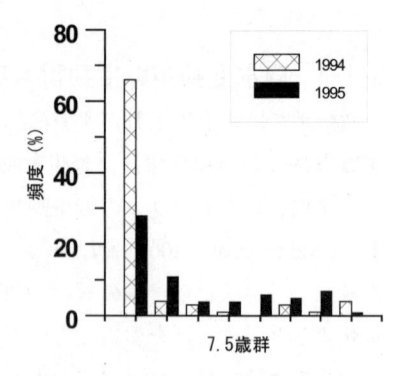

図3-8　ジンバブエ・ウワンゲ国立公園の1993〜1994，1994〜1995年の象の年代別死亡率
出典：Duldley et al. (2001) を改変

人類のみならず野生の象も降水に由来する地下水源に依存しているのである．本論文中では象の鼻が地下水位2 mに届くか届かないかが命の分かれ目としている．大量の雨が短期間に集中的に降るよりも，総量は少なくとも長い期間降る方が野生動物の生存に関しては有利であるとしている．

さて，子象たちの厳しい現状を知ったジンバブエ・ウワンゲ国立公園に関し，雨の分析をしてみよう．そこで，図3-9に月別の降水量時系列を示す．毎年，乾期の1・2月から雨期の7・8月にむかって降水量がいったん上昇し，乾期の11・12月に向け減少していく針のように上にとがった形が経年変化として連続していることがわかる．年ごとの変動もずいぶんと大きそうであるので，図3-10に

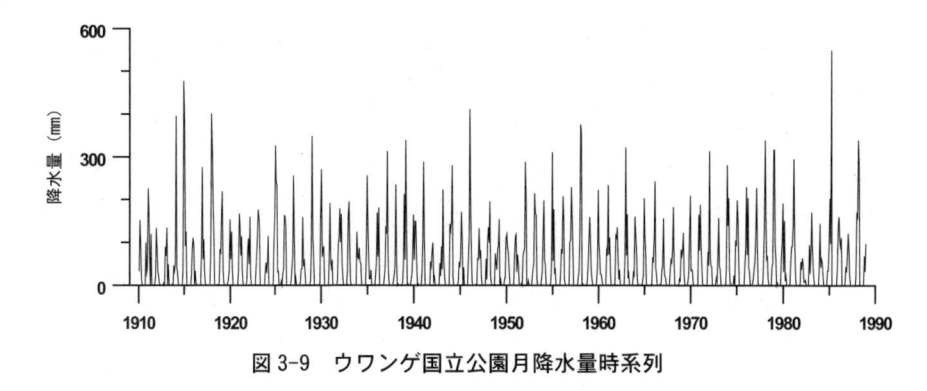

図 3-9 ウワンゲ国立公園月降水量時系列

ある年降水量をみていくと，やはり年によって大きな違いがあることがわかる．1960年代半ば頃，1980年代前半は大きく落ち込んでいる．上の段のグラフは平均値と標準偏差を使って規格化したグラフである．つまり

$$R = \frac{r - \mu}{\sigma} \qquad \cdots\cdots\text{式 3-1}$$

ここに，r：降水量，μ：平均値，σ：標準偏差である．
という変換を使って平均を0として，平均値からのへだたりを，標準偏差を尺度

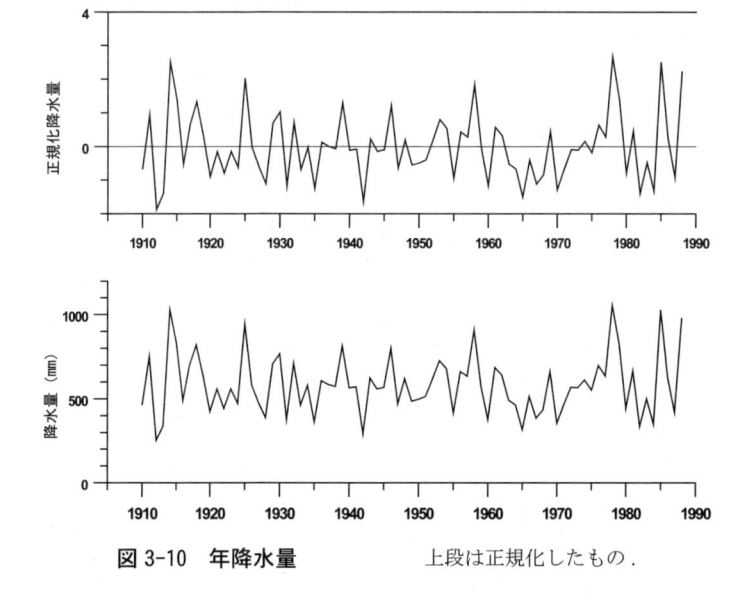

図 3-10 年降水量　　　上段は正規化したもの．

として表示したものである．1960年代半ば頃，1980年代前半はやはり平均値を大きく下回っていることがわかる．いっぽう，月別の平均値を求めてみると図 3-11 のようになる．南半球のジンバブエ・ウワンゲでは10月から翌年6月まで雨期で，6, 7, 8, 9月は乾期でほとんど雨が降らない．このグラフの中にある折れ線（右目盛り）はすでに述べた変動係数で，どのぐらい月別のバラツキがあるか

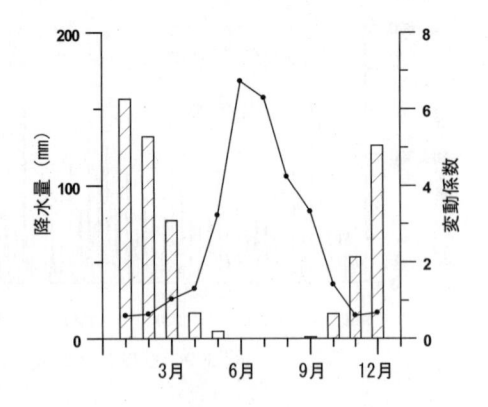

図 3-11　月別平均降水量と変動係数

を示している．雨期の 11 〜 3 月は変動係数が小さいことから，コンスタントに雨が降っているようである．しかし，雨期前の 9・10 月，雨期後の 4・5 月の変動係数は高くなっており，雨期の始まりと終わりは不安定である．ジンバブエの子どもの象の死亡率に大きな影響を与えた 1993 〜 1994 年と 1994 〜 1995 年の雨期の長さの相違もこのような不安定さからきたものである．

3-1-5　オアシスの水源としての雨の年代測定

　地下水は雨が地下に浸透して形成されるものである．雨が地下に浸透して地下水に供給されることを涵養（かんよう）という．乾燥地では降水量がきわめて少なく，大昔に涵養された地下水が利用される場合が多い．このような過去に涵養され，現在は涵養されていない地下水を化石地下水という．遺跡の発掘調査では同位体元素による年代測定が行われるが，地下水に対してもこの手法を用いて涵養した雨の年代測定を行うことができる．地下水は砂・土・岩などの空隙や亀裂を流れるものであり，この地下水の流れている（貯まっている）地層を帯水層という．帯水層にある地下水がどのように涵養され，どのように流れているかを調べることは，水資源が限られている乾燥地では重要なことである．

　Dabous (2001) らは，エジプト西部のサハラに位置する 6 つの大きなオアシスを支えるヌビア帯水層の涵養機構調査を行い，その中で地下水の年代測定から，古代の雨の年代を推定している．

Dabous らの調査結果から，

① ヌビア帯水層の涵養源はエジプト・リビア・スーダン 3 国の国境に位置するウウェナ高地（Uweinat Upland）南東部とスーダン北西部である．
② ヌビア帯水層の地下水は過去の涵養による化石地下水である．
③ 涵養に関わった最後の雨期は 8,000 年前である．
④ 地下水の同位体の調査によると，地下水の起源は 14,000 〜 30,000 年となっている．

ということがわかった．

つまり，エジプトのオアシスの地下水源として重要なヌビア帯水層は数万年前の雨に起源をもつ化石地下水であり，千 km ほど離れた涵養領域から流れてくるということである．

ここで，注意したいのは最後の雨期が 8,000 年前ということである．先史時代のサハラの気候は現在とは違って，牛・カバ・キリンが生息する草原であり，人々は狩猟や牧畜で生活をしていた．今の地下水は大昔に降った雨を起源としている「化石地下水」であることを忘れてはならない（Nada 1995）．

サハラの古代遺跡をみると，太古のサハラの水環境を知ることができる．サハラ砂漠に位置するアルジェリアのタッシリ国立公園にはサハラの砂漠化が進行する前の人々の生活状態（農耕や牧畜）や牛・カバ・キリンなどの動物の生態が，砂漠に点在する（時には洞くつの中にある）岩の上に刻み込まれたり，描かれたりしている（永戸 1960）．最も古い彫刻は紀元前 1 万 1000 年のもので，これは旧石器時代の最後にあたる．新石器時代が紀元前 1 万年から始まり，それから約 1 万年にわたる彫刻や岩絵が 1 万 5000 点以上，タッシリに存在する．これらの遺跡芸術からの類推によるとサハラの砂漠化が進行したのは紀元前 4,000 年位からとなる．太古の昔，サハラには雨が降っていて，その雨が涵養した地下水を今，エジプト西部のオアシスの人々が利用していることになる．

3-1-6 乾燥地における降水量の予測

このように変動の大きい乾燥地の降水であるが，予測は可能であろうか？乾燥地の人々は雨期の限られた降水に依存している．雨期が始まる数カ月前に降水量を予測できれば，生活用水・農業用水などの計画に大きく寄与することが期

待できよう．そこで，すでに年降水量と変動係数の項で例としてあげた中国黄土高原の 32 カ所の降水観測点（図 3-1）の降水量について，降水量の予測を試してみる（Yasuda et al. 2007）．

降水現象は複雑な気象ダイナミクスによるものであるが，マクロスケールでみた場合，たとえばエルニーニョやラニーニャのような遠方からの影響が及ぶテレコネクション

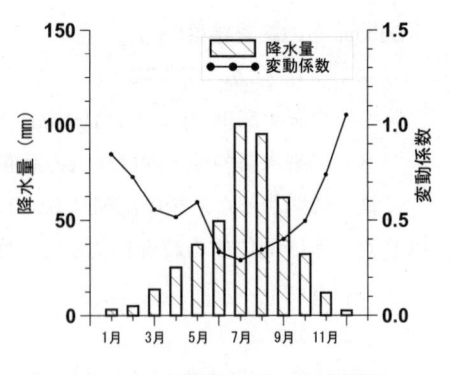

図 3-12　月別降水量と変動係数

(Tele-connection) の作用がある（気候影響・利用研究会 1999）．海水面温度はマクロスケールの大気循環に作用するものであり，降水量・温度などとの関連性が指摘されている（木下ほか 2004 a, b ; Yasuda et al. 2005）．

図 3-12 にあるように黄土高原では 6〜9 月が雨期であり，特に 7・8 月で年間降水量の 50 % ほどがもたらされる．7・8 月の降水が水資源上重要である．ここでは，太平洋海水面温度と黄土高原の 7・8 月の降水量との相関をみてみる．図 3-13 は黄土高原の 7・8 月の降水量と太平洋赤道以北の 2・3 月の海水面温度との

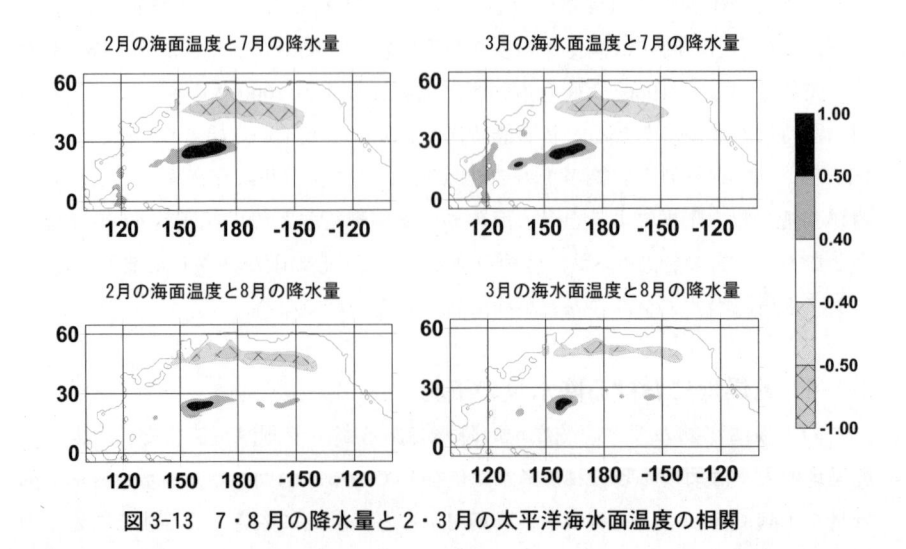

図 3-13　7・8 月の降水量と 2・3 月の太平洋海水面温度の相関

3-1 乾燥地における降水の特徴　107

相関である（ラグが 4 〜 6 カ月）．北回帰線近傍のミクロネシア海域（N 21 〜 28; E155 〜 170）で正の相関が見られる．一方，北太平洋アリューシャン列島沿い（N 45 〜 52; E 165 〜 W 170）で負の相関が見られる．これらの海域の共通領域を取り出し（図3-14），それぞれの平均海

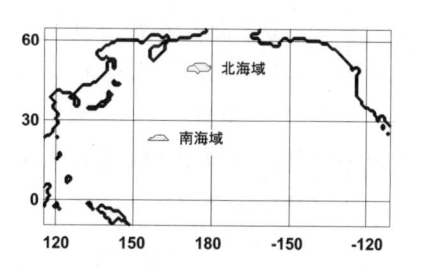

図 3-14　選択された高相関海域

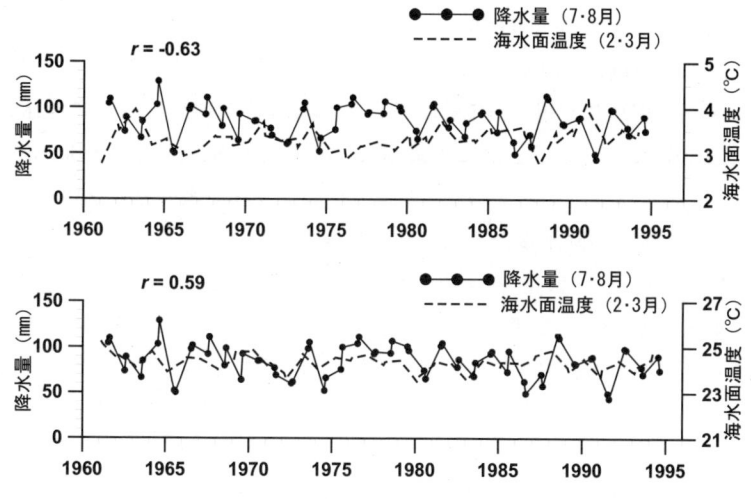

図 3-15　南北海域の海水面温度（2・3月）と降水量（7・8月）
上段：北側，下段：南側

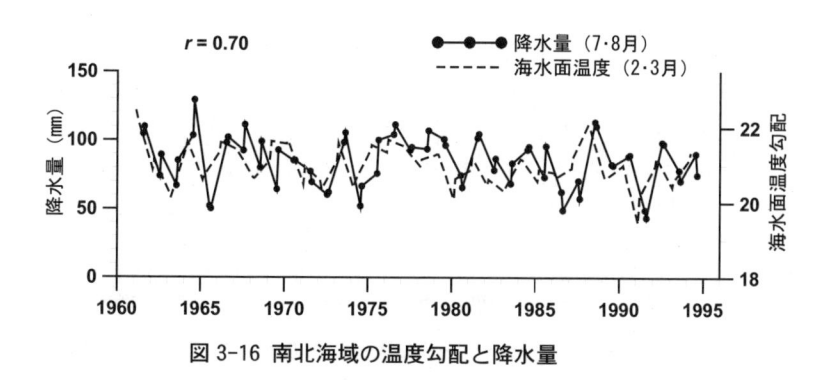

図 3-16　南北海域の温度勾配と降水量

水面温度と黄土高原の7・8月降水量の時系列をみると図3-15のようになる．相関は北部海域で-0.63，南部海域で0.59であり，ここでは相関0.56が有意水準0.001（99.9 %）に対応しているので，これらの相関は，きわめて有意な相関であるといえる．さらに両海域の温度勾配（南側領域の海水面温度から北側海域

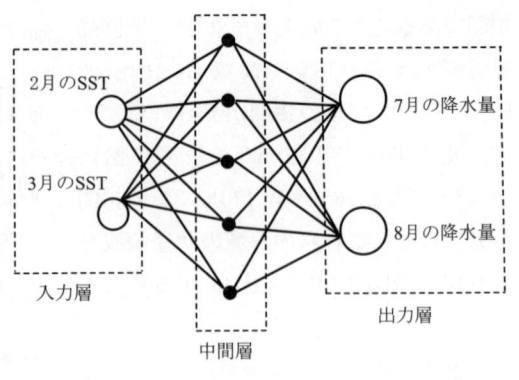

図 3-17 ニューラルネットワークの構造

の海水面温度を減じて得られる）時系列と降水量時系列をみると図3-16のようになり，相関は0.70である．降水量時系列の極大・極小は数カ月前の海水面温度にほとんど追従している．つまり数カ月前の太平洋海水面温度を知ることにより，その年の雨期の降水量を予測することができる．

さらにこれをコンピューターモデルに適応するため，図3-17にあるようなニューラルネットワークモデル（たとえば Bishop 1995）を用いた．その年の2・3月の降水量に加え，過去3年分の2・3月の降水量を入力として，その年の7・8月の降水量を予測する．結果は図3-18にあるように実測値と予測値の相関が0.73という高い相関での予測が可能であった．海水面温度から乾燥地の降水量を数カ月前に予測することの可能性が示されている．

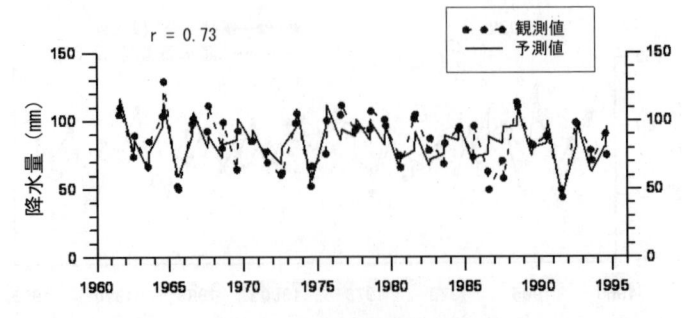

図 3-18 ニューラルネットワークによる降水の予測　　出典：Nada 1995

3-2　水食のメカニズム・要因・タイプ

田熊勝利

　ある土地に強い雨が降ったとき，まず最初に雨滴の衝撃力により，土粒子が地表面より分離され，飛散され，次に地表流去水が生じてこの水流により土粒子が地表から剥離され，分離され，輸送されて，土壌が流亡する現象を水食という．

　水食は，農地においては耕作面でおもに発生するが，その他に土水路，水路の法面や土道路面でも発生する．水食は主として降雨によって生じるが，そのほかに，湧水や水路からの越流水，あるいは灌漑水によって生じる場合もある．

3-2-1　水食のメカニズム

　一般的には，雨滴のもつ運動エネルギーによって地表面にある土塊が破壊され，分離され，飛散され，斜面上下方向に土粒子が移動・流亡する．この際，表層の土壌間隙が分離されたあるいは飛散された土粒子で充填されると，土壌の透水性が低下する．すなわち土壌表面には緻密な層が形成され，徐々に土中への水の浸入能（最大浸入強度）が減少し，一定状態になる．土の浸入能以上に降雨が続くと地表流去水を生じるようになる．この地表流去水が地表面土粒子を分離，剥離すると，懸濁した地表流去水が斜面を流下するようになり，土粒子が剥離され，運搬され，さらに土壌流亡が進行する．このように水による土粒子の破壊・分離・剥離・運搬を通じて水食は進行していく．

雨滴による飛散状況

　地表面が湿った状態時に雨滴が地表面に衝突した時の飛散現象は非常に複雑で，かつ瞬間的に現象が終了する．三原ら（1950）が高速度カメラでとった雨滴の衝撃力による地表面の飛散状況を図 3-19 に示す．

　次に，地表面上の含水状態変化による飛散状況を図 3-20 に示す．飽和状態の含水量より含水量が減少するにつれ飛散容積は減少し，ある含水量で飛散容積は最小値となり，その後含水量が減少すると共に，飛散容積は増加する．すなわち，下

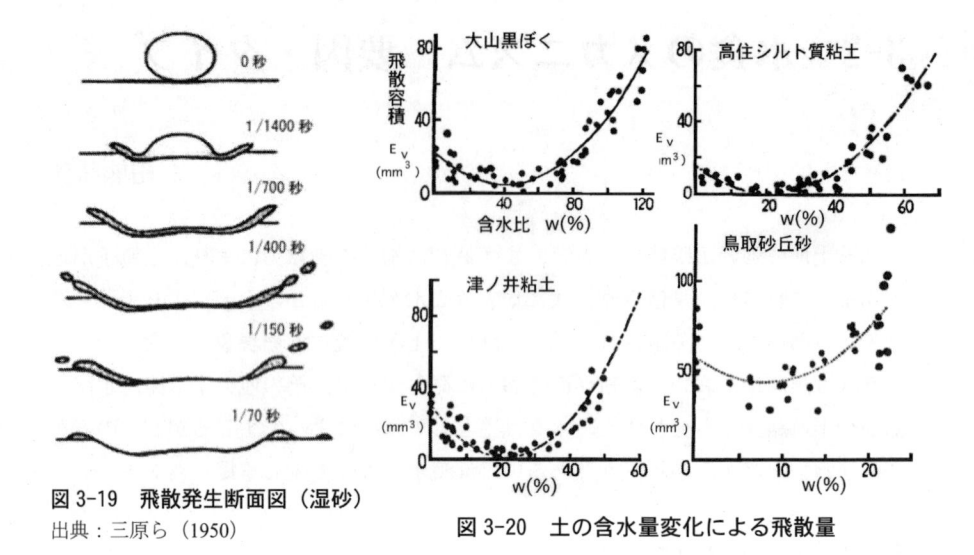

図 3-19　飛散発生断面図（湿砂）
出典：三原ら（1950）

図 3-20　土の含水量変化による飛散量

に凸の二次関数の関係となる．この曲線の極小値となるある含水量とはバター状の含水状態の土壌を乾燥し続けていくと土は収縮し，ある含水量以下になると水分量が減少しても土の体積が減少しない限界がある．この限界のときの水分量をいう．

飛散しやすい粒径

　土粒子の飛散状態および量は粒径の大きさによって異なる．Mazurak and Mosher（1968）は一番飛散しやすい粒径区分として粒径区分 105〜210 μm としており，この粒径区分 105〜210 μm より小さくても大きくても降雨による飛散は減少すると述べている（図3-21）．この図は土粒子の飛散量が均一な雨滴径と雨滴速度をもつ降雨強度に対し直線的な関係があると定義し，その直線勾配から求めたものである．直線の勾配は，粒径が減少すればしだいに増加し，粒径区分 105〜210 μm で極大値に達し，その後粒径の減少と共に直線の勾配は減少する．粒径区分 105〜210 μm が最も飛散しやすい．

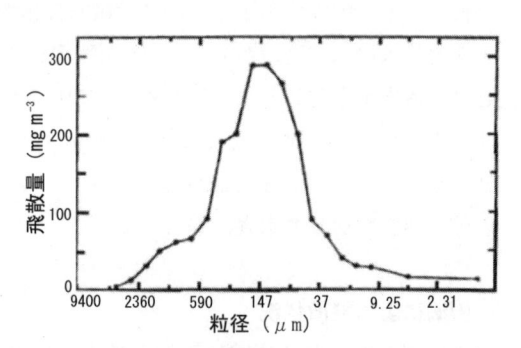

図 3-21　粒径と飛散　出典：Mazurak et al（1968）

地表流去水による侵食

　地表流去水は降雨量が土壌の浸透量より大きければ発生し，そして土壌の浸透量は浸透水により土壌の間隙がおおむね飽和状態になると定常状態になる．その後も浸透量を上回る降雨があると，地表流去水が発生し，地表面を流下して排水路を経て，自然河川へ出る．このような一連の過程は地表流去水よる地表面の土壌流亡をともなうものである．流水による侵食形態は面状侵食，リル侵食，ガリ侵食と順に発達していき，被害が拡大していく．地表流去水の発生は多くの因子に関係しているが，特に地域における気候，土の性質，地形，地表の状態および人間による管理等の条件に大きく影響される．

　いま，圃場内における地表流去水を考えるとその侵食過程の第2段階として，面状とリルによる侵食過程がある．面状とリル侵食は低分離力と高運搬力をもっている．Ellison (1947) は土壌侵食の基礎となるのは，侵食因子による土壌物質の分離と運搬の過程であるとしている．また地表流去水の流速が2倍になればその掃流力は4倍となり，地表流去水が輸送する土壌流亡量は，流速の4乗に比例すると述べている．すなわち，地表流去水の流速が2倍になれば，16倍の土壌流亡量が生ずる．

　一般的には，最も分離しやすい土粒子は粘着力に乏しい砂であり，以下ローム，粘土の順である．一方最も運搬されやすい土粒子は逆に粘土であり，ローム，砂の順である．このことを端的に表しているのは，水田における畦ぬりである．この滑らかなに仕上げられた粘土質の畦に，清水を流した場合，土壌流亡をほとんど生じない，しかし懸濁した流去水が作用すると，流去水に内包された土粒子による地表面からの剥離現象を生じ，そして流去水の分離・運搬能力が発揮され流亡を生じることになる．

3-2-2　水食を支配する要因

　水食は，雨滴の分離・運搬力と，地表流去水の分離・運搬力の総合的な作用によるものである．水食は主として，①降雨量および強度，②土の性質，③地形および土地の傾斜とひろさ，④地表の状態，⑤人間による管理状態などの各因子に支配される．これらの因子と水食の関係を充分に理解することが非常に重要である．水食を支配する因子の関係を図3-22に示す．

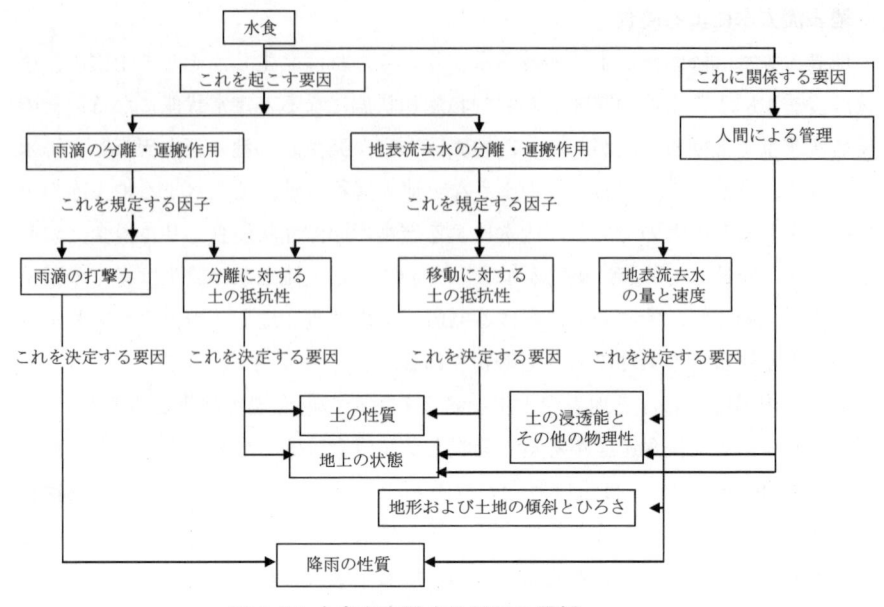

図 3-22 水食を支配する因子の関係
出典：山崎（1972）を改変

降雨の性質

雨滴径 水食に影響する降雨の性質としては，降雨の運動エネルギーに関係ある雨滴の大きさ（雨滴径），雨滴の大小分布割合，雨滴の落下速度，雨の継続時間などが重要である．雨滴は，雨の種類すなわち強雨，弱雨や霧雨などによってその大きさや落下速度が異なる．しかし，水食において重視すべき雨は強雨である．一般的には，確かに長い時間降っている雨にて災害が起こっているので，降雨量を問題とすることもあるが，降雨量以外の降雨の性質，すなわち降雨強度や降雨の運動エネルギーを重視する必要がある．それには雨滴径の大きさや落下速度などもできる限り数値で表す必要があるが，現在のところ，後述するように降雨の運動エネルギーについては実験式から求めているのが現状である．降雨の土壌流亡に及ぼす影響については，降雨の性質を一つずつ明らかにしていく必要がある．

それでは，降雨の最大雨滴径はどれくらいなのだろうか？　一般的に最大雨滴径は降雨強度の増加とともに大きくなる．Laws and Parsons（1943）は 6 in h^{-1} の降雨強度において雨滴径が 7 mm 程度になることを報告している．また三原・矢

吹（1950）は6万余個にも及ぶ雨滴の実測結果から，降雨の最大雨滴径が6 mmに達することを確認している．

雨滴の落下速度 雨滴の落下速度は土壌流亡に影響を及ぼす降雨の運動エネルギーを求めるうえにおいて重要である．Laws（1941）は1〜6 mmの雨滴径についてその落下速度の測定から大雨滴が中間の雨滴より速く一定速度に達すること，そして大雨滴が終速度を超えるような速度に達成すること，そして雨滴が終速度に達するのは，雨滴径が4 mm位の降雨が最も遅いと述べている．雨滴の終速度についてその例を表3-4に示す．

自然降雨においては，風や空気の抵抗は雨滴の落下速度にかなりの影響を及ぼす．三原（1949）は室内実験にて水滴の落下高12 mと8 mとして実験を行い，水滴速度が最大8.86 m s^{-1}に達することを報告している．理論的には雨滴の終速度が最大21 m s^{-1}になることを計算している．

表3-4 雨滴の終速度と終速度の95%速度に達するための落下高

雨滴径	終速度[a]	終速度の95%速度に達する落下高[b]	終速度[c]
(mm)	(m s^{-1})	(m)	(m s^{-1})
0.25	1.0	—	—
0.50	2.0	—	2.0
1.00	4.0	2.2	4.1
2.00	6.5	5.0	6.3
3.00	8.1	7.2	7.6
4.00	8.8	7.8	8.5
5.00	9.1	7.6	8.8
6.00	9.3	7.2	9.0

出典：a) Laws（1941）, b) Gunn et al（1949）, c) 三原（1952）

表3-5 雨滴の軸比

雨滴径(mm)	全雨滴	偏平雨滴
2	0.99	0.93
3	0.92	0.87
4	0.85	0.81
5	0.78	0.74
6	0.71	0.68

出典：Jones（1959）

雨滴形 雨滴の形は落下中変化するので，雨滴の落下速度に影響を与えている．この雨滴形は空気の抵抗のため落下中変化し，雨滴が地表面に衝突する時ほとんど球形ではなく，底が平らな楕円体となっていることが考えられる．このような雨滴形の変化は直径1.0 mmより小さな雨滴ではほとんど生じない．雨滴形は雨滴の落下速度とともに降雨の運動エネルギーを求めるために非常に重要な因子である．雨滴は落下中に横に長くなったり，縦に長くなったりして揺れ動くが，終速度に達した後は，雨滴の形は一定する．雨滴の大小による雨滴の垂直と水平軸比を表3-5に示す．

降雨の運動エネルギー　土壌流亡を起こす最初の力は，降雨の運動エネルギーである．降雨の運動エネルギーは直接求めることが非常に難しいので，簡単に測定可能な降雨量または降雨強度から間接的に求めているのが現状である．降雨量または降雨強度を用いて降雨の運動エネルギー（KE）を求める式には次のようなものが提案されている．

① KE（ft-t acre-in^{-1}）$= 916 + 331 \cdot \log_{10} I$
　　　　　　　　　　　　……………… 式 3-2（Wischmeier and Smith 1958）
② KE（1分当たりにつき erg cm^{-2}）$= 75.9 \cdot I_1^{1.20}$
　　　　　　　　　　　　……………… 式 3-3（三原・矢吹 1950）
③ KE（10分当たりにつき erg cm^{-2}）$= 21,400 \cdot I_{10}^{1.22}$
　　　　　　　　　　　　……………… 式 3-4（三原・矢吹 1950）

ここで，I は降雨強度（in h^{-1}），I_1 は降雨強度（mm min^{-1}），I_{10} は降雨強度（mm 10 min^{-1}）である．

そして，図 3-23 に世界各国の研究者が提案している降雨強度と運動エネルギーの関係を示す（Holi 1980；岡村ら訳 1983）．

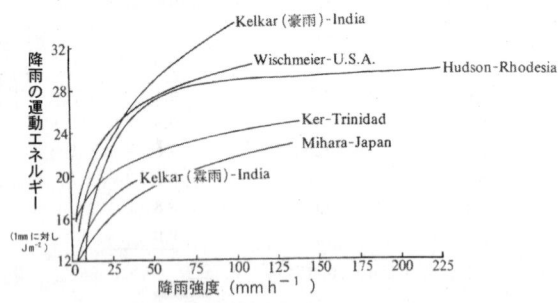

図 3-23　降雨の運動エネルギーと降雨強度の関係
出典：Hoil（1980）；岡村ら訳（1983）

土壌（土の受食性評価指標）

土固有の受食性を考える場合，ある土壌における侵食に影響する因子として二つの面を考える必要がある．第1には雨水の土中への侵入速度および容量を決める浸入能であり，第2には，雨滴および地表流去水による分離しやすさと運搬されやすさである．浸入能は，地表面に十分な水の供給がある場合の土中に浸み込みうる最大侵入強度をいい，一般的にはインテークレート法等により求めている．

3-2 水食のメカニズム・要因・タイプ

　土固有の受食性には土の分離性と土の運搬性とがあり，土固有の受食性評価にはこれら2つの因子を考える必要がある．一般的には，砂は高い分離性と低い運搬性とを持っており，粘土は全くこの逆である．このため，両極端な砂や粘土の場合は固有の受食性が低いと考える．次に土固有の受食性評価の主な指標を示す．

分散率　分散率とは土の集合体すなわち土塊が水に対してどの程度安定なのかを示すものである（Middleton 1930）．この分散率は，土が水に容易に懸濁し，微細な土粒子が地表流去水により容易に流亡することを示すものであり，分散率の大小が土固有の受食性の相対的な関係を表す．次式にて求める．

$$分散率 = \frac{蒸留水による 0.05\,mm 以下の粒径分}{完全分散による 0.05\,mm 以下の粒径分} \times 100\,(\%) \quad \cdots\cdots 式\,3\text{-}5$$

なお，土の完全分散による 0.05 mm 以下の粒径分を求めるための粒度試験時に，前処理段階における土を完全分散させるために用いる分散剤については，土によって異なるのでよく検討する必要がある．

侵食率　侵食率は分散率に土の水分吸収力と保持力に関係すると考えられているコロイド含量／水分当量比を導入しており，次式により求める．

$$侵食率 = \frac{分散率}{コロイド含量／水分当量} \quad \cdots 式\,3\text{-}6$$

なお，土の受食性評価にかかわる判定指標を表 3-6 に示す．

表 3-6　耐食性土壌と受食性土壌の区分

区　分	分散率	侵食率
耐食性土壌	5.2 ～ 15.1	2.2 ～ 12.2
受食性土壌	13.0 ～ 66.0	12.4 ～ 65.2

出典：Middleton (1930)

粘土率　土粒子の機械的組成の比によってのみで，土の侵食されやすさを評価する粘土率というものがある．次式にて求める．

$$粘土率 = \frac{(砂分 + シルト分)}{粘土分} \quad \cdots\cdots\cdots 式\,3\text{-}7$$

シルト分（微砂や細砂）以上が粘土に対して多い場合には耐水性の集合体が形成されるのを防ぐという考えから評価している．そして粘土率が大きいほど土壌流亡が激しいことを示している．

土壌係数（K）　最近では，土の受食性は土壌係数（K 値）による評価が世界的に行われている．K は年間の土壌流亡量を予測する汎用土壌流亡予測式

(USLE 式) A=RKLSCP における一つの因子である．ここに，A: 予測される

$$粘土比 = \frac{粘土分}{(砂分＋シルト分)} \quad \cdots\cdots\cdots 式3\text{-}8$$

年間平均土壌流亡量，R: 降雨係数，K: 土壌係数，L: 斜面長係数，S: 傾斜係数，C: 作物係数，P: 保全係数である．

　Wischmeier et al (1971) は，土の受食性に最も関係があるのは，シルト分と微細砂分の総量であると考えており，この他の因子として，砂分，有機物含有量，土の構造，透水性などの因子を用いて土壌係数（K 値）を求めるためのノモグラフを提案している．

粘土比　藤川ら（1980，1981）は下層土の透水性の影響を受けない土固有の受食性の判定指標として粘土比を提案している（表 3-7）．

なお，砂分：2.0 〜 0.075 mm，シルト分 0.075 〜 0.005 mm，粘土分：0.005 mm 以下である．

表 3-7　初期水食における土固有の水食性評価

土の水食性	粘土比
大	0.4 以上
中	0.4 〜 0.2
小	0.2 以下

出典：藤川ら（1981）

耐水性集合体の風乾率　川村ら（1963）は土の受食性を気象条件と直接関連づけ，水食の進行過程では土壌への雨滴衝撃作用を重要視し，土の受食性が土の含水状態の違いにおける流亡土と土の耐水性集合体と密接な関係があることを明らかにした．5mm 以下の試料について風乾処理土と毛管飽水処理土の 30 分間水中篩別を行う．毛管飽水土から得られた粒径 0.5 mm および 0.25 mm 以上の耐水性集合体含量と風乾土によるそれとの比を求め，耐水性集合体の風乾率とする．

表 3-8　受食性土壌の区分

侵食性	風乾率	
	粒径（mm）	
	>0.5	>0.25
大	50 以下	60 以下
中	50 〜 70	60 〜 80
小	70 以上	80 以上

出典：川村ら（1963）

$$耐水性集合体の風乾率 = \frac{風乾土による耐水性集合体の含量}{毛管飽水土による耐水性集合体の含量} \times 100 \cdots 式3\text{-}9$$

いま，この耐水性集合体の風乾率による土壌の受食性区分を表 3-8 に示す．

集合体の安定度　集合体の安定度は耐水性粒団の安定性を表す一つの指標であり，53 μm 以下あるいは 200 μm 以下粒子のうち何%がそれ以上の粒団として安

定性に存在しているかを表す．集合体の安定度の値が大きいほど粒団の安定性は高い．一例として，まさ土では耐水性粒団の安定性が低く，赤黄色土では高い（江頭・田熊 1989）．

$$\text{集合体の安定度} = \frac{\text{集合体と砂の質量} - \text{砂の質量}}{\text{試料の質量} - \text{砂の質量}} \times 100 \cdots\cdots \text{式 3-10}$$

これら指標のみから受食性の程度を推定することは無理であるが，土相互の受食性判定評価には使用できる．現場においては，植生被覆を考えないならば，おもに勾配と下層土の透水性を考えればよい．内田（1982）は下層土の透水性の大小による流亡土量の違いに言及している．

地形

農地からの土壌流亡は，①斜面勾配，②斜面長，③斜面形状に影響される．これら因子は地形に関しての土壌流亡にかかわる重要な因子である．土壌流亡は平坦な土地では問題となるような災害は起こらないが，下流部地域への濁水による環境汚染では問題となってくるかもしれない．土地の傾斜が生じ始めると流水が発生し，土壌流亡は生じ始め，そして土地の傾斜が急なほど地表流去水の流速が速くなり，土壌の流亡が激しくなり，被害が大きくなる．土壌流亡の程度は，もちろん降雨，土壌の性質，植生被覆，土地の管理状態などによって異なるが，ここでは地形に関する因子である勾配，斜面長および斜面形状について考えることとする．

斜面勾配 一般的には斜面勾配が増加すればするほど，土壌流亡量は増大するが，しかし斜面勾配の土壌流亡に対する影響は斜面形状，土の性質，地表面の状態などの管理状況による．植生被覆やマルチなどが施された圃場では，斜面勾配と土壌流亡との間には明らかな相関は認められない．例として Gumbs and Lindsay（1982）よるトリニダードでの調査結果より，裸地休耕地，とうもろこしと綿の圃場からの報告があり（表 3-9），また，Lal（1976）による作物残留物などを利用したマルチ効果の実験結果もある（表 3-10）．このことは作物栽培やマルチなどが土壌流亡抑止に多大な効果があることを提示している．しかし作物によってはたばこ，パイナップル，じゃがいもなどの受食性作物もあるので注意する必要がある．

一般的に言われていることは土壌流亡量は斜面勾配が増加するとともに指数的に増

表 3-9 斜面勾配の土壌侵食への影響

斜面勾配	土壌侵食 (t ha^{-1})	
(%)	裸地休耕	トウモロコシ圃場
11	27.9	8.3
22	14.7	1.6
52	42.1	4.3

出典：Gumbs et al（1982）を改変

表 3-10 地表面状態が異なる条件下における斜面勾配の土壌侵食への影響

斜面勾配	土壌侵食 (t ha^{-1}・yr^{-1})	
(%)	裸地休耕地	マルチを施したとうもろこし圃場
1	11.2	0.0
5	156.2	0.0
10	232.6	0.2
15	229.2	0.0
平均土壌侵食量	157.3	0.05

出典：Lal（1976）

大する．では土壌の違いによる土壌流亡への影響はどうなのだろうか．砂質土系とシルト・粘土質系との比較では，シルト・粘土質系は緩やかな斜面上でも大きな土壌流亡を生じ，勾配が増加しても極端に土壌流亡が増加することがない．いっぽう，砂質土系はある勾配以上になると急に大きな土壌流亡を生じる傾向がある（内田1981）．

斜面長 斜面における土壌流亡への影響は斜面勾配が一番であるが，雨の降り方によっては斜面長も影響する．強雨の際には，斜面が長くなればなるほど地表流去水の流量と流速は増加するので,その結果激しい土壌流亡を生ずる．弱雨の場合には，斜面が長くなるほど土壌流亡量が減少する．これは，地表流去水が途中で土中に浸透し，停滞現象を起こすためである．このような場合，斜面長は土壌流亡に影響する因子とはならない．しかし,土壌流亡において問題となるのは強雨の時なので,やはり斜面長も土壌流亡に対する一つの影響因子である．斜面長が短い場合には影響は少ないが，斜面が長くなるとリル，ガリ侵食がみられ大規模なガリに発展

表 3-11 斜面形状による表面流出水と土壌侵食の関係

	斜面長：12.5m		斜面長：37.5m	
	10.0%	19.2%	9.3%	13.4%
	1974年雨期			
表面流出水 (mm)	320.7	260.4	175.6	157.3
土壌侵食量 (t ha^{-1})	77.3	34.6	114.3	68.6
	1974年乾期			
表面流出水 (mm)	162.4	140.7	52.3	52.7
土壌侵食量 (t ha^{-1})	32.3	14	40.2	26.8
斜面の形状	規則的形状を持つ斜面	凹型斜面	凸型斜面	不規則な形状の斜面

出典：Lal（1976）

する可能性もある．土壌流亡にあたえる影響は斜面勾配より斜面長の方が少ない．しかし，斜面長は斜面勾配と相互に土壌流亡に対して影響しあっている．

斜面形状　斜面の形状，すなわち平坦，凹状，凸状や複合斜面などによって土壌流亡にあたえる影響は大いに違ってくる．また勾配や斜面長の土壌流亡への影響を考える場合にも必要になってくる．不規則な斜面からの土壌流亡は均一な斜面（たとえば平坦とか，凹形とか，凸形とか）よりも少なくなる．表 3-11 に斜面形状による土壌流亡量の違いを示す（Lal 1976）．

3-2-3　水食のタイプ

水食の種類

水食はある地域に強雨が発生したときに，雨滴の衝撃作用とか地表流去水によって，地表面から土粒子が跳ね飛ばされたり，運搬されたりして土壌が流亡する現象をいう．

水食はあくまでも水の作用によってのみ土粒子が地表面から運び去られる現象である．水の作用により土粒子を運び去る現象にも，①雨滴によって分離，飛散するもの，②地表流去水によって分離，運搬するものなどがある．水食はその他に湧き水，雪解け水，融凍水などによってもおこる．

一般的には，水食は雨滴侵食，面状侵食，リル侵食，ガリ侵食等に分けられる．その他に，インターリル侵食を取りあげる研究者もいる．

雨滴侵食（飛散侵食）　雨滴侵食は水食過程の初期段階であり，地表面が面的に侵食を起こす面状侵食の一種である．雨滴の衝撃は雨滴のもつ運動エネルギーによって表層土粒子を破壊し，分離し，跳ね上げ，それによって土壌が移動・流亡する現象，すなわち面状侵食過程における土の分離の最初の因子であると考えられる．それゆえに，雨滴衝撃とそれに続いての飛散の機構は，土壌侵食を理解するための基礎的なことである．

Ellison（1944）は流出なしに飛散作用によって，斜面上下方へ土粒子が次々と移動し，侵食が促進されることを証明した．10% 勾配で，飛散した土の 75 % は斜面下方へ，25 % のみが斜面上方へ移動することを示した．また Ekern and Muckenhirm（1947）は飛散量が土の飛散による斜面下方への移動を 50 ＋ 勾配（%）に等しいとしている．

面状侵食（層状侵食） 面状侵食とは，地表流去水が斜面をほぼ均一な薄層流となって流れ，表土がおおむね均一に侵食される現象をいう．この運搬される土壌は，細かな土粒子や軽い団粒土であり，石礫とか固いものとか大きな土粒子などは残存する．すなわち，表層における原土の粒径組成が変わることになる．この流亡される土壌は，細かな土粒子とともにその土粒子に吸着した化学物質なども同時に流失させる．このことは植物養分，肥料分，有機物も一緒に流失し，土壌肥沃度の低下が起こり，作物収量を低下させるだけではなく，下流部地域への環境汚染を引き起こす一因ともなる．面状侵食は広い範囲において面的におこる侵食であり，たとえ土壌流亡量は少なくても注意する必要がある．しかし面状侵食はあまり長く続く侵食ではなく，地表面の弱いところに水が集中し，次の侵食現象であるリル侵食へ移行する．

リル侵食（細流侵食） 斜面上の地表流去水は地表面の各所の弱いところに集まってしだいに小さな溝を形成して流れ，地表に小さな溝をつくる．この溝をリルと呼び，さらにリルに水が集中し侵食が拡大していくのをリル侵食という．面状侵食に続いておこるもので，一般によく見られる侵食現象である．このリルを放置すると大きなガリに発達するので，無視できない侵食である．農家による耕耘，除草などの農作業による圃場管理により消滅する．すなわち元の圃場状態に戻る．その他深さ，幅とも普通 10 cm 前後のものを通常小ガリと称する場合もある．

ガリ侵食 ガリ侵食とは，斜面上で生じたリルにさらに水が集中し，しだいにそこを侵食しリルの形状が大きく発達し，大きな溝（すなわちガリ）をつくり大量の土壌が流亡する現象である．このガリは耕耘などの農作業レベルでは補修困難な規模に達し，土木的手段によって回復される侵食形態をいい，リルと区別される．そしてガリが発達すると峡谷と呼ぶべき規模にもなる．中国黄土高原においては大規模なガリが無数に入り組んだ特徴的な景観を呈している．

　ガリの断面形状は土質によって相違するが，①団粒構造に乏しく土層が縦に崩れやすい構造を持つ場合には，深い垂直壁のガリができる．例として南九州のしらす，中国黄土高原の土壌などがあげられる．②土壌が粘質の場合には，比較的浅いガリができる．

　しかし，土壌流亡は，農地，土水路，道路法面などの侵食を発生する場所において，①と②のタイプ別におこるわけではなく，複雑に絡み合って生じるものである．

3-3 土壌コロイドの特性と土壌侵食

西村　拓

3-3-1 クラストの形成と地表面流出

　水食は，地表面を流れる水（地表流）によって土壌が運び去られる現象であり，すべての降雨が土壌へ浸透すれば地表面流出はなく，侵食は生じない．また，土粒子が大きな団粒・土塊を形成していれば，地表面流出水が生じても土壌の流亡は少ない．土壌の透水性，土壌の団粒形成には，マイクロメートルスケールの土壌コロイドの機能が密接に関わっており，土壌侵食という大きなスケールの現象が土壌コロイドの振る舞いという非常に小さなスケールの現象の影響を受けていると考えることができる．

　古典的な Horton モデルでは，地表面の浸透能よりも大きい強度を持つ降雨があると降雨余剰を生じ，地表流が発生すると考える．しかし，現地で計測を行うと，現場で測定した地点浸透能から予測される値よりも遙かに大きな地表流が発生することがしばしばある．図3-24は，水食予測物理モデルであるWEPP（Nearing et al. 1989）によって予測された降雨毎の地表流出量と圃場試験で実際に観測された地表流出量の関係を示したものである（Zhang et al. 1996）．WEPPは，Green-Ampt式やカーブナンバー法で降雨の浸透を計算し，降雨強度から差し引くことで地表面流出量を求めている．図では，おおよそ1:1の直線に乗った形でデータが分布し，決定係数（r^2）は0.67と統計的には有意に推定できているが，そのバラツキは非常に大きく，予測値より遙かに小さな観測値も希ではない．水文学分野ではこの現象に対

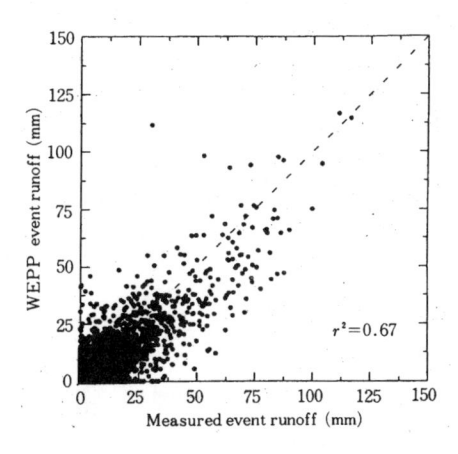

図 3-24　一降雨ごとの地表面流出量：WEPP 計算値と実測値の比較
出典：Zhang et al.（1996）

して，部分寄与概念（Partial area concept）等を用いて解釈を試みている（田中 1996）が，小さな傾斜圃場やさらに小さな土壌槽においても，要素試験で得た飽和透水係数や浸入能よりも小さな降雨浸透が観察されることも多い．

　図3-25は，室内における人工降雨実験で，小さな土壌槽における降雨の浸入，流出の結果である．供試土壌は団粒の多い火山灰土で，降雨強度の10倍以上の非常に大きな飽和透水係数を持っているが，降雨開始後20分程度で地表面流出が発生し，降雨開始後40分後以降は，9割程度の降雨が地表面流として排水された．この結果は，降雨中に地表面に生成する土壌クラストのためと考えられる．図3-26に示したように，降雨中，雨滴の物理的衝撃や団粒のスレーキングによって土壌が細粒化し，間隙を目詰まりさせることがある．写真3-1左は，図3-25の降雨終了後の地表面近傍の土壌構造を可視化したものである．初期状態では，写真下半分のような隙間の多い構造を持った土が，降雨によって目詰まりを起こし，表層2 mm付近ではほとんど隙間（白色部）が無くなった．この表層数mmの緻密な層をクラストとよぶ．右の写真は，現場の畑地

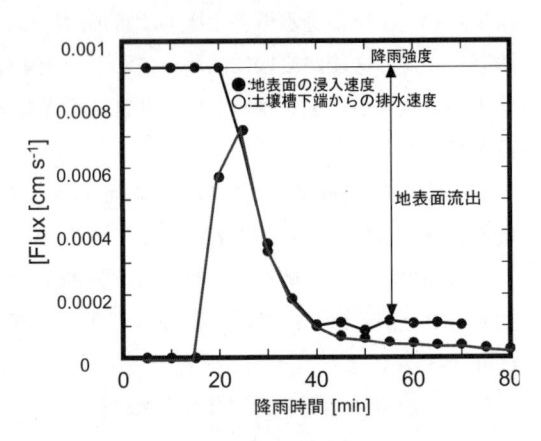

図3-25 人工降雨実験中の降雨の浸入と流出
出典：宮崎・西村（1994）

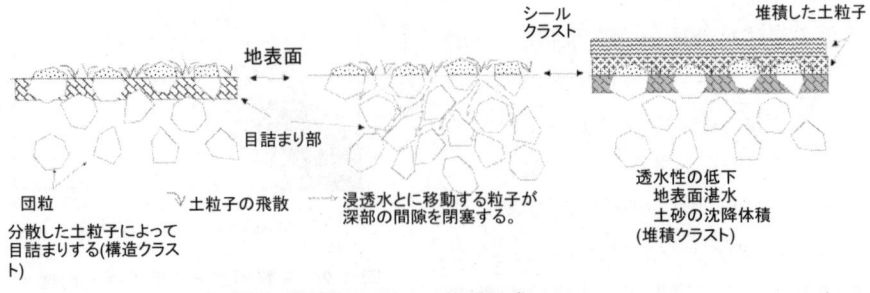

図3-26 降雨中のクラストの形成
出典：西村・取出（2003）

3-3 土壌コロイドの特性と土壌侵食　123

表面に生成したクラストで，谷頭部に庇のように見える部分がクラストである．クラスト層は，下層土と比べて乾燥密度が高く，それに伴い，硬度が大きく，透水性が低い．写真3-1左の火山灰土について降雨後の土壌の透水性を測定したところ，クラスト層の透水係数は，初期透水係数の1,000分の1まで低下していた．

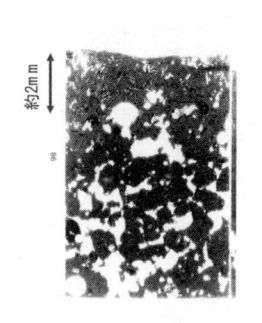

写真 3-1　火山灰土のクラスト断面写真（左）圃場で観察されたクラストの例（右）

土による水貯留だけを考慮すると，乾いた土の方が（水分飽和度が低いので）たくさん水を受け入れることができる．すなわち，乾いた土により多くの降雨が浸入可能であると考えられてきた．他方，土壌学の教科書などでは，「乾いた土に雨が降るとスレーキングによって団粒が破壊・分散される」という記述がしばしば見られる．スレーキングによって土壌が分散すれば，クラストの形成を助長し，クラストが地表流出を促進すると考えられる．すなわち，乾いた土壌における降雨の浸入については，湿った土と比べて「多い～少ない」の相反する二つの解釈が存在する．図3-27は，初期水分条件を変えた土壌を充填した裸地土壌槽における降雨の浸入に関するいくつかの実験結果をまとめたものである（Levy et al. 1997）．初期に乾燥した土壌は，降雨前に先行して15分から24時間に渡って水分を与えた土壌と比べて，降雨中に急激に浸入速度が低下する．この結果は，乾燥土壌は湿潤土壌に比べて，水の浸入が多いという考え方

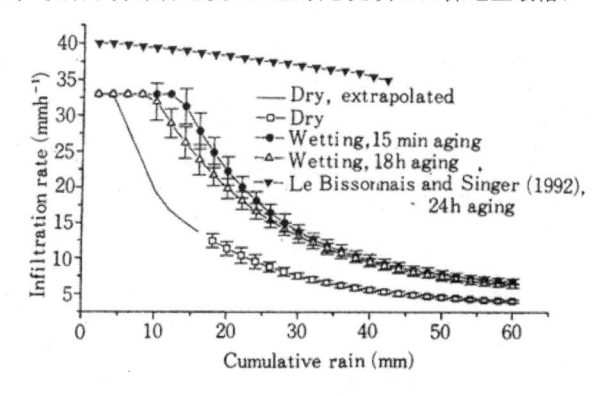

図 3-27　初期水分と Grumsol への降雨の浸入の関係
図中●，△は -0.2kPa，▼は -1.0kPa で初期水分を調整．縦棒は，標準偏差を示す．
出典：Levy et al. (1997)

は，降雨によって地表面にクラストができるような場合には必ずしも正しくないということを示唆している．

裸地における地表面流出は，クラスト形成の程度に大きく影響される．土壌の分散やクラスト形成は，上述したような土壌水分の多寡だけではなく，土壌や水の化学性にも影響される．図 3-28 は，乾燥地のソーダ質土壌に石膏（硫酸 Ca）塩化 Ca を施用した後に蒸留水を浸透させた場合の土壌の透水係数の低下の様子を示したものである．Golan 土，Nahal-Oz 土ともに蒸留水（DW）のみを与えたときには，急激に透水性が低下する．これは，土壌が分散して目詰まりを起こしたためである．Na 土では，電解質濃度の非常に低い降雨時に，このような分散・目詰まりが典型的におこると考えられている．それに対して，石膏，塩化 Ca を与えた場合は，施用量が増すと共に透水性の低下が緩和された．特に，溶解度がそれほど大きくない石膏（約 15mmol L^{-1}）は，与えた粉状の石膏が溶解するのに時間を要するため，効果が長続きした．

ソーダ質土壌において，Ca 塩（石膏，塩化 Ca）の施用は，土壌の分散抑制，透水性維持に効果的である．これを定量的に考えるために，ESP（Exchangeable Sodium Percentage, 交換性ナトリウム率），ESR（Exchangeable Sodium Ratio, 交換性ナトリウム比）と SAR（Sodium Adsorption Ratio, ナトリウム吸着比）という量を用いる．ESP は，

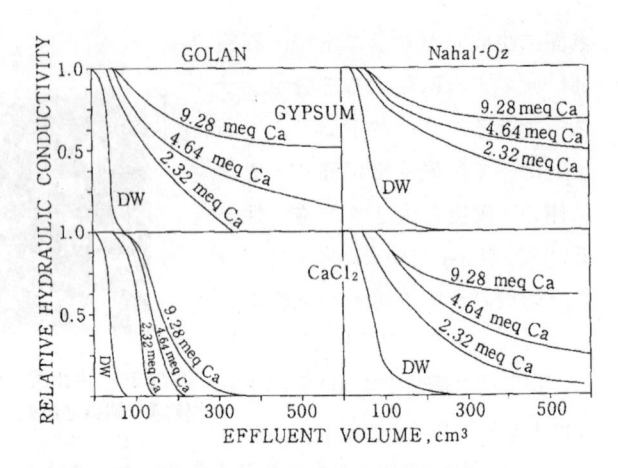

図 3-28　浸透水の水質と相対透水係数の関係
初期飽和透水係数は 0.5mol L^{-1} の溶液浸透時を 1 とする．
出典：Shainberg et al.（1982）

$$ESP = \frac{100 \cdot Q_{Na}}{CEC} = \frac{100 \cdot ESR}{1 + ESR} \qquad \cdots\cdots\cdot 式 3\text{-}11$$

CECは，陽イオン交換容量（Cation Exchange Capacity，cmol kg^{-1}），$[Q_{Na}]$は土に吸着しているNa量（cmol kg^{-1}）である．SARは

$$SAR = \frac{C_{Na}}{\sqrt{(C_{Ca}+C_{Na})/2}} \ (\text{L mmolc})^{-0.5} \qquad \cdots\cdots\cdot 式 3\text{-}12$$

ここで，C_{Na}, C_{Ca}は，土壌溶液中のNa，Caイオン濃度（mmol$_c$/L）である．ただし，土壌中にNa，Ca以外の陽イオンが存在する場合，一価の陽イオンはNaと二価の陽イオンはCaと同等と考えて式に含める．

経験式であるガポン式（Gapon convention）を用いると土壌に吸着したNa，Caイオン量であるQ_{Na}, Q_{Ca}について以下のような関係が成り立つ．ここで，K_Gは，ガポン定数と呼ばれる定数で，ガポンは，K_G=0.5を提案したが，実際には，さらに小さな値を示すことが多い（Bohn et al. 1985）．

$$ESR = \frac{Q_{Na}}{Q_{Ca}+Q_{Na}} = K_G \cdot SAR \qquad \cdots\cdots\cdot 式 3\text{-}13$$

ここで，K_G=0.5とすると，土に吸着しているNaの割合であるESPが，溶液中のNa－Ca濃度から算出されるSARを用いて次式のように表される．

$$ESR = 0.0158 \cdot SAR \qquad \cdots\cdots\cdot 式 3\text{-}14$$

$$ESP = \frac{0.158 \cdot SAR}{(1+0.00158 \cdot SAR)} \qquad \cdots\cdots\cdot 式 3\text{-}15$$

米国西部における広範な調査から統計的に得られた次式

$$ESR = 0.015 \cdot SAR - 0.01 \qquad \cdots\cdots\cdot 式 3\text{-}16$$

とK_G=0.5としたときのガポン式による結果（式3-14）が非常に類似しているため，一般にK_G=0.5とされているが，実際にK_Gを測定するともっと小さい値であることが多く，0.01～0.02 (L mmol^c)$^{-0.5}$程度の値をとるという報告もある（Bohn et al. 1985）．土に吸着しているイオン量の測定は，手間や時間がかかるため，測定が容易な溶液濃度を用いて土に吸着したNa－Caの割合を推定するガポン式は非常に便利であるが，定数K_Gは，土ごとに実験的に決めるべき定数と考えることが望ましい．

表 3-12　塩類土壌の分類

土壌の名称	pH	EC (dS m^{-1})	SAR (L mmol$_c$)$^{-0.5}$	ESP (%)
塩性土壌	8.5 未満	4.0 以上	13 未満	15 未満
ソーダ質土壌	8.5 以上	4.0 未満	13 以上	15 以上
塩性ソーダ質土壌	8.5 未満	4.0 以上	13 以上	15 以上

出典：井上・望月（2007）を改変

　得られた ESP, SAR 値を用いて, たとえば, 表 3-12 のように土壌を分類することができる.

　ESP が 15% を超えるとソーダ質土壌になり, 土壌の分散, 目詰まり, 透水性の低下, 水食といった問題が顕著になる. McNeal と Coleman（1966）は, SAR と全イオン濃度（電解質濃度）を共に変化させた実験を行い, 電解質濃度がある閾値よりも低くなると透水性が急激に小さくなること, SAR が大きいと, 透水性低下に至る閾値が大きくなること, さらに, このような特性が土ごとに異なることを示した. 同様の研究結果がその後も数多く報告されている.

　水分の増減や水質の変化に伴う土の構造変化には, 分散凝集の他に膨潤収縮がある. 膨潤・収縮は, モンモリロナイト, ベントナイトといった粘土を多く含む土に顕著な現象で, 水分の増加減少に伴い土壌の体積が増加したり減少したりするものである. Regea ら（1997）は, 膨潤性土と非膨潤性土を使った透水試験によって, 膨潤性土では, 溶液の電解質濃度の低下や SAR の増加にともなって, まず, 膨潤が生じ, これに起因する透水性の変化が生じることを示した. さらに電解質濃度低下があると, 膨潤性土・非膨潤性土ともに土が分散し, 目詰まりに

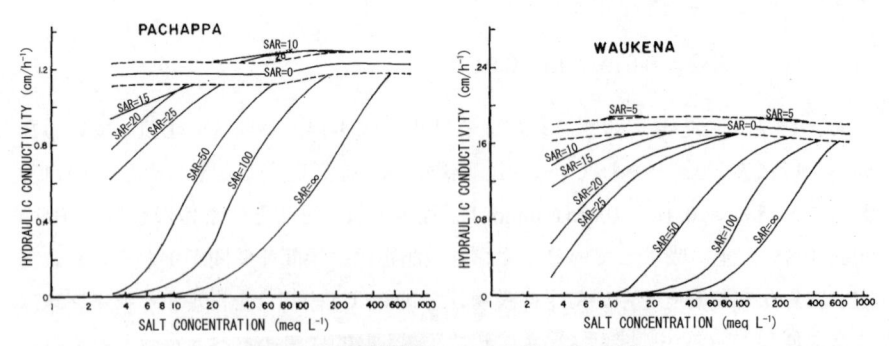

図 3-29　電解質濃度, SAR と透水性の関係
出典：McNeal and Coleman（1966）

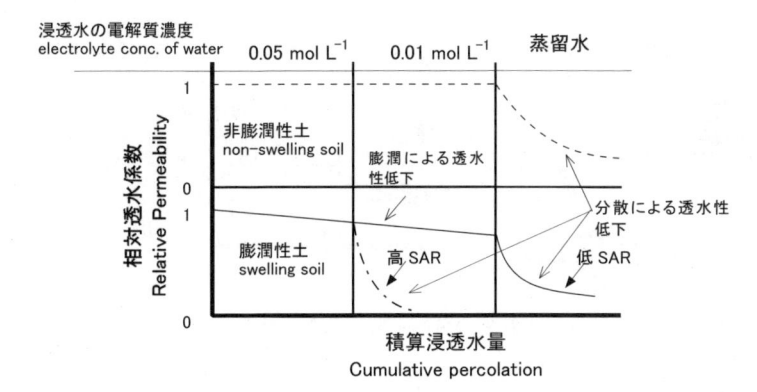

図 3-30 浸透溶液電解質濃度，SAR を変えた時の土の膨潤・分散による透水性の変化
出典：Regea et al.（1997）を改変

よる透水性の低下を生じる．また，目詰まりによる透水性の低下は，不可逆的な現象で，一旦低下した透水性は，再度電解質濃度が上昇しても回復することがないのに対して，膨潤・収縮に伴う透水性の変化は，浸透する電解質濃度に応じて可逆的に生じることを示した．

3-3-2　粘土の物理化学的性質

以上のような，水の量や化学性の変化に対する土の応答は主として土壌中のコロイド物質の物理化学性に依存している．土壌中のコロイド物質とは，おもに，粘土粒子と微細な土壌有機物である．ここでは，主として粘土鉱物とその荷電について概説する．

粘土粒子の重要な特徴として，微細であること（粒径< 2 μm）と荷電を持つことがある．土木工学分野では，粘土粒子の定義を 5 μm 以下としている場合もあるが，農学分野では 2 μm 以下とする．この大きさの粒子は，水中でブラウン運動をするコロイド粒子と見なすことが可能である．粘土粒子には，大きく分けて結晶性の 1:2 型粘土鉱物と 1:1 型粘土鉱物，非結晶性の粘土鉱物の 3 つがある．また，形状としては図 3-31 に示したように，板状のものが多いが，1:1 粘土鉱物に分類されるハロイサイトのように円筒や花のつぼみのような形をしたもの，非晶質のイモゴライトやアロフェンのように繊維状や小球形を示すものもある．本稿では，主として乾燥地においてよく見られる 2:1 または 1:1 型結晶性層状粘土

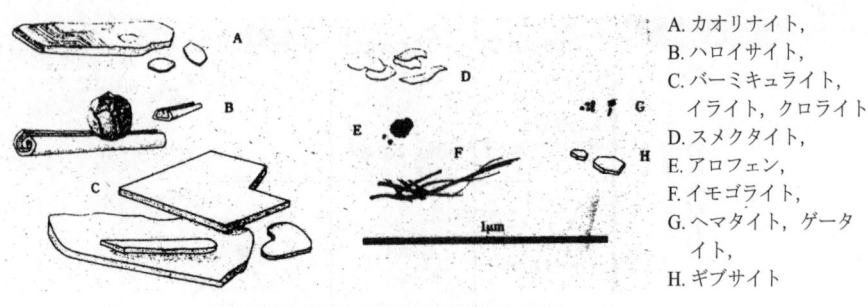

図3-31 主要な粘土鉱物の名称と典型的な形状
出典：和田（2003）

A. カオリナイト,
B. ハロイサイト,
C. バーミキュライト, イライト, クロライト
D. スメクタイト,
E. アロフェン,
F. イモゴライト,
G. ヘマタイト, ゲータイト,
H. ギブサイト

鉱物を念頭に話を進める．

　図3-32に2:1型粘土鉱物の模式図を示した．2:1型粘土鉱物は，珪素（Si）を中心に，周囲の4頂点に酸素原子（O）が配置するSi四面体が平面状に結合してできたSi四面体層2枚の間に，アルミニウム（Al）を中心に，その周囲6頂点に酸素原子が配置するAl8面体がやはり板状に結合してできたAl8面体層が入り込む形を単位構造とする．このままでは粘土粒子に荷電が発現せず電気的に中性になるが，結晶構造のところどころで，Al-8面体層中のAl^{3+}の代わりにMg^{2+}，Fe^{2+}といった二価の陽イオンが入り込んだり，Si-4面体層中のSi^{4+}の代わりにAl^{3+}が入り込んだりする同型置換が生じると結晶内の電気的なバランスが崩れ，その分，表面に負の電荷が発現する．また，図3-32の粘土の左右両端の部分には，pHが低くなると正の荷電を，高くなると負の荷電を発現する変異荷電（pH依存荷電）が存在する．1:1型粘土鉱物では，Si-4面体層1枚とAl-8面体層1枚が貼り合わさったものが単位構造となる．1:1型粘土鉱物においては，同型置換由来の永久荷電は少なく，pH依存荷電が卓越する．これらの電荷が，粘土の振る舞いを左右する．逆に言えば，電荷を持たない結晶性鉱物（砂など）をすりつぶして2μm以下の大きさにしたとしても，粘土のよ

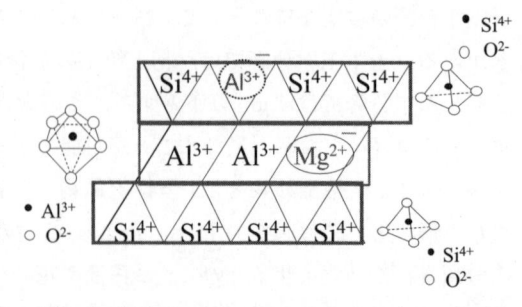

図3-32　2:1型層状粘土鉱物における同型置換と負荷電の発現

うな振る舞いはみられない．

　粘土粒子の負電荷を相殺して電気的中性を維持するように陽イオンが粘土粒子の外周に集まる．陽イオンは，乾燥状態では，粘土の表面に密着して電荷を相殺するが，粘土粒子が水中に入ると，陽イオンに可動性が生じるため，異なった分布になる．水中では，粘土粒子表面の負電荷と陽イオンの間のクーロン力が陽イオンを粘土粒子表面に引きつけようとする．他方，陽イオ

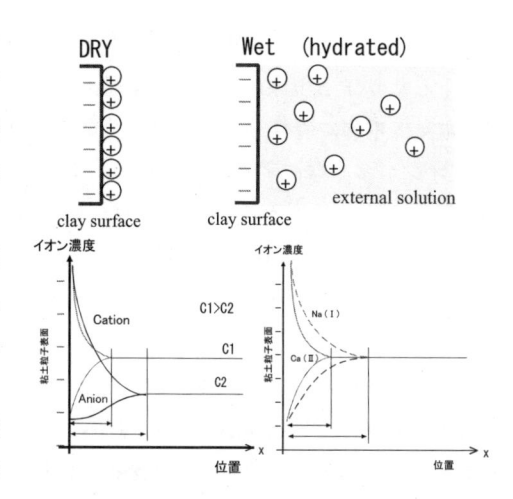

図 3-33 粘土粒子周囲の電気拡散二重層の様子

ンの熱運動による拡散は，陽イオンを粘土粒子近傍から引き離し水相中に均一に分布するように働く．最終的には，陽イオンを粘土粒子に引き付ける作用と，引き離す作用がつりあって，粘土粒子近傍では陽イオン濃度が高く，粘土粒子から離れるにしたがって濃度が低下し，十分離れた位置に溶液の平均濃度と同じ濃度になるという濃度分布を粘土粒子の周囲に形成する．このようなイオン濃度分布を粘土粒子の周囲の拡散電気二重層とよぶ（図 3-33）．

　粘土粒子間のファン・デル・ワールス力は，つねに引力で，けん濁液中の粘土粒子は，ただちに凝集するはずであるが，実際には，おのおのの粘土表面に発達する拡散電気二重層が粒子間に働く斥力となり，粒子間が反発しあって凝集しないことがある．図 3-33 に示したように，拡散電気二重層は，けん濁液中に存在する陽イオンが一価（Na など）であるとき，さらにけん濁液の平均陽イオン濃度が低くなるときに粘土粒子から遠方まで張り出し，溶液中の陽イオンの価数が増加する（二価の Ca，Mg，三価の Al など），平均陽イオン濃度が増大するような条件下では粘土粒子のごく近傍に形成するような性質をもっている．電気二重層が粒子表面から遠方まで張り出しているような状態では，粘土粒子間斥力が卓越するが，電気二重層の厚さが薄くなると，粒子間の引力が卓越するようになる．このような場合，粘土粒子は凝集，沈降する．

前に述べた，土壌が分散してクラストを形成したり，目詰まりを生じて透水性が低下したりする現象は土壌中の粘土粒子が分散的な状態になると顕著になる．拡散電気二重層に着目して，土壌の分散やクラストの形成を考えると，土壌中にNaイオンが多く存在するような場合，すなわち，土壌溶液や浸透水のSARが高い場合や土壌のESPが高いソーダ質土壌は分散しやすく，クラストの形成や目詰まりによる透水性の低下が問題となる．具体的にはESP=15%を超えると土壌構造の不安定性が顕著になると考えられており，これに対応するSARは13程度となる．この二つの数字は，前に示した表3-12において，ソーダ質土壌の閾値がESPで15%，SARで13とされていたことと対応する．また，式3-14もしくは式でESR（またはESP）を計算すると，土壌水中のNa－Ca濃度比が一定であっても，濃縮されていくとSARが増大し，それにともなってESR（またはESP）が増大する（図3-34）．この結果は，降雨直後や灌漑直後にSARがそれほど高くないような場合でも，その後の蒸発・乾燥によって土壌水が濃縮するにつれて土壌のソーダ質土壌化が進行してESPが大きくなり，それにともない土壌の分散や目詰まりが問題となることを示している．

写真3-2に，畑地土壌から分画した自然粘土けん濁液（A，B異なる土壌試料）に塩を加えたときの様子を示した．左端の試験管が蒸留水のみで，右に進むにつれて塩濃度が高くなる．このとき，粘土粒子が凝集を始めるような塩濃度

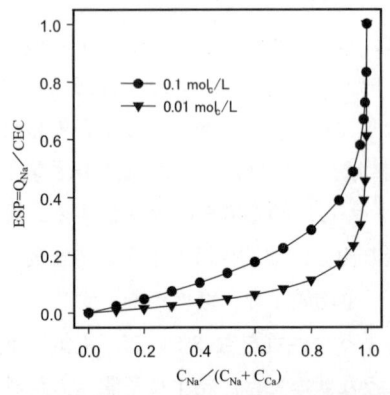

写真 3-2 塩濃度とけん濁液中の粘土の分散凝集
左側に行くほど電解質濃度が低い．

図3-34 Na-Caイオンが共存する場合の溶液イオン組成－吸着イオン組成と平均濃度の関係
ガポン式（式3-15）による計算，図中の数字は，溶液の全電解質濃度．

表 3-13 粘土鉱物種と臨界凝集濃度

粘土鉱物	塩の種類	臨界凝集濃度 (mmol L^{-1})
モンモリロナイト	NaCl／CaCl$_2$	7〜20／0.13〜0.5
バーミキュライト	NaCl／CaCl$_2$	38／0.8（いずれも pH7 時）
イライト	NaCl／CaCl$_2$	9〜55／0.13〜1
カオリナイト	NaCl／CaCl$_2$	5／0.4（いずれも pH7 時）

出典：西村ら（2003）

を臨界凝集濃度（Critical Coagulation Concentration（CCC），Critical Flocculation Concentration（CFC））とよぶ．臨界凝集濃度は，粘土鉱物種，けん濁液中の電解質種によって異なる（表 3-13）．

3-3-3 土壌のコロイド特性に着目した土壌保全

このような土壌コロイド・粘土の特性に着目して，土壌の分散を抑制し，降雨の浸入促進，地表流出抑制，水食の削減を図ることができる．たとえば，冒頭の図 3-25 から学んだ，初期水分に対する応答を考慮すれば，無降雨が続いて土壌が乾いた状態に降雨が予想される時，先行して少量の灌漑を行い，地表面を多少でも湿らせておけば，降雨時にクラストの形成が抑制され，浸透の増加，雨水の有効利用，水食の削減につながる．ただ，乾燥地で乾期後期には，このような作業用水を確保することは困難であり，実際にはこのような行為は難しいが，その代わりに以下に示すような化学性に着目した保全方法がある．

石膏の利用

石膏は，硫酸カルシウム（CaSO$_4$）の別称である．通常，二水和物 CaSO$_4$・H$_2$O を使用する．試薬のグレードや，天然であるか，合成であるかによって多少の差はあるが，石膏は，飽和溶液の濃度が 15 mmol L^{-1} 程度で，飽和溶液の電気伝導度が 2 dS m^{-1} 程度である．また，水に溶解して乖離する陽イオン（Ca^{2+}）も陰イオン（SO$_4^{2-}$）も二価である．これらの物理化学的特性が石膏を他の薬品よりも土壌保全目的に使いやすいものとしている．多くの植物は，根の周りの水の電解質濃度が上がってくると蒸散速度が低下し，成長・収量が低下するが，2 dS m^{-1} 程度であれば，弱耐塩性の作物以外は影響を受けない（井上，望月 2007）．また，上述したように，土中水もしくは灌漑水中に多価のイオンが増すと，拡散電気二重層が圧縮され，土中の粘

土粒子が凝集的な状態になり，土壌の分散，それに伴う目詰まりやクラストの形成が抑制される．このとき，同じCaイオンを持つが溶解度の高い塩化Caや硝酸Caを使うと，石膏と同様に地表面に散布したとしても，短時間で降雨や灌漑水に溶解して溶脱してしまうため土壌の分散を抑制し，透水係数を維持する能力が低くなる（図3-28参照）（Shainberg他1989）．

写真3-3に，地表面に石膏を散布した後に人工降雨を与え，地表面流出水をサンプリングしたものを示す．石膏を散布した土壌槽からの流出水は，採取直後でも濁りが薄い．また，採取後速やかにけん濁粒子が凝集沈降したことが底部の沈殿物から明らかである．Warringtonら（1989）は，5〜30°までのさまざまな傾斜圃場において，石膏散布の有無と降雨の浸入，地表面流出量，侵食土量を計測した．その結果，明らかに，石膏によって降雨の浸入が促進し，地表流出，流亡土量が抑制され，石膏を散布した場合には，地表流出水が減るため，傾斜がきつくなっても侵食量が増えないという結果を得た（図3-35）．

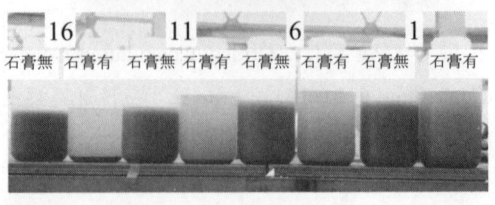

写真3-3 石膏を使った降雨実験における地表流出水の濁度と土砂の沈降
試料は2本一組で図中の数字は採取後の時間，埼玉県深谷市採取の沖積土．

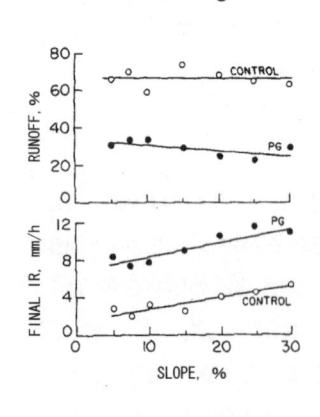

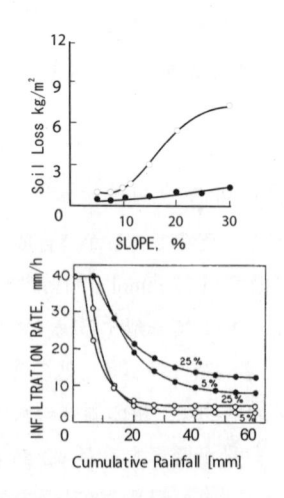

図3-35 石膏の散布と斜面圃場からの水・土の流出
出典：Warrington et al. (1989)

高分子凝集剤

　石膏には，比較的安価であること，化学工場における廃棄硫酸の無害化時に出てくる副産物の有効利用であることなどの利点があるが，灌漑水，降雨に溶解して溶脱してしまうため，効果が長続きしないという短所がある．これに対して，土中の有機物が粘土粒子などを結合して団粒を形成するという機構に着目し，有機物の代用として水溶性の高分子有機化合物を土壌に施用して団粒化の促進，土壌の分散の抑制を図る手法がある（Wallace and Wallace 1994）．高分子有機化合物としては，古くからポリビニルアルコール（PVA），糖類（polysaccharide），ポリアクリルアミド（PAM）などが知られており，近年では，PAMを使った研究が多く行われている（Zhang et al. 1996, Green et al. 2000, Nishimura et al. 2005 等）．

　PAMは，図3-36のような分子構造が重合したものである．図中のX―Yについて Y/（X+Y）が加水分解の程度を表し，これが，3分の1を超えると負荷電が顕著になってくると共に鎖状になってくる．加水分解の程度が2%程度の時電気的にはほぼ中性になり，全く加水分解していないものは若干の正荷電を示す．正荷電を持つPAMは，粘土の負荷電の部分にクーロン力によって結合する．中性のPAMは，主として分子間力で結合する．負に帯電しているPAMは，粘土粒子の負荷電と反発し合うように思われるが，実際に試してみると，加水分解度が20%程度の負電荷を持つPAMが優れた凝集能力を持つことが知られている．このとき，PAMの負荷電は，二価の陽イオン（Ca^{2+}やMg^{2+}）を介して粘土鉱物の負荷電部分と結合する（cation bridge 陽イオン架橋）と考えられている（Seybold 1994）．さらに，PAM水溶液は粘度が高く流動し難いという性質を持っているが，そこに石膏を混合すると粘性が低下して扱いやすくなる（Zhang and Miller 1996）こと，拡散二重層を圧縮して土壌を相対的に凝集的な状態にすることなどを考慮すると，陰イオンPAMと石膏の混合物を散布することは，化学的な土壌保全法

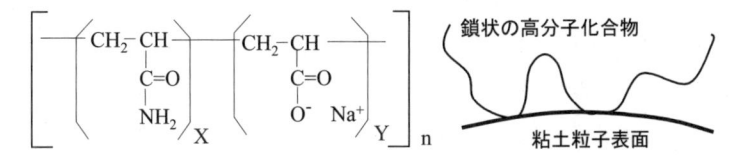

図3-36　ポリアクリルアミドの分子式と粘土粒子への接着の模式図
Y/（X+Y）：加水分解度，n：重合度．

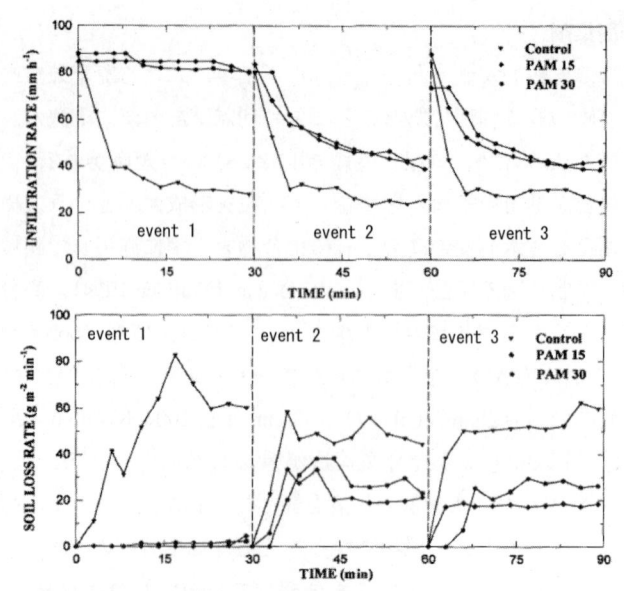

図 3-37 PAM（加水分解度 20%，分子量 1.5×10^6 g mol^{-1}）の添加量と降雨の浸透，土壌流亡
図中の数字（15,30）は，PAM の施用量（kg ha^{-1}）
出典：Zhang and Miller（1996）

の一つと考えられる．重合度（分子量）も PAM の機能を左右する重要な性質である．分子量が 100 万～1,000 万 g mol^{-1} のときは，図 3-36 に示したように PAM のループの所々が粘土粒子に吸着し，これが粘土粒子間を繋ぐ鎖になり，凝集を促進する．ところが，分子量が小さくなると，粘土の荷電を相殺するだけで粒子間を繋ぐことができなくなり，このような場合，PAM の混合により懸濁液中の粘土粒子は，分散的に振る舞うようになる．図 3-37 は，クラストを形成しやすいと言われている野外圃場における人工降雨実験で，Cecil 土に陰イオン PAM を散布したときの降雨浸入促進ならびに土壌流亡抑制効果を示したものである（Zhang and Miller 1996）．無施用の Control と比較して，15kg ha^{-1} 程度のわずかな施用で大きな侵食抑制効果がある．

　土壌のコロイド特性に着目した保全対策は，それのみでの効果には限界があるが，土木的，営農的手法と組み合わせて実施することで，相乗効果を期待することができる．

3-4　防止対策

深田三夫

3-4-1　侵食現象の概観
侵食現象の発生箇所と土砂流出機構

　水食は降雨などの気象要因，土地の植生や土性など多くの要因に支配された複雑な現象である．また，平坦な一斜面の侵食形態をとってみても，斜面上部と下部，また降雨の初期とある時間の降雨の続いた後とでは侵食の状況は異なり，時間と場所にも依存した現象である．すなわち，現場の長い斜面や農地では，土壌侵食の研究者が分類しているように，雨滴侵食，インターリル侵食，リル侵食が独立に発生，進行していくのではなく，図 3-38 のように，同一の斜面でしかも同時に進行しているのが一般的である．雨滴侵食や雨水流侵食が卓越する斜面上部やリルとリルの間では，雨滴の衝突により微細な土粒子が表面流に浮遊した状態で流され，写真 3-4 のように，土壌面は粗粒化してくる．いっぽう，斜面の下方部では表面流が集中し，写真 3-5 のようにリルが形成され，その中の流れの運搬力(掃流力)は急速に強くなっていき，径の大きな土粒子が流されるようになる．このように土粒子の運搬のメカニズムは斜面の上部と下部では異なり，また運搬される量も異なるために，流出土の粒子構成も斜面の原土とは異なる．

　大規模農地の造成などでは，侵食の防止対策として侵食量を予測することが求められる．予測手法には大きく二つの立場がある．一つは，斜面の各所でおこる侵食形態の物理現象を理解した上

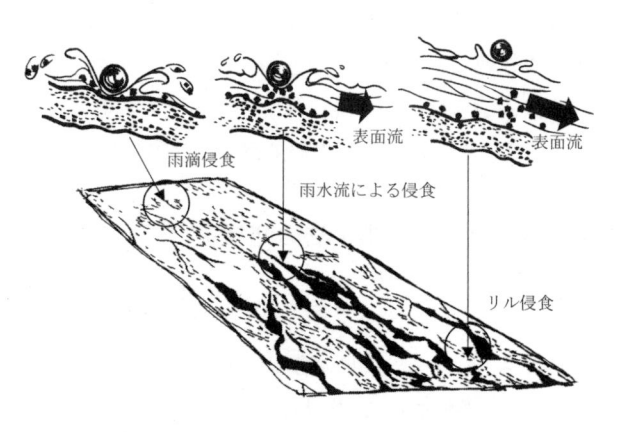

図 3-38　斜面における侵食現象の概念図

写真 3-4 雨滴侵食による粗粒化現象　　写真 3-5 斜面下部に発生したリル侵食

で，一降雨ごとに斜面の各所における土砂の移動量を予測していくという Meyer (1969) や Rose (1983) らがとった立場である．土粒子の移動は非線形偏微分方程式を用いて表すことができ，コンピュータの普及，高性能化に従い，侵食量をシミュレーションすることも不可能ではなくなってきたが問題点も少なくない．一つは，侵食形態の変化に伴う境界条件の与え方に問題が残っている．たとえばリル侵食とインターリル侵食領域の複雑な幾何学的な境界をどのような数学的な方法を用いてあたえるかである．あるいは雨滴衝突にともなって土粒子が移動する力学的な機構の究明などが十分とはいえない．

いっぽう，侵食現象の複雑さを認識した Wischmeier and Smith (1958, 1978) の立場は，侵食形態を独立に扱うのではなく一括して扱う立場にたっている．時間的，場所的な侵食形態を個別に問うのではなく，ある斜面の年間の侵食量と降雨，土性，植生や管理などの侵食要因との係わりを知ることを目的とした．長期間にわたる試験ほ場からの流出土量と降雨のデータの統計処理を行い，年間の流出土量を推定する指標を与えた．この成果が USLE 式であり現在各地で導入されている．

3-4-2　侵食量予測手法の発展史
侵食にかかわる因子

土壌侵食に悩んだ国々の中で，まずアメリカ合衆国で土壌侵食，保全に関する研究が着手され，その成果の啓蒙が繰り広げられた．農学者，土壌科学者らの多くの研究者が土壌侵食の現象過程に潜む基本的な諸要因を整理し，数多の錯綜する要因の中で，ある一つの要因が侵食にどのように関わっているかを評価しようと努力し

た．そして，侵食にかかわる基本的な要因は，①降雨，表流水のもつ侵食性，②土壌の受食性，③地形条件，④地被条件，であるとした．侵食現象はこの4つの要因が絡み合った結果である．当時の学者の多くはある一つの要因を評価するために，他の要因を同じ条件に保って相対比較をするという立場を明確にしている．

べき型公式

Ellison（1947）は，降雨によって斜面に表面流が発生した場合について観測を行った．その結果，流れが土壌面の土粒子を輸送する力は，流れの掃流力，水深，雨滴の衝突エネルギが重要な働きを持つことを見いだし次式で表現した．

$$T_2' = f\left(\frac{V^2}{2g}, d, D_2\right) \qquad \cdots\cdots\cdot 式 3\text{-}17$$

ここに，T_2' は表面流の持つ土粒子輸送能力である．$V^2/2g$ は表面流の速度水頭である．d は表面流の水深である．D_2 は落下雨滴による乱れの強度を表す．かれは，水食は土壌の剥離と輸送の過程であると明確に定義し，作用因子は降雨の土壌面への衝突，土壌面に生起した表面流としている．降雨，表流水，それぞれが剥離能力と輸送能力をもち，それらは別々に考慮されなければならないことを指摘した．

また，Zingg（1940）は1930年代の後半にはほ場での数年間の侵食量データをまとめ，斜面勾配（S_0），斜面長（L）と侵食量（E_2）とは，次のようにべきの関係で結ばれることを報告している．

$$E_2 \propto L^{0.6} S_0^{1.4} \qquad \cdots\cdots\cdot 式 3\text{-}18$$

しかし，一般に現実の土壌表面でおこる侵食現象は，雨滴による飛散・剥離過程と表流水による剥離・輸送過程が明確に区別出来ないのが普通である．両者の過程を明確に分離し，それぞれが侵食量に及ぼす効果を量的に調べるための実験的研究は1970年代になってからであった．斜面勾配，斜面長，降雨強度などの侵食要因を限定し，その要因が侵食に及ぼす効果を調べる実験的研究が行われた．Musgrave（1974）は侵食要因の中で土壌の性質，植生被覆，斜面勾配（S_0），斜面長（L），30分降雨量（I_{30}）と1年間の侵食量（E_2）との関係について次の関係を実験的に示した．

$$E_2 = KCL^{0.35}S_0^{1.35}I_{30}^{1.75} \qquad \cdots\cdots\cdot 式 3\text{-}19$$

ここに，Kは土壌の受食性の関数であり，Cは植生被覆の関数である．

Koumura（1976）は，斜面侵食の水理学的な研究の中で，Kalinskeの掃流砂関数を適用することにより，掃流砂と浮遊砂の両者を同等に扱った．そして，雨水流がもたらす土砂の流出量は，流れの底面せん断力のべき乗に比例するという仮説を導入した．さらに，Yoon and Wenzel（1971）が行った降雨実験の結果を引用して，底面せん断力と降雨強度との関係を導いた．この式は，次のように，侵食量と，斜面勾配，斜面長，降雨強度，流出係数などの侵食因子との関係をべき乗の形で表す．

$$E_2 = 0.00113 C_A C_E (fI)^{15/8} L^{3/8} S_0^{3/2} / D_S \qquad \cdots\cdots\cdot 式 3\text{-}20$$

式の中の記号は次のような意味を持っている．E_2（kgh^{-1}m^{-2}）：流出土砂量，C_A：全斜面に対する裸地斜面の割合，C_E：受食率，f：流出係数，I（mmh^{-1}）：降雨強度，L（m）：斜面長，S_0：斜面勾配，D_S（mm）：土粒子の平均径．

Koumuraの理論的な研究は，Musgraveの経験公式に水理学的な立場から説明を与えた．また，表面流にあたえる降雨の衝撃の効果について考慮した．これを流れの持つ摩擦抵抗の増加に置き換えることによって，侵食量予測式のなかに降雨強度を含ませた．

USLE式の構築

実験によって得られた土壌損失量を表すべき乗公式と現場の侵食量データとの比較検討が進んだ．Wischmeier et al.（1958）は米国農務省と共同研究で，アメリカ国内49の地域の約10,000点以上の降雨による土壌流出量の観測データを集積して解析を行い，土壌損失の一般式として提案した．この式は，USLE（Universal Soil Loss Equation）式とよばれ，年間の土壌損失量は，降雨，土壌，地形，植生，管理の侵食因子のそれぞれが独立な指数として積の形で表現される．年間の土壌損失量Aは，次のように，それぞれが独立な一指数として表現された侵食因子間の積の形で表現される．

$$A = K \times R \times LS \times C \times P \qquad \cdots\cdots\cdot 式 3\text{-}21$$

ここに，A：年間土壌損失量の予測値，K：土壌の受食性指数，R：降雨の運動エネルギ指数，LS：斜面長指数，斜面勾配指数，C：作物指数，P：管理指数である．USLE 式は式 3-21 のように簡単な形で表記されるが，それぞれの指数の決定は長期間におけるデータの蓄積とその統計処理が必要であり，指数の関数化は容易ではない．

USLE 式の完成は，1940 年代から 1960 年代にかけて行われた数多くの屋外，室内擬似降雨実験や，現場のデータの集積および解析を基礎にしている．USLE 式は一連降雨の侵食量を見積もるためのものでなく，長期間の観測データをもとに年間や季節ごとの侵食量を見積もるきわめて実用的な式である．侵食現象の力学的，物理的な側面についてはブラックボックスであり，種々の改良点を内包しつつも，現在世界各地で幅広く利用され，土壌侵食の相対的な相互比較のための基礎式として評価されている．

物理モデル

一方では，土壌侵食の作用因をすべて平均的な量，たとえば平均斜面勾配や，平均水深などで表すことに対しての限界が示唆され，侵食現象の物理的な側面を理解することの必要性が再び認識され始めた．侵食過程の数学モデルの構築が試みられ，それに基づいてシミュレーションが行われた（Meyer and Wischmeier 1969）．これらのモデルは Ellison の侵食過程の基礎的な概念に基づいて構築されたものであった．オーストラリアの Rose らは侵食要因を整理し，一つの要因と侵食量との関わりを量的に調べる実験を早くから行っていた．そして 1983 年，プロセスモデルとよばれている侵食・堆積過程の数学モデルを発表した（Rose et al. 1983）．このモデルでは，斜面の任意の微小な領域を考える．この領域において，流水の土砂濃度は，降雨の衝撃が水表面に加わったことによって生じた粒径 i の土粒子群の剥離量，重力の作用によって沈降して堆積した量，表面流の掃流力の作用によって流れに取り込まれた量を用いて，時間と場所に関して 1 階の拡散型偏微分方程式で表すことができる．

プロセスモデルは土砂量に関する質量保存則と，降雨によって生じた斜面流の水面形を表す式より導かれたものである．このプロセスモデルは，質量保存則が微分型で表わされているように，その解析解を求めることは特殊な場合を除き容

易ではない．Roseらは非常に大胆な仮定を用いて，この非線形の偏微分方程式を常微分方程式に置き換えて解析的に解く手法を提案している．しかし最近ではコンピュータによる数値計算で差分解を直接に求めることは容易である．むしろ方程式の構築の段階で導入した仮定について，実験的あるいは理論的な検証を行うことの方がより重要である．

以上みてきたように，土壌侵食の研究は，USLE公式に代表されるような現場への適用性を重視した実証的研究と，侵食機構を究明するための理論的，実験的研究の2つの流れに分けられる．2つの研究は全く独立したものでなく，前者はおもに土壌侵食を専門とする研究者の手によってなされ，後者は土壌侵食の研究者のみならず，物理学，河川工学，水文学，土壌学などの分野の研究者によってなされた研究が思いもかけない方向から土壌侵食の研究に結び付いた例も多い．

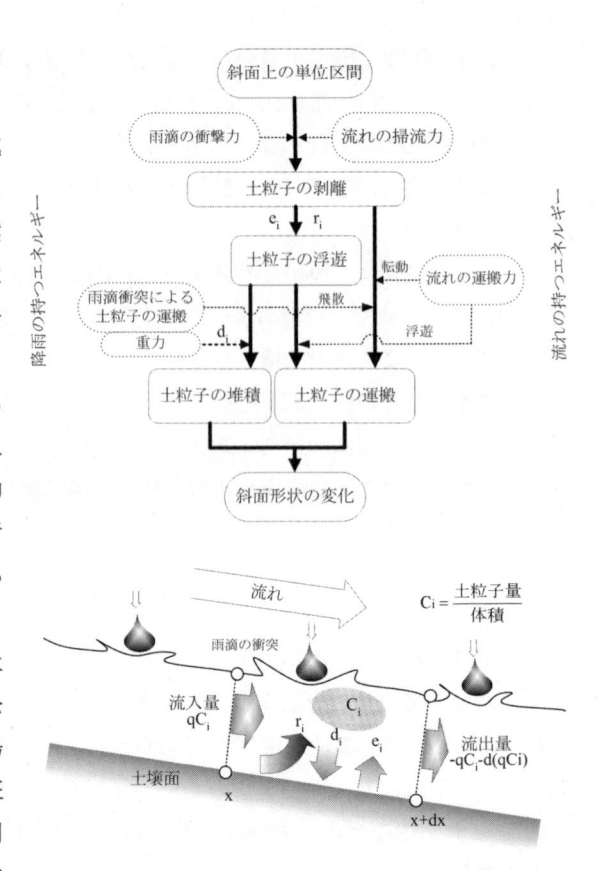

図3-39　物理モデルによる土粒子の移動

3-4-3　USLE式による土壌侵食量の予測

土壌侵食量の予測式，すなわちUSLE式は，長期間の平均的な土砂流出量を表現した式である．この式は，水文学における流出波形のように，一雨ごとの流出量を求めるものではなく，ある一定期間の侵食量を，その期間の降雨エネルギ因子

(R 値) とその他の侵食因子の積で示したものである．通常，年間の平均侵食量の予測に用いることが多いが，寒暖期別または四季の R 値に対応した侵食量を予測することもできる．以下に (5) 式の各因子を決定する方法を簡単に述べる．各因子の決定には，代表的な気候区において設置された標準区と各因子を決定するための試験区が必要である．

土壌侵食量の測定方法

以下の手順にしたがって一降雨後の侵食土量を測定する．
① 土砂溜の中の水深を測定して泥水の体積を計算する．
② 沈澱した微粒子を充分かき混ぜた後，一部を容器に採取し，ろ紙でろ過した後乾燥させ，ろ紙と微粒子土壌の質量を測定する．この量から全泥水中の微粒子土壌の量を求める．
③ 試験区から流れた微粒子土量を求めた後に，単位面積（ha）当たりの量に換算する．

写真 3-6 標準区（JICA 東部タイ農地保全計画）

④ 土砂溜の出口から水を除去した後，粗粒子土量の質量を測定し，土壌の湿潤質量とする．
⑤ 乾燥質量を求め，微粒子の場合と同様に単位面積（ha）に換算する．
⑥ 微粒子量と粗粒子量の和を計算する．これを侵食土量とする．

降雨因子 R の計算方法

① 雨量計の記録から，一連続降雨を 30 分間ごとに分け，区間 i の降雨の最大降雨強度 I_{30} を求める．ここで，一連続降雨とは，総雨量が 12.7 mm 以上で，降雨のない期間が 6 時間以内の降雨である．（図 3-40）
② 単位降雨量（1 cm）当たりの運動エネルギを求める次式を用いて，時間 i の降雨の KE_i 値を求める．

$$KE_i = 210.3 + 89\log_{10} I_{30} \qquad \cdots\cdots 式 3\text{-}22$$

③ 時間内の降雨量が R_i cm であれば，KE_i を R_i 倍することによって，降雨の運動エネルギ E_i 値を求める．さらにこの計算を降雨継続時間について計算する．そしてその結果を合計して E 値とする．

④ 一連続降雨中の 30 分間最大降雨強度 I_{30} を記録紙より求める．

⑤ EI 値 = E 値 × I_{30} の計算式により一連続降雨の EI 値を求める．

⑥ 一連続降雨ごとの EI 値を合計して年間の R 値を求める．

以上，概略を図 3-41 に示した．

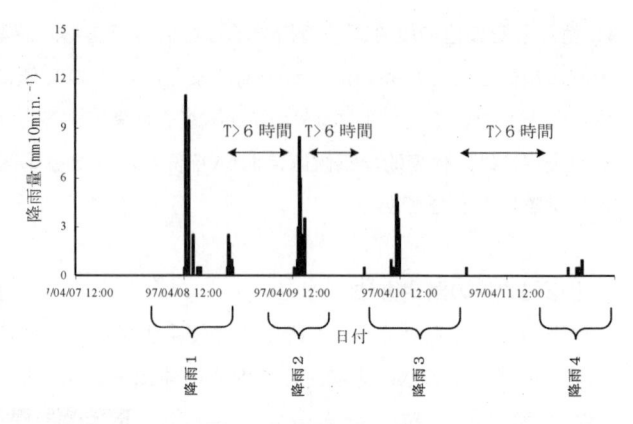

図 3-40 一連続降雨の定義

土壌因子 K の計算方法

K は土壌の受食性を表す指数である．この値は，剥離や輸送に対する抵抗や土壌の透水性，土壌の堅さなどに関係する．測定によって求める方法は，平畝，上下耕の標準区

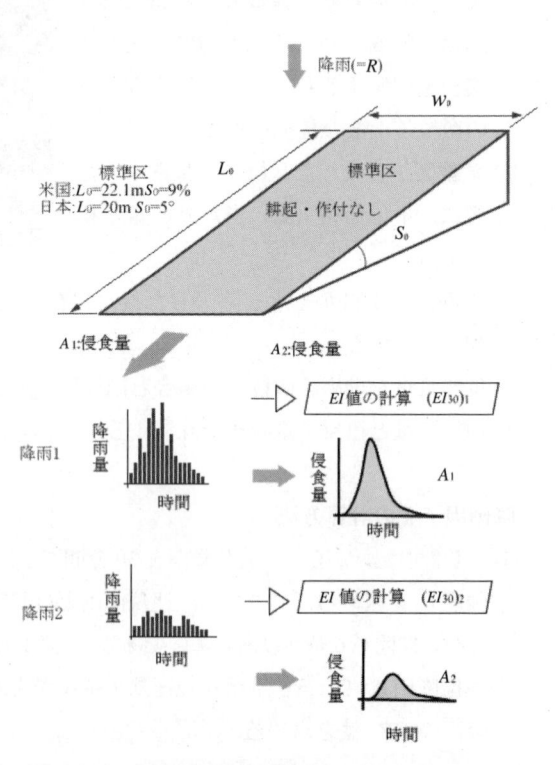

図 3-41 土壌係数 K を求めるには，降雨データと侵食量データが必要である

において観測された流亡土量 A と，年間の降雨係数 R を用いて，$K=A/R$ から求める（後述の図 3-45）．

地形係数 LS の計算方法

LS は，侵食量と斜面の長さ，勾配との関係を示す指数である．標準斜面の長さが 22.1 m，9％の勾配の斜面（米国標準）は，斜面長係数 L と傾斜係数 S の値は，それぞれ 1 である（図 3-42）．任意の斜面の地形係数 LS の値は，標準斜面に対する流亡土量との比率を示す無次元量であり，Wischmeier らは次式で与えた．

$$LS = (L/22.1) \cdot (65.4\sin^2\theta + 4.56\sin\theta + 0.065) \quad \cdots\cdots 式 3\text{-}23$$

ここで，L：斜面長（m），θ＝勾配（％），m = 0.5（> 5.6％），m = 0.4（3.5 ～ 4.5％），m = 0.3（1.0 ～ 3.0％），m = 0.2（< 1.0％），である．

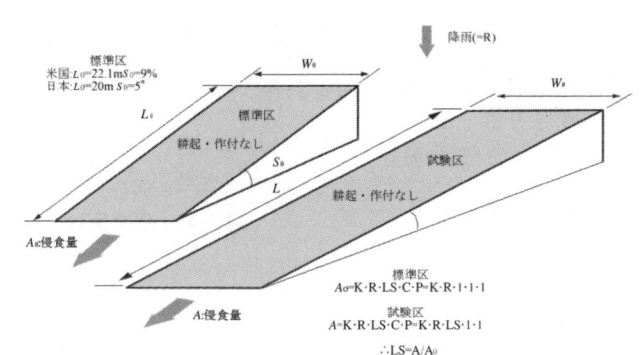

図 3-42　地形因子 LS 値の求め方

作物係数 C

作物係数 C は，作物が作付けされている圃場から流れた土の量と，標準区の流亡土量の割合を示したものである．すなわち，標準区では，$A_0 = K \cdot R \cdot LS \cdot C \cdot P = K \cdot R \cdot 1 \cdot 1 \cdot 1$ となる．作付け区では，$A = K \cdot R \cdot LS \cdot C \cdot P = K \cdot R \cdot 1 \cdot C \cdot 1$ となり，$C = A/A_0$ で

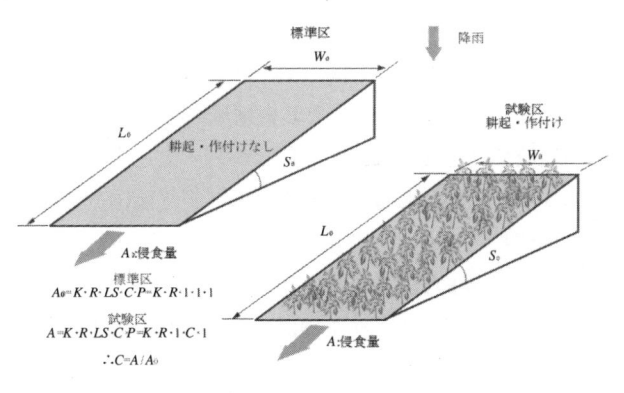

図 3-43　作物係数 C 値の求め方

ある（図3-43）．作物係数 C の値は，作物の種類，生育状態などの栽培管理に係る条件によって変化する．休閑地で，裸地状態の場合には，作物係数 C の値は1である．作物によって圃場面が完全に覆われているような牧草畑では，作物係数 C の値は0まで低減する．そして流亡土量はなくなり，土壌侵食が生じない．

保全係数 P

　保全係数 P は，縦畝や横畝を立てたり，等高線栽培などのように，土壌流亡を抑制するための保全策の効果の度合いを表す指標である．保全的な耕作を行った場合の流亡土量と，平畝上下耕の標準区による流亡土量との比を示す（図3-44）．したがって保全工法を行わない場合は P は1である．

図中：
標準区 $A_0 = K \cdot R \cdot LS \cdot C \cdot P = K \cdot R \cdot 1 \cdot 1 \cdot 1$
試験区 $A = K \cdot R \cdot LS \cdot C \cdot P = K \cdot R \cdot 1 \cdot 1 \cdot P$
$\therefore P = A/A_0$

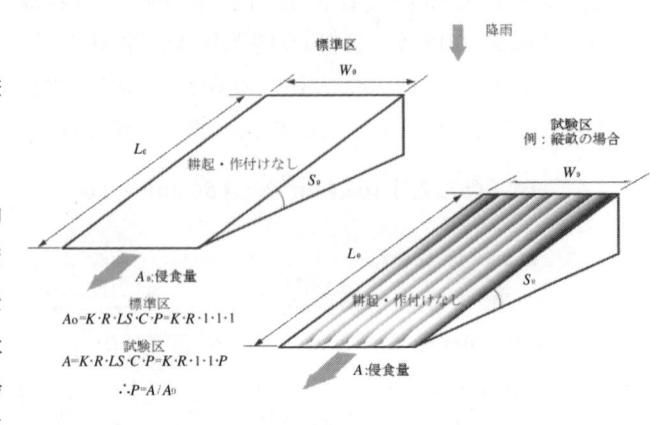

図 3-44　保全係数 P 値の求め方

3-4-4　日本における USLE 式構築の試み

　もともとこの式は，米国本土において数十年間にわたって蓄積されたデータをもとにしており，長期間のデータの収集とその統計解析が前提条件である．また，降雨のパターン変化に乏しい地域向きで，集中豪雨多発地帯，長雨型の地域，乾燥地域では一月平均，年平均とかの考えをすると正しく侵食量を見積もることはできない恐れがある．日本，東南アジア諸国や乾燥地においては，まず降雨特性を理解し，その上で侵食量を予測することが必要である．同様なことが肥料の流出やさまざまな溶質移動についても言える．ここでは，日本における降雨量と土の侵食量の観測データを例にして USLE 式の手法にしたがって解析を行い相互の関係を検討した．

降雨と侵食量データの収集，整理と解析

農水省構造改善局では，土壌や気象要因の異なる全国8地区おいて侵食試験プロットを作り，1986〜1990年の間降雨と侵食量データを収集した．ここではこの中から特に多雨で季節的な変化に富む熊本県人吉市川辺川地区の観測データの整理し，一降雨ごとに降雨因子（降雨量，降雨エネルギ）を求めて侵食量や流出水量の観測値との関係を求めた．

降雨因子の物理的な意味

USLE式の降雨因子の算出は，「降雨因子Rの計算方法」で述べたとおりであるが，ここでEI値の物理的な意味を考えてみよう．EI値は降雨のもつ運動エネルギに降雨強度を乗じたものである．この値は衝突する雨滴が地面にあたえる単位時間の力積と見なすことができ土粒子の剥離や移動のし易さに関係する．USLE式におけるEI値の計算では，一連続降雨のもつ運動エネルギE値にその降雨の30分間最大降雨強度I_{30}を乗じて求めているが，上述のように単位時間ごとに（運動エネルギ）×（単位時間降雨強度）を求め，その値を降雨継続時間内で総和した値の方がより物理的な意味をもち土壌侵食量と相関が高くなると考えられる．

降雨因子の算出方法

最初の作業は，10分間降雨量の生データから一連続降雨を抽出することであるが，生データがデジタル化されていれば，一連続降雨ごとにデータを抽出するのはプログラムを組めば容易であるがここでその説明は省略する．図3-45に降雨エネルギ因子（EI_{total}）の算出フローチャートを示した．

$$KE_i = 210 + 89\log_{10} I_{10}$$
$$E_{10} = R_{10} \times KE_i \qquad \cdots\cdots 式3\text{-}24$$

$$EI_{10} = E_{10} \times I_{10}$$
$$EI_{total} = \sum EI_{10} \qquad \cdots\cdots 式3\text{-}25$$

式3-24はWischmeierらが用いたエネルギ式で対数型であるが，他にはKE_iを降雨強度のべき乗で関係づけるタイプが多く示されている．式3-25は一連続降雨のもつEI値で，単位時間（10分間）当たりの降雨の力積値EI_{10}を求めて一連続

```
                      ┌─────────────────────────────┐
                      │   年間の侵食量記録と降雨記録   │
                      └─────────────────────────────┘
                                    │
                    ┌───────────────┴───────────────┐
                    │                               │
            ┌───────────────┐               ┌───────────────┐
            │  k番目の降雨   │               │ (k+1)番目の降雨│
            └───────────────┘               └───────────────┘
```

k番目降雨で生じた侵食量データ A_i

単位時間(10分)連続降雨データ R_i

単位時間降雨強度の算出
$I_i = R_i / t_i$

一連続降雨中の最大降雨強度の計算
$I_{10} = \max(I_i)$

単位時間降雨のもつ運動エネルギー
$KE_i = 210 + 89\log_{10} I_i$
$E_i = R_i \times KE_i$

一連続降雨のもつ運動エネルギー
$E = \sum E_i$

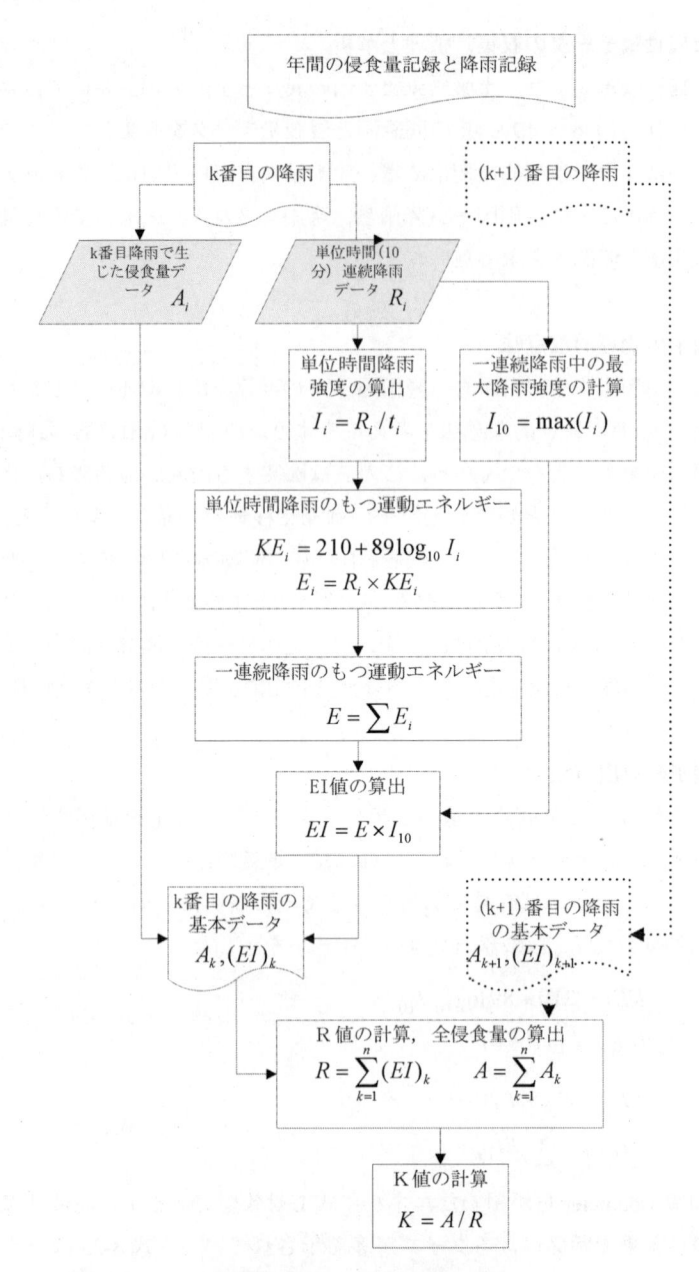

EI値の算出
$EI = E \times I_{10}$

k番目の降雨の基本データ
$A_k, (EI)_k$

(k+1)番目の降雨の基本データ
$A_{k+1}, (EI)_{k+1}$

R値の計算,全侵食量の算出
$R = \sum_{k=1}^{n}(EI)_k \quad A = \sum_{k=1}^{n} A_k$

K値の計算
$K = A/R$

図 3-45　降雨係数および K 値の算出方法

降雨で加えたものである．USLE 式では単位時間を 30 分間にとり，一連続降雨中の 30 分間降雨強度の最大値 I_{30} を一連続降雨中の代表値としている．すなわち式 3-25 に相当する EI 値を次のように表している．

$$EI_{30} = (\sum E_{30}) \times \max(I_{30}) \qquad \cdots\cdots 式\ 3\text{-}26$$

式 3-25 あるいは式 3-26 を用いて一連続降雨の EI 値を出し，年間のすべての降雨について総計し降雨係数 R とする．この値を年間の侵食量の測定値 A と比較して土壌係数 K を求め，数年間の K の平均値を土壌係数とする．

1986〜89 年の 4 年間の観測期間において，土壌流出を伴ったすべての降雨について EI_{total} を求め，侵食量の観測値と比較した．図 3-46 に斜面勾配が 3, 7, 10°の場合の降雨因子 EI 値と土壌流出量の関係を表した．線形近似したのは USLE 式の R 値を念頭においてのことである．EI 値と侵食量の間にはほぼ線形の関係が見られが，斜面勾配が大きくなるにつれ，近似曲線からはずれるデータもいくつか観測された（図中→印の EI = 76 のデータ）．斜面勾配が 10°の場合，この降雨による侵食量は 1 ha 当たり 156 ton に達している．この降雨のパターンを示したのが図 3-47 である．総降雨量が 59.5 mm，降雨継続時間は 1010 min. であるが，強雨が短時間に集中しており，流出土のほとんどはこの降雨によってもたらされている．この例のように，降雨が集中して発生する地域では，たとえ年数回の頻度であっても，その降雨による土壌侵食量は年侵食量の中で大きな割合を占めることに注意しなければならない．

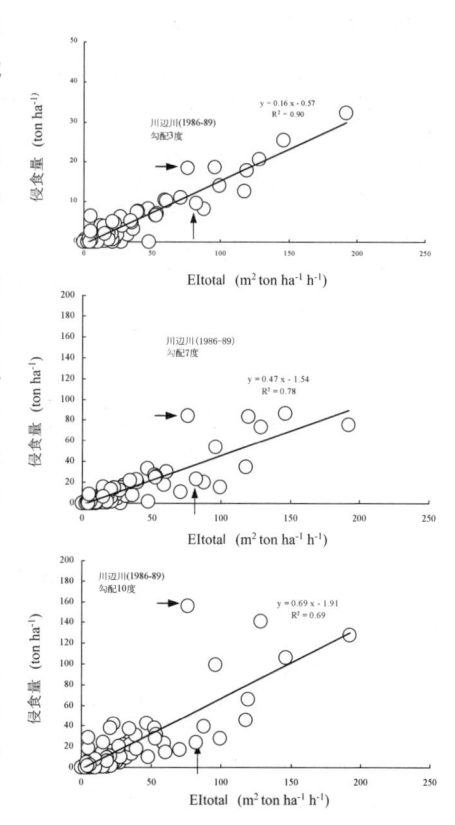

図 3-46　連続降雨の EI 値と侵食量の関係

一方，図 3-48 には，ほぼ同じ EI 値ながら侵食量が少なく近似曲線の下側にある降雨（図中↑印）のパターンも示した．斜面勾配が大きくなるにつれて近似曲線からはずれていく．この降雨は継続時間が長いにもかかわらず 10 分間降雨量が 5 mm 以上の場合が少なく，侵食が問題となるのはある降雨強度以上の場合に限ることを示している．しかしながら，斜面勾配 3°の例のように，降雨パターンによらず，侵食量と EI 値はほぼ線形関係を示し，USLE 式の適用が可能であることを示している．

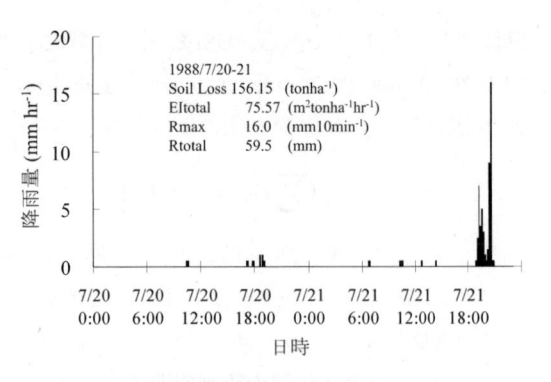

1988/7/20-21
Soil Loss 156.15 (tonha^{-1})
EI$_{total}$ 75.57 (m^{2}tonha^{-1}hr^{-1})
R$_{max}$ 16.0 (mm10min^{-1})
R$_{total}$ 59.5 (mm)

図 3-47　侵食量の多い降雨パターン

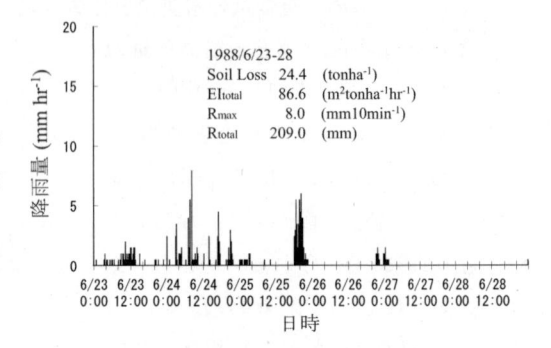

1988/6/23-28
Soil Loss 24.4 (tonha^{-1})
EI$_{total}$ 86.6 (m^{2}tonha^{-1}hr^{-1})
R$_{max}$ 8.0 (mm10min^{-1})
R$_{total}$ 209.0 (mm)

図 3-48　侵食量の少ない降雨パターン

3-4-5　土壌侵食の保全対策と事例

保全対策の基本的な考え

3-4-1 侵食現象の概観および 3-4-2 物理モデルの項で説明したように，水食は降雨のもつエネルギと表面流のもつ掃流力が土粒子を動かす駆動力となって斜面上で進行していく．侵食の進行の度合いは土壌特性や植生の被覆率などの受食性因子によって異なる．Meyer らは降雨，表面流それぞれが土壌を剥離する力をもち，また運搬する力を持つとした．水食防止対策は降雨と表面流の剥離・運搬力を軽減するような方策をとることが基本となる．すなわち，対策の基本的な考えは次の 4 点に集約できる．

① 土壌の浸透能を維持し地表流を生じさせないこと．また，周囲より表流水が流入しないようにすること．

② 表面流が発生しても，集中しないように工夫して流速が速くならないように流れの分散化をはかる．
③ 表面流を安全に流下させ，農地の外に出すような排水路の構造を工夫する．
④ 土壌が裸地状態の期間をできるだけ短くするようにする．また，降雨の衝撃や流水の掃流力に対して土壌の耐水食性を高める．

以上の基本的な考えをもとにした水食防止法は，土木的な防止法と営農面での防止法に大別できる．農地を対象とした場合は両者を組み合わせることにより，実効的な水食防止が可能となる．土木的な防止法および農法的防止法の種類と具体的な施工方法については，「海外技術マニュアル」に詳述されており，ここではいくつかの事例報告にとどめる．

土木的水食防止法と事例

農地を新たに造成する場合や森林伐採跡の荒地を農地として利用する場合など（図 3-49，写真 3-7），まず土木的水食防止対策を施しておかなければならない．計画時に考慮することは次の点である．

図 3-49 修復を要する伐採後の山肌
東南アジア諸国では木材の伐採後放置され荒廃した場所が少なくない．

写真 3-7　樹園地，畑地として復元した山肌
（フィリピン，ミンダナオ島）

① ほ場面の長さをできるだけ短く緩勾配に努め（図 3-50），下端部において流水が集中しないように仕上げること．さらに，心土破砕など基盤土層の改良に努めて地下浸透を促し，表面流をできるだけ小さくする工夫を施す．

図 3-50　伐採地の農地利用の概念図
MINDANAO BAPTIST RURAL LIFE CENTER, A MANUAL ON HOW TO FARM YOURHILLYLAND WITHOUT LOSING YOUR SOIL. から引用改変

② 乾期，雨期がある地域では施工はできるだけ乾期に行う工程を組む．また営農開始まで期間があり，裸地期間が降雨期と重なる場合は牧草の播種などの一時的な畑面被覆工法を検討すること．
③ 法面の補強をはかる．現場の状況に応じて各種の植生保護工や石積工等を計画すること．

写真 3-8 沈砂池（沖縄県うるま市宮城島「上原貯水池」）
沖縄地方は赤土の流出に悩まされている．

④ 承水路，集水路，幹支線排水路を系統的に配置して排水が一カ所に集中しないようにする．この場合，盛土部は地盤が弱いのでできるだけ排水路の設置を避けるか強度を増すように工夫する．承水路は表面流の速やかに速やかな流下に影響を与えない範囲でできるだけ緩勾配とする．
⑤ 土砂溜や沈砂池を計画的に配置し，流出した土粒子，浮遊砂を下流に流さないようにする（写真 3-8）．

営農的水食防止法と事例

営農面での水食防止法は，栽培管理と維持管理に分けられるが，いずれも各ほ場の持ち主である農家自身が行うものであり，その意義と効果を農家に周知徹底し，営農段階において農家の協力を得ることが重要である．特に多雨期における排水路等の見回り，点検，整備は受益者である農家の組織を確立しておくことが望ましい．

① 等高線栽培（写真 3-9），草生栽培，敷草・敷わら等によるマルチング，堆肥投入による土壌改良，輪作および間混作（写真 3-10），畝切りなどの栽培管理．
② グリーンベルトや法面の維持管理（写真 3-11），法下の承水路の整備，リルの修復，排水路の雑物除去，草生水路の整備，土砂溜の土上げ等の維持管理．

写真 3-9　等高線栽培
（上：タイ北部山岳地帯，下：台湾）
承水路，幹支線排水路を系統的に配置され水が一箇所に集まらないようになっている．

写真 3-10　間混作（東部タイ）
JICA 東部タイ農地保全計画試験ほ場

写真 3-11　植生による畑地の法面保護（タイ北部山岳地方）
法面にはパインやグラスを植えている

3章の引用文献

井上光弘・望月秀俊. 2007. 3-1-1 土壌の診断法（21世紀の乾燥地科学－人と自然の持続性－ 恒川篤史編）. 古今書院, 84-91.
内田勝利. 1981. 乱した土の初期水食性. 土壌の物理性 44. 9-13.
内田勝利. 1982. 雨滴による土壌面侵食と団粒土の耐水性. 農土誌 50（2）. 29-33.
内田勝利. 1982. 乱した土の初期水食に及ぼす下層土の透水性の影響: 農土誌 50（6）. 13-16.
江頭和彦・田熊勝利. 1989. 赤黄色土の受食性. 鳥大農研報 42. 61-67.
海外技術マニュアル「農地保全」検討委員会編. 1992. 海外技術マニュアル「農地保全」. 財団法人日本農業土木総合研究所, 66-111.
川村秋男・山崎清功・氏家勉. 1963. 寡雨条件における侵蝕機作に関する研究－土壌水分系と鉱質土壌の侵蝕性－四国農試報告 8. 171-184.
気候影響・利用研究会. エルニーニョと地球環境. 1999. 成山堂書店, 165-166 p.
木下玄・安田裕・安部征雄. 2004. サヘルにおける降水量の時系列解析 (1): 降水量時系列と海水面温度および太陽黒点周期との関係について. 沙漠研究 13: 235-241p.
木下玄・安田裕・安部征雄. 2004. サヘルにおける降水量の時系列解析 (2):AIC による降水量時系列フーリエ近似の最適化. 沙漠研究 13: 243-248p.
司馬遼太郎. 2000. 司馬遼太郎全講演 第2巻. 朝日新聞社, 489-520p.
田中正. 1996. 2.5 流出過程. 恩田裕一他編: 水文地形学. 古今書院, 56-59.
永戸多喜雄. 1960. タッシリ遺跡. 毎日新聞社, 76-90p.
西村拓・取ып伸夫. 2003. 7章コロイド現象と水文移動現象. 足立泰久・岩田進午編著 学会出版センター.
深田祐介. 1977. 西洋交際始末. 文藝春秋, 67-70p.
藤川武信・内田勝利. 1980. 土性と飛散侵食について－土の初期水食に関する土質工学的研究（I）. 農土論集 90. 1-8.
藤川武信・内田勝利. 1981. 乱した土の初期水食の判定要因－土の初期水食に関する土質工学的研究（II）. 農土論集 91. 1-7.
藤田則之. 1990. 改良山成工調査および農用地開発調査（土壌流亡）報告書. 財団法人日本農業土木総合研究所, 3-22.
三原義秋. 1949. 雨滴の落下速度に就て. 農業気象 5（1）, 29-31.
三原義秋・谷信輝・矢吹万寿・萩原美代子. 1950. 降雨の土壌侵食力に関する研究（IV）. 雨滴の土壌面破壊機構と飛沫について. 農業気象 6（1）, 9-12.
三原義秋・矢吹萬壽. 1950. 降雨の土壌侵食力に関する研究（III）. 雨の運動エネルギーに就て. 農業気象 5(3). 126-128.
宮崎毅・西村拓. 1997. 傾斜地における降雨浸透 日本水文科学会誌, 27（4）: 197-204.
安田裕, 安部征雄, 山田興一. 2001 西オーストラリア州スタートメドー地区における年降水量時系列の周期変動について. 沙漠研究 11: 71-74.
安田裕・川戸渉・安部征雄・山田興一. 2002. 西オーストラリア州スタートメドー地区における植生指数時系列と降水量時系列との関係について. 沙漠研究 12-1: 27-30.

安田裕・川戸渉・安部征雄・山田興一. 2003. 乾燥地月降水量時系列と海水面温度. 南方振動及び太陽黒点周期変動との関係について. 沙漠研究 13: 131-138.

和田信一郎. 2003. 1章 土の中にある多様なコロイド. 足立泰久, 岩田進午編：土のコロイド現象. 学会出版センター. 15-22.

A A Dabous, J K. Osmond. 2001. Uranium isotopic study of artesian and pluvial contributions of the Nubian Aquifer, Western Desert, Egypt. Journal of Hydrology 243: 242-253.

Bohn H L, B L McNeal, G A O'connor. 1985. Chap. 9 Salt affected soils, In Soil Chemistry, John Wiley and Sons, NY, p 234-261.

Christopher M Bishop, 1995. Neural Networks for Pattern Recognition: Oxford University Press, p 116-161.

Ekern P C Jr, Muckenhirm R J. 1947. Waterdrop impact as a force in transporting sand. Soil Sci. Amer. 12: 441-444.

Ellison W D. 1944. Studies of raindrop erosion. Agr. Eng. 25, 131-136, 181, 182 p.

Ellison W D. 1947a. Soil Erosion Studies -Part Ⅰ. Agricultural Engin- eering, 145-146.

Ellison W D. 1947. Soil erosion atudies. Part Ⅵ. Agr.Eng. 28: 402-405

Gumbs,F.A. and Lindsay,J.I. 1982 Runoff and Soil Loss in Trinidad under Different Crops and Soil Management.Soil Sci. Soc. Am. J. 46: 1264-1266.

Goudie A, Wilkinson J. (1977). The warm desert environment 訳日比野雅俊. 1987. 砂漠の環境科学. 古今書院, 15-16p.

Green V S, D E Stott, L D Norton, J G Graveel, 2000. Polyacrylamide molecular weight and charge effect on infiltraiton under simulated rainfall, Soil Sci. Soc. Am. J. 64: 1786-1791.

Holy M. 1980. Erosion and Environment [岡村俊一・春山元寿訳. 1983. 侵食. 東京：森北出版, 39p]

Jones D M A, 1959. The shape of raindrops. Jour. Meteorol 16: 504-510.

J P Dudley, G C Criag, D ST C Gibson, G Haynes, J Klimowicz. 2001 June. Drought mortality of bush elephants in Hwange National Park. Zimbabwe. African Journal of Ecology Volume 39 Issue 2: p 187-194.

Koumura S. 1976. Hydraulics of Slope Erosion by Overland Flow. Jour.Hyd-raulics Div., ASCE, 102 HY10. p 1573-1586.

Lal R. 1976. Soil erosion on an Altisols in Western Nigeria. I. Effects of slope. crop rotation and residue management: Geoderma.16: 363-376.

Laws J O. 1941. Measurements of the fall-velocity of water-drops and rain-drops. Amer.Geophys. Union Trans: 22, 709-721.

Laws J O, Parsons A D. 1943. The relation of raindrop-size to intensity. Amer.Geophys Union Trans: 24, 452-460.

Levy G J, J Levin, I Shainberg. 1997. Prewetting rate and aging effects on seal, formation and interrill soil erosion. Soil Sci. 162:131-139.

Mazurak A P, Mosher P N. 1968. Detachment of soil particles in simulated rainfall, Soil Sci. Soc. Am. Proc. 32(5), 716-719.

McNeal B L, Coleman N T. 1966. Effect of solution composition on soil hydraulic conductivity, Soil Sci.

Soc. Am. Proc, 30 : 308-312.

Meyer L D, W H Wischmeier. 1969. Mathmatical Simulation of the Pro- cess of Soil erosion by Water, Trans: ASAE, p 754-758.

Middleton H E. 1930. :properties of soils which influence soil erosion. U.S.Dept.Agr.Tech.Bull.178.

MINDANAO BAPTIST RURAL LIFE CENTER,A MANUAL ON HOW TOFARM YOURHILLYLAND WITHOUTLOSING YOUR SOIL.

Musgrave G W. 1974. Quantitative Evaluation of Factors in Water Erosi - on: Journal of Soil and Water Conservation, 2.

Nada. A. A. 1995. Evaluation of environmental isotopic and salinar composition of groundwater in oases of the western desert, Egypt. Isotopes in environmental and health studies 31: 117-124.

Nearing M A, G R Foster, L J Lane, S C Frinkner. 1989. A Process-Based soil erosion model for USDA-Water Erosion Prediction Project Technology, Trans. of ASAE,32(5): 1587-1593.

Nishimura T, Kato M, Yamamoto T, Suzuki S. 2005. Effect of gypsum and polyacrylamide application on erodibility of an acid Kunigami mahji soil Soil Sci. and Plant Nutr. 51(5): 313-322.

Regea M, Yano T, Shainberg I. 1997. The Response of Law and High Swelling Smectites to Sodic Conditions. Soil Sci. 162: 299-307.

Rose C W, Williams J R, Sander G C, Barry D A. 1983b. A Mathmatical Model of Soil Erosion Processes: I .Theory for a plane Land Ele- ment: Soil Sci. Soc. Am. J: 47, p 991-995.

Saybold C A. 1994. Polyacrylamide review: Soil conditioning and environmental fate. Commun. Soil Sci. Plant Anal. 25: 2171-2185.

Shainberg I, M E Sumner, W P Miller, M P W Farina, M A Pavan, M V Fay. 1989. Use of gypsum on soils: A review, Adv. In Soil Sci., 9:1:111.

Shainberg I, R Keren, H Frenkel. 1982. Response of sodic soils to gypsum and calcium chloride application, Soil Sci. Soc Am J, 46: 113-117.

Yasuda H, Wang K, Mohamed Abd Elbasit Mohamed Ahmed, Anyoji H, Xingchang Zhang. 2005. Analyses of Rainfall Time Series in the Loess Plateau of China. Periodical fluctuation and links with sea surface temperature. 農業気象 60: 617-620.

Yasuda H, Saito T, Anyoji H, Zhang X. September 2007. Link of Precipitation in the Loess Plateau of China with Sea Surface Temperature over the Pacific Ocean. Precipitation forecasting 3-4 months prior: Proceedings of CAS-JSPS Core University Program Japan-China Joint Open Seminar on Combating Desertification and Development in Inland China of Year. Yanglin, China: 5-6.

Wallace A, G A Wallace. 1994. Water soluble polymers help protect the environment and correct soil problems. Commun. Soil Sci. Plant Anal. 25(1, 2). 105-108.

Warrington, D I Shainberg, M Agassi, J Morin. 1989. Slope and Phosphogypsum's effects on runoff and erosion, Soil Sci. Soc. Am. J.,53: 1201-1205.

Wischmeier W H, Smith D D. 1958. Rainfall energy and its relationship to soil loss. Amer Geophys Union Trans. 39 (2). 285-291.

Wischmeier W H, Smith D D, Upland R E. 1958. Evaluation of Factors in the Soil Loss Equation: Agricultural Engineering.August, 458-462.

Wischmeier W H, Johnson C B, Cross B V. 1971. A Soil Erodibility Npmograph for Farmland and Construction Sites J of Soil and Water Conservation. 25 (5), 1189-193.

Wischmeier W H, Smith D D. 1978. Predicting Rainfall Erosion Losses: A Guide to Conservation Planning: USDA, Agriculture Handbook 537. 458-462.

Yoon Y N, Wenzel H G Jr. 1971, Mechanics of Sheet Flow under Simulated Rainfall. Jour Hydraulic Div., ASCE, 97(HY9), p 1367-86.

Zhang X C, W P Miller. 1996. Polyacrilamide effect on infiltration and erosion in furrows, Soil Sci. Soc. Am. J, 60 866-872.

Zhang X C, M A Nearing, L M Risse, K C McGregor. 1996. Evaluation of runoff and soil loss pred, 855-863.

Zingg A W. 1940. Degree and Length of Land Slope as It Affects Soil Loss in Runoff: Agricultural Engineering, 21(2), p 59-64.

4 乾燥地の塩類集積と その対策

　前章までは，土壌劣化面積の 80% 以上占める風食と水食について，メカニズムとその対策を解説した．本章では，農地で問題となっている塩類集積とその対策を述べる．まず，塩類集積のメカニズム，塩類集積の評価方法を解説し，対策としてリーチング法，ウォーターロギングの予防と制御方法，ソーダ質土壌の改良などを紹介する．

4-1 農地の塩類集積

井上光弘・遠藤常嘉

4-1-1 土壌塩類化の発現機構

　乾燥・半乾燥地では水資源が不足し，良質な水が優先的に都市用水に配分されるために，農業用水に地下水，排水および汚染処理水のような塩を含む水が使用される頻度が増している（Tanji 1990）．いっぽう，人口増加にともなう食料確保のために，世界の灌漑面積は1965年に1.50億ha, 1989年に2.27億ha, 1995年に2.55億ha, 1999年に2.74億haと増加してきている（Postel1990; Tanwar 2003）．この面積は樹園地を含む全農地面積（15億ha）の約18%を占め，灌漑農地で全食料の40%を生産している．灌漑水の水質が低下すると，土壌表層に塩類集積が発生し，塩濃度障害によって作物の収穫量が低下，あるいはまったく収穫できなくなる．地面の所々に白い塩類の結晶が観察できるようになり，やがて植生がほとんどない状況になる．Postel（1990）によると1980年代の半ばには土壌が塩類集積障害を受けている面積は6,020万haで農地面積の24%に相当すると報告している．また，Oldemanら（1991）は人為的に塩性化（Salinization）した面積が7,660万haでアジアが69%を占めていること，Ghassemiら（1995）は灌漑農地の塩類化が4,540万ha，非灌漑農地の二次的塩類化が3,120万haになっていることを報告している（Tanwar 2003）．いずれにしても，塩類化している面積は増加傾向にあること，その面積も農地面積のほぼ4分の1になっていることに注目したい．

　塩の影響を受けている土壌は，乾燥地，半乾燥地に限らず，図4-1に示すように，100以上の国で問題になっている．地球上で，70億haが耕作可能地で，そのうちの全耕作地15億haの23%に相当する3億5,000万haは塩性（saline）化が進行している．また，15億haの37%はソーダ質（sodic）化が進行している．これらは，存在する水の化学的性質によって，①蒸発による濃縮（evapoconcentration），②選択的な無機塩の沈殿（selective mineral precipitation），③種々の成分を含む降雨（rainfall of variable composition）の三つのメカニズムに

図 4-1 世界の塩類土壌の分布
出典：Szabolcs（1989）

強く影響を受けている（Tanji 1990）．①は乾燥地の強い日射エネルギーと関連し，②は可溶性の塩類の溶解度（20℃では，塩化カルシウム 42.7，塩化マグネシウム 35.3，塩化ナトリウム 26.38，硫酸マグネシウム 25.2，炭酸ナトリウム 18.1，硫酸ナトリウム 16.0，硫酸カルシウム 0.205，炭酸カルシウム 6.5×10^{-3}）に関連する．塩類集積の現象は，炭酸カルシウムから最初に沈殿し，降雨による希釈で塩化カルシウムから下方へ流亡してソーダ質土壌の形成に関与する．

塩類土壌の生成は土壌中の水移動と塩類の質と量に規制されるので，土壌の母材によっても大きく影響を受ける（松本 1991）．遠方から比較的良質な灌漑用水を導入しても，地質学的に海底が隆起し，その上に堆積した沖積土壌に灌漑した場合，地下深部に存在した塩が地下水上昇に伴って移動して表層に塩類土壌が形成される（Ito and Matsumoto 2002）．いっぽう，灌漑農地で排水施設が機能しない場合には長年の塩を含む灌漑によって土壌中に塩が供給され塩類土壌が形成される．また，海や塩湖に近い農地では，強い季節風で塩水を含む粉塵が土壌表面に運ばれ，土壌の塩類化が助長される．たとえば，アラル海の縮小に伴い海底が露出し風による周辺農地の塩害と土壌の塩類化が知られている（萩野・筒井 1996；筒井 1996；舟川ら 1996）．灌漑農業の由来ではないが，大規模な森林伐採によって地域の蒸散力が低下し，広域の地下水位が上昇して土壌に塩類が集積する場合（大槻・大上 1998）もある．

以上，述べたように，乾燥地の土壌の塩類化の発現機構は，①母材に塩を含む土壌と過剰な良質灌漑水による地下水上昇，②塩分を含む灌漑水の供給，③施肥による塩の付加，④リーチング（溶脱）量の低下による土壌塩類濃度の増加，⑤強風による海岸から農地への塩の飛散侵入，⑥広域森林伐採による地下水上昇，⑦ウォーターロギング（過剰水による湿害）と二次的塩類化，⑧廃水や排水の侵入などが考えられている．これらの問題について，本章で詳細に説明を加える．

(以上，井上光弘)

4-1-2 塩性土壌とソーダ質土壌の生成機構
乾燥地に分布する土壌

乾燥地域（arid area）では，年間のうちの大部分を蒸発散量が降水量を大きく上回っており，水分環境が非常に乏しい．このような地域では，土壌中に含まれている水分でさえ下層から上層への動きが主体であるため，水分が土壌表層で蒸発しており，年間を通じて土壌が乾いた環境下に置かれている．そのため，乾燥地に分布する土壌は湿潤地域の土壌とは大きく異なる特徴がある．

乾燥地土壌（arid soil）は，年間を通じてきわめて乾燥しているが，気温の日較差，年較差が大きいために，降水（precipitation）の影響がなくとも，わずかずつであるが岩石の風化はすすんでいる．岩石を形成する鉱物の熱膨張率は少しずつ異なるため，地表付近の岩石の熱による歪みが促進され，崩壊することによって細粒化がすすみ，長い年月をかけて土壌生成が進行している．もともと降水量が少ないため，化学的風化は遅いが，降水によって土壌が浸潤し，さらに生物活動がともなった時，土壌生成が最も早く進行する（松本 2000）．水の影響をあまり受けることがないこれらの土壌には，アルカリ金属やアルカリ土類金属族を主体とする塩類がそのままの形態で存在している．これらの土壌中の塩類は，水への溶解性に基づいて分布している．つまり，水に溶けやすい物ほど，層の深い部位に存在する．断面上部には炭酸カルシウムなどの水に溶けにくい塩類が存在し，その下位にやや水に溶けやすい硫酸カルシウムなどの塩類が存在する．そして，ナトリウム塩や塩化物のような水に溶けやすい塩類はさらに深い部位に存在する．乾燥地土壌の化学的性質は土壌母材の影響を強く受けているが，地域によっても土壌母材は異なるため，土壌中の塩類の形態や量は地域によって異なるのである．

塩類土壌（salt affected soil）の定義には二つの化学的基準がある（国際食糧農業協会 2002）．すなわち，集積された，あるいは生成される塩類の溶解度積と土壌溶液中のイオン濃度の二つである．そしてそれは，電気伝導度（Electric Conductivity: EC）で表示した土壌溶液中の塩分濃度によって分類されている．塩類土壌は石膏よりも溶けやすい塩類を多量に含んでいるが，集積する塩の量と組成によって，表 3-12 のように大きく分類されている（USDA 1954）．多量の可溶性塩類の集積により特徴付けられるのが塩性土壌（saline soils）であり，一般的に塩類集積土壌として知られている．塩類の組成で特徴付けられる土壌が，もう一つの塩類土壌，ソーダ質土壌（sodic soils）である．両方の性質を有する塩性ソーダ質土壌（saline-sodic soil）も存在する．乾燥地の土壌はカルシウム，マグネシウム，ナトリウムなどの塩化物，炭酸塩，硫酸塩に富み，土壌ペーストを調整後に得られる飽和抽出溶液の pH（pHe）は 7 〜 8 の弱アルカリ性を呈する．重炭酸ナトリウムや炭酸ナトリウムなどのナトリウム炭酸塩が多く占めると，土壌 pHe は 8.5 を超えることもある．塩性土壌では，土壌溶液の高い塩分濃度が植物の水分吸収を妨げて成育を阻害する．また，ソーダ質土壌ではその名のとおり，土壌中に多量のナトリウムイオンが占有している．ソーダ質土壌の指標には，土壌の陽イオン交換容量（cation exchangeable capacity : CEC）に対する交換性ナトリウム（ex.Na$^+$）の百分率が用いられており，交換性ナトリウム率（exchangeable sodium percentage: ESP）と呼ばれ，以下の式で表される．

$$ESP = ex.Na^+/CEC \times 100 \qquad \cdots\cdots\cdot 式4\text{-}1$$

ソーダ質土壌は ESP が 15% 以上を占める土壌で，通常の塩性土壌と明確な区別を設けている．ソーダ質土壌は，結果として強アルカリ性（pHe > 8.5）となる危険性があり，アルカリ性土壌（alkaline soil）へ誘因することとなる．ソーダ質土壌は土壌構造の崩壊にともなう土壌物理性の悪化などを引きおこし，さらにアルカリ性土壌になると高 pH による養分吸収阻害や粘土の分散など，複合的に土壌環境を悪化させ，作物の成育が著しく阻害される．このように，二つの塩類土壌は作物に対する影響とともにその成因，防止，改良方法も大きく異なるため，農地の塩類集積の状態と原因を明らかにすることが，適切な土壌管理のための前提条件として重要である．

塩性土壌の特徴と生成機構

　塩性土壌の特徴は，土壌中に多量の可溶性塩類が含まれていることである．塩性土壌は，ナトリウム塩よりもカルシウム塩やマグネシウム塩に富んでおり，ESP は 15% 未満である．しかし，塩類形態としてナトリウム塩が多量に集積した結果，ESP が 15% 以上になり，塩性ソーダ質土壌として存在している地域も多い．塩性土壌下では，塩類は土壌表層あるいは土壌断面内にさまざまな形態（白色の風解物，塩殻，黒色塩類の沈積物，蒸発による塩類の結晶など）で沈積している．塩類は，降水や一時的な灌漑（irrigation）などによって，土壌表層あるいは土壌断面内で再分配されている．

地理的分布　塩性土壌は，一年間のうちの少なくとも一時期に蒸発散量が降水量を大きく上回り，土壌母材中に塩類が存在している地域に分布している．また，地下水面が季節的あるいは永続的に高い位置にあるか，海岸地域で塩水の侵入の影響がある所であれば，世界中の多くの場所に存在する．その面積は，土壌塩性化の程度によっても異なるが，2 億 6,000 万 ha（Dudal 1990）から 3 億 4,000 万 ha（Szabolcs 1989）と見積もられている．おもにアフリカのサハラ地域，西アフリカ，ナミビア，中央アジア，オーストラリアおよび南米などの広い地域に分散して分布している（国際食糧農業協会 2002）．

土壌の塩性化作用　多量の塩類が土壌中に集積する過程が，土壌の塩性化作用である．土壌塩性化は時間的にも空間的にも不連続で，塩類が存在している乾燥条件下では，至る所でみられる．その塩類の起源はさまざまで，海成，岩石成，火山灰成，熱水成および風成などである．また，土壌塩性化は，農業やほかの活動によって人為的に引き起こされる（灌漑，地下水の管理，施肥，温室栽培での液肥の使用および都市の廃棄物など）．乾燥地の土壌中あるいは土壌母材中の可溶性塩類は洗脱されがたく，塩類が土壌中に残存している場合が多い．そのため，ひとたび浸潤した際に，蒸発によって下層から水分移動し，土壌中の塩類を溶かし込みつつ地表面へ移動し，土壌断面内あるいは土壌表層に塩類のみを集積することにより塩性土壌が生成される．その際，水に溶けにくい塩類から順次沈殿し，最表層にはナトリウムの塩化物や硫酸塩といった可溶性塩類が集積する．また，乾燥地では，土壌を被覆している植生の存在量はきわめて少なく，土壌有機物の集積はきわめて少ないために有機物の還元はほとんど起こらず，微生物活性は制

限されている．塩類が土壌表層に集積し始めると，ただでさえ貧弱な植物の成育は，さらに抑制され，水分の蒸散が衰えて行く．植物による蒸散が衰えれば衰えるほど，土壌表層の水分蒸発量が多くなって，さらに土壌表層に塩類が集積する．このような悪循環によって塩性土壌が生成されて行く．

また，乾燥地で利用される灌漑水中には多かれ少なかれ塩分が含まれており，たとえ灌漑水中に可溶性塩類がわずかしか含まれていなくても，土壌に過剰な水が施された時，土壌中に残存していた塩分が再分配され，土壌の塩性化を引き起こす．灌漑などにより塩類が集積した土壌は，自然環境への人為的作用によってのみおこるので，二次的塩性土壌といわれている．このように土壌塩性化作用の過程は，自然条件の下で進行する塩性化と灌漑などの人為的要因によって引き起こされる塩性化がある．

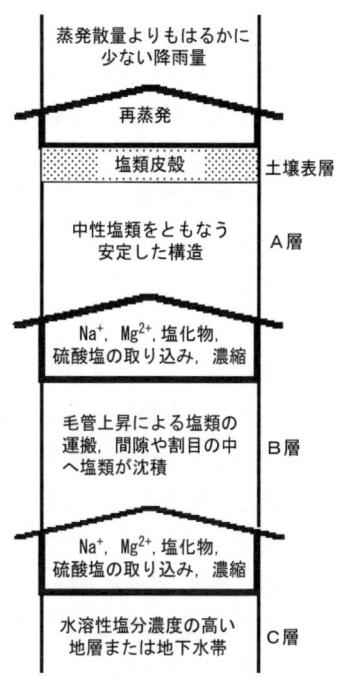

図 4-2 土壌の塩性化作用の過程
出典：Bridges（1970）

自然的塩性化作用 自然条件下における乾燥地域では，土壌中に含まれている塩類の集積量や組成は，降水量および土壌の性質に依存しているところが大きい．しかし，地形的な要因によって自然的に土壌の塩性化作用が引き起こされている地域がある．窪地のような凹面の地形に周囲の地形から雨水や河川水などが浸透や集水により凹地に停滞する地域である．この地域における土壌の塩性化は，表面近くに存在する塩に富んだ地下水におもに影響している．塩は降水ごとに溶液中に溶け込み，年月の経過の間に表層土と下層土の間を往復する．下層土のある部分に水が停滞水となって一次地下水を形成し，乾燥期にその部位から水の毛管上昇によって水溶性塩類が上方に移動集積し，土壌断面内や土壌表層の塩性化を促進し，多量の塩類を土壌に沈積している．

また，塩類の豊富な地層からの供給や，内陸に向かって飛んでくる海水の飛沫の塩に由来することもある．この海水飛沫中の塩による土壌の塩性化の程度は，

海からの距離に関係している．このことによる塩の供給は降水を通して行われるが，乾燥または半乾燥地域の土壌中に徐々に集積する．また，亜熱帯および熱帯の海岸地域でも自然的な塩性化がすすんだ土壌はみられ，黒海沿岸や熱帯のマングローブ林の地域内などでは多量の塩分を含む土壌が生成している．

人為的塩性化作用　乾燥地域で土壌表層や土壌断面内に塩類が移動集積し，塩性土壌が生成されるのは，土壌中に塩類が存在する環境に加えて，塩類が土壌中に移動集積し，再分配されるためである．この現象は上述の自然的塩性作用のほか，乾いた乾燥地の水分状態では通常おこらない．つまり，大量の灌漑水が乾燥地に導入されるような人為的要因が必要である．不適切な灌漑は，土壌中に可溶性塩類をしだいに集積することになるのである．

乾燥気候下では，土壌表層の極端な乾燥化と湿潤化の繰り返しを引き起こす灌漑は，多くの場合，土壌に大量の溶解した塩類を供給することになる．乾燥地域の農地管理において，利用される灌漑水は，水量のみならず水質もきわめて重要である．灌漑のためには一般に河川水や地下水が用いられるが，水中に含まれている塩分量は地域によって異なっており，また同じ地域でも季節によっても塩分濃度は変化する．乾燥地域で利用される灌漑水中には，風化岩石や土壌中の可溶性塩類が多少なりとも含んでおり，農業生産や維持の上で，大きく影響を及ぼしている．この地域では，河川水は主としてナトリウムイオン，カルシウムイオン，マグネシウムイオン，重炭酸イオン，塩化物イオンおよび硫酸イオン，わずかな量として硝酸イオンおよびホウ酸イオンも含まれている．

灌漑水の水質の良否は，アメリカ農務省が提案した灌漑水のSAR（Sodium Adsorption Ratio，ナトリウム吸着比，$SAR = Na^+ / [(Ca^{2+}+Mg^{2+})/2]^{0.5}$）とECとの値から得られるダイヤグラムによって評価されている（図4-3）．しかし，従来のSARを修正したadj.SAR（Adjusted SAR）によって，灌漑水と土壌が接触する際におこる灌漑水中のカルシウム塩，とくに炭酸カルシウムの沈積の土壌塩分濃度への寄与を考慮に入れた評価もされている（Bower 1965; Shainberg and Pruitt 1978）．それによると，adj.SARは次式で与えられる．

$$adj.SAR = SAR\,[1+(8.4-pHc)\,] \quad \cdots\cdots\cdot 式4\text{-}2$$

ここで，

$$pHc = p(Ca+Mg) + (pK_2-pK_{sp}) + p(CO_3+HCO_3) \quad \cdots\cdots 式4\text{-}3$$

である．式4-3中，$p(Ca+Mg)$は水中のCa+Mgのモル濃度の負対数を，pK_2は炭酸（H_2CO_3）の第2解離定数K_2の負対数を示し，K_2は$K_2=[H^+][CO_3^{2-}]/[HCO_3^-]$で与えられる．$pK_{sp}$は$CaCO_3$の溶解度積定数$K_{sp}$の負対数を示し，$K_{sp}$は$K_{sp}=[Ca^{2+}][CO_3^{2-}]$で与えられる．さらに，$p(CO_3+HCO_3)$は水中の$CO_3+HCO_3$の当量濃度の負対数を表している．

式4-2中の8.4は$CaCO_3$と平衡に達した塩類土壌のpHの近似値を示しているが，pHcが8.4以上の時，土壌水の動きにつれて土壌中から石灰が溶解する傾向を示し，pHcが8.4以下の時，灌漑水中の石灰が土壌中に沈積する傾向のあることを示している．すなわち，pHcの値を知ることによって，灌漑水中の石灰が土壌中に沈積して新たに塩として付加されるのか，あるいは逆に土壌中の石灰が溶解して，土壌塩分濃度を多少とも下げるのかを予測することができ，pHcは石灰の動態に関して重要な意義をもっている．

また，土壌のソーダ質化の危険性を判断しようとする場合，灌漑水の陰イオン組成も考慮に入れなければならない．HCO_3^-やCO_3^{2-}を多量に含む灌漑水が土壌中で濃縮すると，Ca^{2+}やMg^{2+}の炭酸塩が沈殿し，Ca^{2+}やMg^{2+}の濃度が低下する．要するに，灌漑水中に（$HCO_3^- + CO_3^{2-}$）が（$Ca^{2+}+Mg^{2+}$）イオンより過剰に存在すると，アルカリ性ソーダ質土壌が生成される．こ

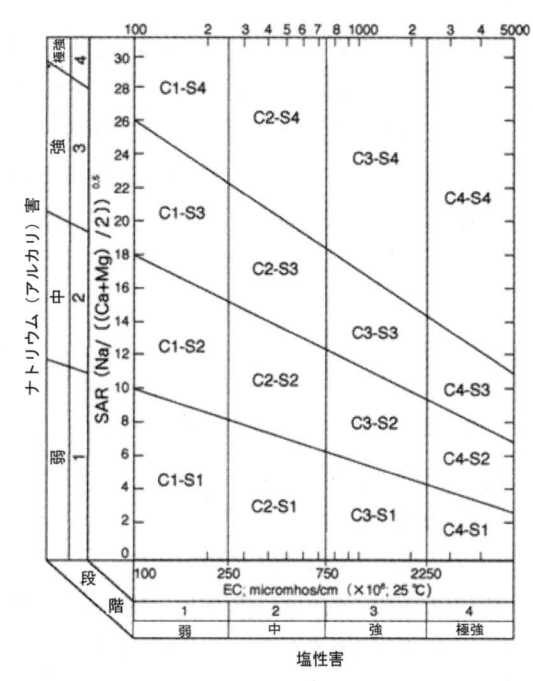

図4-3 ECとSARとの組み合わせによる灌漑水の評価
出典：USDA（1954）

の過剰量は，残存炭酸ソーダ量（residual sodium carbonate; RSC）とよばれ，

$$RSC = (HCO_3^- + CO_3^{2-}) - (Ca^{2+} + Mg^{2+}) \quad \cdots\cdots\cdot 式 4\text{-}4$$

で表される．ここで，それぞれの単位は当量濃度である．土壌に添加された灌漑水中のすべてのCa^{2+}やMg^{2+}が土壌中へ炭酸塩として沈殿した後，残存するHCO_3^-やCO_3^{2-}によってNa^+やK^+が炭酸塩として溶存する．この過程が続くと，土壌固相に吸着されていたCa^{2+}やMg^{2+}も放出され，炭酸塩として沈殿する．その結果，土壌固相はほぼNa^+やK^+で飽和されることとなる．その後さらに灌漑を続けると，Na^+やK^+の溶存濃度が増加し始め，pHが10以上に達する場合もある．RSCが2.5以上であると灌漑水として不適とされている（Hagin and Tucker 1982）．

　灌漑水から供給された塩分量が，洗脱と植物による収奪によって運ばれた量よりも多い限り，これによって塩類集積が生じることになる．乾燥気候下では，洗脱はきわめて少ないので，わずかな塩分をもつ灌漑水の供給でさえ，塩類集積が現れる．また，灌漑によって地下水位が上昇することもしばしばあるため，表層はつねに地下水の毛管端の範囲内に存在することになる．その場合．上方に向かう土壌水の運動と蒸発によって表層には塩類の富化が生じる．このような塩性土壌は，乾燥地や半乾燥地の低地や浅い位置に塩分濃度の高い地下水がある所に認められる．同様に，排水施設が充分でない農地で不適切に大量の灌漑が行われると，地下水位が上昇し，地表面での蒸発と毛管現象をともないながら水が絶えず土壌断面内あるいは土壌表面に供給される．この過程は通常，土壌の表面から水分が蒸発することによって生じる．溶液中に溶けている塩類は毛管作用によって上方に引き上げられ，そのあと水が蒸発するにつれて塩類だけが残存する．その結果，これらの土壌の表面には塩類の皮殻（クラスト）が形成される．塩性化した土壌の表面は塩の軟結晶で覆われているが，硫酸ナトリウムや硫酸カルシウムが優先する塩性土壌は，膨れた表面をもっている．

土地利用と管理　塩性土壌下では，土壌溶液の浸透圧，あるいはイオンの毒性によって，特殊な景観が見られる．耐塩性の植生に占められるか，あるいはまったく植生がないか（塩湖，塩潟および塩田など）で，植生の種類や程度は塩分濃度による．それは，植物によって塩類が毒性をもつか，可給態養分が少なくて成育

を制限するか，土壌溶液の浸透圧が高く生理的な渇水を引き起こすためである．おもにアルファルファやナツメヤシのような耐塩性作物やイネ科草本が成育している．

塩性土壌地帯はしばしば自然状態のまま放置されている．これらの土壌の農業利用は，微妙なバランスのうえに成り立っている．天水農業は，相対的に湿潤な地域でのみ可能で，飼料作物，耐塩性樹木のほか，コメやキビも成育可能である．さらに乾燥した地域では，灌漑が必要である．効果的な排水システムを使って地下水面を深く維持し，注意深く灌漑によって除塩することにより，耕作が可能となる．しかし，これには個々の状況に応じた管理の実施，とくに過剰の塩類を除去し，地下水位を制御する適切な洗脱と排水が必要である．土壌塩性化の防止，化学的劣化，塩類土壌の再生成にかかわる問題は，とくに開発途上国における灌漑農地の拡大の点でも，重要な課題となっている．

ソーダ質土壌の特徴と生成機構

ソーダ質土壌は，ナトリウムの影響を受けて生成した土壌であり，土壌の交換複合体に交換性ナトリウムとして多くのナトリウムイオンが吸着した形態で存在する．それと同時に，土壌溶液中のナトリウムイオン濃度は，カルシウムイオンやマグネシウムイオンなどの二価イオンの濃度よりはるかに高く，ESPは15%以上である．

地理的分布　ソーダ質土壌は，乾燥地や半乾燥地に分布しているが，おもに低地にみられる．平坦な地域で水平方向と垂直方向の排水が妨げられる場所，海成粘土や塩性の沖積堆積物などの元来塩分濃度が高い母材上に広がっている．しかし，ソーダ質土壌は，塩性土壌とは化学性，形態，物理性および物理化学的性質だけではなく，地理的な分布にも違いがある．土壌中のカルシウム塩よりもナトリウム塩が優先するような所に，世界中に分散して存在し，塩性土壌を随伴している．世界中で1億3500万haが高いナトリウムレベルの影響を受けており，ソーダ質土壌となっている．主な地域は，ウクライナ，ロシア，カザフスタン，ハンガリー，ブルガリア，ルーマニア，中国，アメリカ合衆国，カナダ，南アフリカおよびオーストラリアである（国際食糧農業協会2002）．

土壌のソーダ質化作用　乾燥地における土壌のソーダ質化は，土壌の塩性化に伴

って生じることが多い．土壌が硫酸ナトリウムや塩化カリウムなどの中性塩の影響を受けている場合は塩性土壌が生成されるが，炭酸ナトリウム，重炭酸ナトリウム，メタケイ酸ナトリウムおよび炭酸マグネシウムなどの塩類の下では，ソーダ質土壌が発達する．これらの塩類中に含まれる陽イオンは，おもにナトリウムイオン，カルシウムイオンおよびマグネシウムイオンで，土壌のソーダ質化作用にはこのうちナトリウムが最も重要となる．ナトリウムが溶液中に高濃度で含まれると，石灰質でない条件下におけるマグネシウムと同様，必然的に交換態へのナトリウムの吸着を引き起こす(Bolt 1979)．ソーダ質土壌が生成すると，土壌のESPが高まり，土壌コロイド物質の分散や変質によって土壌が著しく硬くなるとともに，強アルカリ性を呈するようになる．また，腐植物質の分散によって土壌が黒色化するとともに，角柱状構造が発達する．

ソーダ質土壌は，岩石の風化の際に放出されたナトリウムの一部が交換性ナトリウムとなり，これが加水分解されて水酸化ナトリウム(NaOH)となり，空気中の二酸化炭素を吸収して炭酸ナトリウム(Na_2CO_3)を生成，集積している．そして，粘土粒子がナトリウムイオンによって飽和され，それがコロイドとなって分散し，乾燥するときに強固な層を形成することで，強いアルカリ性の堅い土壌ができる．また，ソーダ質化の生成は，灌漑水中の陰イオン組成も大きく関与する．灌漑水中にナトリウム炭酸塩が比較的多く含まれていると，土壌のソーダ質化が進行しやすい．重炭酸イオンや炭酸イオンを多量に含む灌漑水が土壌中で濃縮すると，カルシウムの炭酸塩が沈殿し，カルシウムイオン濃度が低下し，土壌溶液中にナトリウムイオンが優勢となるためである．そのため，灌漑水の利用の際には注意を要する．

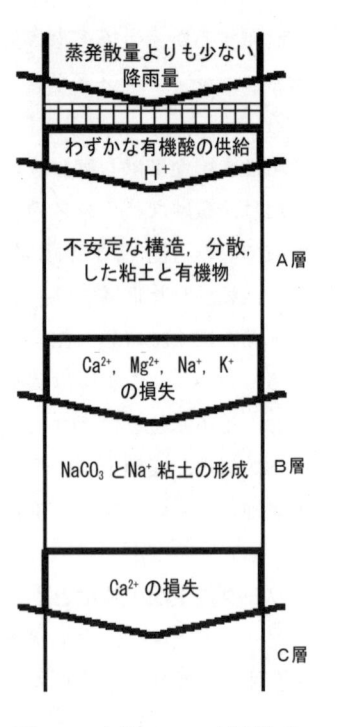

図4-4 土壌のソーダ質化作用の過程
出典：Bridges (1970)

ソーダ質土壌の生成は，土壌のコロイド的な性質に大きく関わっている．つまり，ソーダ質化作用の過程は，多量のナトリウムイオンが粘土—腐植複合体の交換座を占めている場合におこる．この過程は，溶脱作用によって可溶性塩類が除去されるときに進行する．カルシウムとマグネシウムの溶解度はナトリウムの溶解度より低いため，カルシウムとマグネシウムのような二価イオンが沈殿した後でも，ナトリウムイオンは土壌溶液中に残存する．しかしさらに乾燥すると，残存していたナトリウムイオンは濃縮され，粘土—腐植複合体に付着して，土壌の陽イオン交換部位を独占する．ソーダ質土壌は，塩類の存在のために分散しやすく腐植に富む表層をもつ．漂白層をもつこともある．ソーダ質土壌は，ナトリウム粘土層の発達が母材に由来する炭酸塩または重炭酸塩の増加と組み合わさったときに生成する．そして炭酸ナトリウムの生成によって，pHは8.5を超えるほど上昇する．乾燥条件と，もともと塩分濃度が高い土壌，母材および地下水によって，ソーダ質土壌の生成は促進されている．一般的に，ソーダ質土壌は，断面内で土色，構造，乾燥密度および粒径組成に違いがある．ソーダ質土壌は，土性が細かいことが多く，暗色で分散しやすい無構造の表層をもつ．表層直下には，漂白層がナトリウム粘土層の上に存在する．ナトリウム粘土層は非常に緻密で，頂部が丸い特徴的な円柱状構造をもつ．透水性が極端に低く，乾くと極端に固い．ナトリウム粘土層の下の母材は，永続的または季節的にナトリウム質および塩分を含む地下水で飽和されており，石灰層または石膏層に適合することもある．

ソーダ質土壌の景観の連続性は，微小起伏，地表の浸水状態および断面と地下水中の塩分濃度に左右される．低地に存在するソーダ質土壌は，一般的に厚くて構造が発達した表層をもっている．塩湖の周りの台地では表層は薄く，しばしばよく発達した漂白層が認められる．ナトリウム粘土層は，構造，土色および乾燥密度に違いがあるが，湿潤状態での透水性は非常に低い．

土地利用と管理 塩性土壌では栽培植物がある程度の耐塩性機構を備えていると成育が可能であるのに対し，ソーダ質土壌では土壌構造が劣化しているために耐塩性植物すらも成育が困難な環境であり，裸地化した不毛な土壌である地域が多い．ソーダ質土壌の植生は非常に特徴的で，複雑な土壌のなかでもその土壌であることを示しており，独特な植生がみられる．腐植に富む厚い表層をもつソーダ質土壌は，イネ科草本植生で特徴づけられる．なかでも優先種は，*Festuca sulcata*

（ウシノケグサ属），*Pyrethrum achilleifolium*（キクまたはイソギク），*Artemisia incana*（ヨモギ属）であり，*Parmelia vegans*（地衣類）や *Nostoc commune*（藻類）も共存している．腐植層の厚さが 5cm まで減少し，可溶性塩類が出現すると，植生は非常にまばらになり，優先種は，*Artemisia maritime salina*（ヨモギ属），*Statice gmelini*, *Camphorosma monspeliacum*, *Kochia prostata*（ホウキギ属）へと変化する．地下水位が高い場合には，*Salicornia herbacea*（アッケシソウ），*Saudea corniculata* などの塩生植物が出現する．土壌の高いナトリウム飽和度は，高い塩分濃度と同様に植物生産性が減少する．ナトリウム障害はとくに土壌の透水性が低下すること，または炭酸ナトリウムが存在する場合は土壌の反応が部分的に pH11 にまで上昇されることにもとづく．ホウ酸塩が存在すると，比較的わずかな濃度でも特殊な障害がすでに出現する．塩類に影響される土壌の生産性は，塩分量またはナトリウム飽和度の増加とともに劣化する．いくつかの耐塩性作物もソーダ質土壌下で栽培される．塩の影響を受けた土壌の大部分は，好塩性の植生をともなう牧草地として利用している地域が多い．塩害は，一般に栽培植物の場合は土壌の飽和抽出液中約 0.3% の塩分量（電気伝導度 4dS m^{-1} に対応）から，好塩性植物の場合は約 0.6%（電気伝導度 8dS m^{-1} に対応），極好塩性植物の場合は約 1.2%（電気伝導度 16dS m^{-1} に対応）以上で出現する．比較的，塩に抵抗性のある栽培植物は，とくに大麦，ビート，ワタ，イネ，キビ類，球根類，サトウキビおよびナツメヤシである．発芽幼植物もまたとくに敏感である．

(以上，遠藤常嘉)

4-2 塩類集積の評価方法

遠藤常嘉・井上光弘・久米崇

4-2-1 サンプリングによる土壌調査と診断

　乾燥地の農地管理において，土壌中の集積塩類量や組成を把握することはきわめて重要なことである．農地内の集積塩類量は，同一農地内においても，地点や深さによっても異なるため，土壌調査（soil survey）は，目的に沿った方法で行う必要がある．調査方法として，あらかじめ農地内にメッシュをかぶせるなどをして調査地点を決定し，農地全体の塩類集積状況を確認する方法がある．また，表層土壌のみではなく，下層土の性質，集積塩類量を把握し，土壌断面内における塩分動態を解明するために，試坑により土壌断面調査を行うことも重要である．試坑の深さは 1.0〜1.5 m が普通であるが，状況により 2.0〜3.0 m まで必要なことがある．

土壌断面調査　土壌断面調査は，土壌の肥沃性や集積塩類量などの生産力阻害要因を知り，土地利用方式や土壌管理対策などを明らかにし，農業生産の向上と土壌資源の保全などを目的としている．また同時に，土壌断面を詳しく観察することによって，気象，地形，植生，母材など諸因子の相互作用の総合的な結果である土壌生成過程や土壌特性の把握が可能である．調査は視覚・聴覚・臭覚・味覚・触覚といった五感を充分に発揮して，土壌断面に刻印された土壌の生い立ちの歴史を克明に観察と記録をすることが大切である．「百聞は一触に如かず」，とにかく直接自分の手で土を触ってみるのが，土壌断面調査の第一歩である．

　また，土壌断面調査後，試料を採取すると，室内分析によって土壌の理化学的性質をさらに調べることが可能である．一般分析用の試料はポリエチレン袋に採取する．三相分布，間隙分布および透水性などの物理性の測定にはふつう 100 mL の金属製円筒に試料を採取する．一般分析用の試料は風乾後，粉砕し，2 mm のふるいを通過させた後，分析に供する．

乾燥地における土壌断面　乾燥地における土壌断面では，断面内に種々の形態的特徴を有する沈殿物を認めることができる．土壌中にみられる水溶性塩類の主体

はナトリウム，マグネシウム，カルシウムの塩化物，硫酸塩および炭酸塩である．これらの塩類はその種類によって水に対する溶解性が異なるので，人為的影響を受けていない土層内では，通常，水に溶けやすい塩ほど土層のより深い部位に集積している．溶解度積の小さい炭酸カルシウムは表層土近くに固結した状態で存在する．炭酸カルシウムは通常，白色の粉体状の沈殿または不定形で白色の塊状物となっており，希塩酸を滴下すると発泡するので簡単にその集積部位を確認できる．炭酸カルシウムよりもやや溶解度の高い硫酸カルシウムは，土層のやや深い所に集積し，集積が著しい場合には結晶状の沈殿物が層となって形成し，光沢を有しているのでその存在を容易に確認できる．そして，これらの難溶性塩類に比べてもっと水に溶解しやすい塩化物（塩化ナトリウム，塩化カルシウムおよび塩化マグネシウムなど）はさらに土層の深い所に溶脱されている．このような降水量と難溶性塩類の集積部位の関係は，乾燥地の土壌調査において重要である．この位置を確認することによって，降水量の多少のほかに，雨水の土壌中への浸透の程度や深さなどを推定できる．

乾燥地における土壌診断　乾燥地で農業を営む上で，制限因子となっている物の一つに，土壌中に存在している塩類がある．乾燥地域では，農地によって集積塩類量や組成が異なっていて，同一農地内でも，灌漑法により土壌内における塩分動態が異なる．したがって，土壌中の集積塩類量と組成の的確な把握は，土壌断面内の塩分動態を解明し，土壌の塩性化やソーダ質化の機構を理解するための有効な手段といえる．土壌中の集積塩類量や塩類組成の多様性は土壌水（soil water）にも反映されている．土壌水中には種々の塩類や養分などが溶解しているが，これを土壌溶液という．つまり，乾燥地域における安定した農地管理のためには，土壌中の集積塩類の量・組成と土壌溶液中に溶解するイオンとの関係を把握することによって，灌漑による塩分動態と土壌の塩性化やソーダ質化の機構を解明することが重要である．

　土壌溶液についての研究の重要性がCameron（1911）によって報告された後，現場の土壌溶液組成と土壌水抽出液組成に関して，精力的に研究が行われてきた．これらの研究の結果，可溶性塩類を含む土壌では塩類の量や組成によって土壌溶液組成が異なること，さらには水分量によって溶出イオン濃度も変化することが明らかになっている（Reitmeier 1946; Moss 1963）．また，乾燥地土壌を対象とし

た土壌溶液の評価についても，集積塩類量や組成の多様性を考慮してアメリカ合衆国塩類研究所のスタッフらを中心にすすめられ，現場の実態に即した塩類の評価が議論されてきた（Rhoades 1996; Suarez and Simunek 1997）．

　植物の成育は，土壌溶液中の塩分濃度が一定の限界値を一時期でも超過すると著しく抑制される．つまり，植物による養分吸収は土壌溶液を経て行われているため，土壌溶液の組成はその成育時期における養分の供給性を直接表している．土壌溶液は植物に直接養分を供給する源であり，土壌溶液中のイオン活量と，植物によるイオン吸収量の間に高い相関があることから，土壌溶液イオン組成の重要性は強く認識されている（Sposito 1989）．植物成育に関連させようとして塩分濃度を測定する場合には，土壌の水分保持特性を考慮しなければならない．たとえば，乾土あたりで表わした塩分量が砂質土壌と粘質土壌で同一であっても，土壌溶液の濃度は異なってくる．このような差異は土壌の水分保持特性にもとづくものであるため，土壌間の相違を対比できるようにするためには，統一した水分条件において溶液を採取することが望ましい．

　土壌溶液中の塩類は，土壌中に残存する塩分量と比べるとはるかに少ないことが多い．土壌溶液中の塩分濃度は，土壌の水分量と逆の関係にある．そのため，土壌溶液組成は土壌の乾湿や施肥によって変化する．このような土壌中の集積塩類量や組成の多様性は，灌漑方法によって大きく影響される．

土壌の塩分濃度の測定法

　土壌溶液中の塩分濃度を知る指標には，電気伝導度（EC）が用いられる．電気伝導度は塩分濃度と作物の成育障害との関係を推測する有力な手段の一つであり，溶液の比抵抗の逆数をいい，$dS\ m^{-1}$ の単位で表す．この値が高い土壌ほど，溶液中の陽イオンおよび陰イオン含有量が多いことを意味する．つまり，電気伝導度は溶液中のイオン量をよく反映している．溶液中のイオンの当量伝導度はイオンの種類によって異なるが，伝導度値により，溶液中の電解質の量を比較することができる．

　土壌の塩分濃度は，①土壌に負圧をかけて採取した土壌溶液の電気伝導度（EC_w），②土壌にペースト状になる程度に水を加えて減圧ろ過あるいは遠心分離により得られた飽和抽出液の電気伝導度（EC_e），③比較的多量の水を土壌に加え

て得られた抽出液の電気伝導度を測定することによって評価できる．土壌溶液を直接測定することになる①の方法が，根に接触する土壌水の塩分濃度を反映しているために最も好ましい方法であるが，土壌水分が少ない場合は採取できない．塩類過多による作物の成育障害は，特殊な有害成分が含まれている場合を除いて，一般的には，土壌溶液の浸透圧増加による作物根の養水分の吸収阻害が主な原因とされている．そのため，②の間接的な方法による電気伝導度は，作物の障害との関連が高いといえる．③の方法では，塩類の組成，比率などの点で①と②とは異なる抽出液を測定することになるが，土壌中の可溶性塩類の全量に対応する測定値が簡便に得られ，塩類過多による障害の可能性を知ることができる．このようにして，土壌中の塩分濃度は，塩類過多による作物の障害の回避や耐塩性の大きい作物の導入などの目的で測定される．

水飽和抽出法による土壌ECの測定　塩分濃度の測定に対して，さまざまな方法が提案されているが，水飽和抽出法（②の方法）による EC_e の値は，これまでのデータが蓄積されていて，比較材料として広く採用されている．この EC_e の値は，作物の耐塩性と関連づけられている（表4-1）．しかし，②の方法を砂質土壌と粘質土壌に適用する場合，それぞれ，つぎのような問題点がある．

　土壌は，単粒構造もあれば団粒構造の土壌もあり，複雑である．砂質土壌は単粒構造であるため，飽和状態では，わずかな振動で土壌構造が変化し，液状化現象を起こして表面に水が貯まりやすい．また，この表面水を除去して飽和ペースト状態にすると，乾燥密度が増加するためである．さらに粘質土壌の場合，塩が土壌に吸着し，水を加えただけでは塩が溶出しない場合がある．

表4-1　水飽和土壌抽出液における作物生産に及ぼす塩分濃度（EC_e）の影響

EC_e (dS m^{-1})	作物の反応
0 - 2	ほとんど影響がない
2 - 4	非常に敏感な作物の収量が制限される
4 - 8	ほとんどの作物の収量が制限される
8 - 16	耐塩性のある作物だけが満足な収量を生産する
> 16	非常に耐塩性のある作物だけが満足な収量を生産する

出典：U.S. Salinity Laboratory Staff（1954）

多量の水抽出による土壌ECの測定　土壌溶液の採取は，時間と装置を必要とするため，現場で短時間に大量の試料を測定する場合は適当でない．これに代替する便宜的な土壌の塩分濃度評価法として，多量の水を加える③の方法が用いられる．具体的には，土壌1に対して1倍量および5倍量の水を添加する1：1水抽出法および1：5水抽出法では土壌中の水溶性塩類の全量に対応した塩分濃度が得られる．この抽出液中の塩の種類や組成は，圃場における土壌溶液中のそれらとは大きく異なるから，この方法による抽出液が，圃場条件下の土壌溶液をそのまま希釈したものと考えることはできないが，多量の水による抽出液の濃度は，土壌中の可溶性塩類に対応するものと言える．

日本では，現場における塩類集積対策や残留している肥料の推定のためには，多量の水による抽出法，たとえば，1：5抽出液の電気伝導度を測る方法が実用的であるとされ，広く普及している．塩分濃度の測定値から土壌中の有効肥料成分量を知ることは，一般的には不可能であるが，ビニルハウスの土壌抽出液についてEC値と硝酸態窒素濃度との相関が高いことから，EC値によって土壌中の窒素量を推定しようとする試みがある．

土壌pH　作物は土壌pHによって成育が大きく左右され，土壌pHを適切に保つことが高収穫を得るために必要である．作物の種類によって成育に適した土壌pH値は違うが（表4-2），一般的に土壌pHが弱酸性から中性付近で作物の成育が最も良く，強酸性や強アルカリ性では成育不良となる．

また土壌pHが6～7の範囲では，窒素，リンおよびカリウムなどの多量必須元素の有効性が高い（図1-5参照）．このことが，作物の成育が良好となる一つの要因となっている．しかし，土壌pHがアルカリ性になると，土壌中の鉄，マンガン，ホウ素，銅および亜鉛などの微量要素を不溶化させるため，作物はこれらの微量要素を吸収することができず，養分欠乏を生じる可能性がある．

土壌溶液の化学性の測定分析　土壌溶液の化学分析は，陽イオン濃度を原子吸光光度法，陰イオン濃度をイオンクロマトグラフ法，重炭酸イオンをアルカリ度法などで測定する（土壌環境分析法編集委員会 2003）．また，乾燥地土壌の養分保持力を評価する指標としての陽イオン交換容量の測定法は数多く提案されている（Mehlich 1939；Bower et al. 1952；Papanicolaou 1976；Mario and Rhoades 1977；Gupta et al. 1984；Begheyn 1987；Amrherin and Suarez 1990）が，Sumner and Miller

表 4-2　各作物に対する最適 pH の範囲

作物	適正 pH	作物	適正 pH	作物	適正 pH
畑作物		園芸作物		マメダオシ	5.5 - 7.0
アルファルファ	6.2 - 7.8	アスパラガス	6.0 - 8.0	アワ	6.0 - 7.5
オオムギ	6.5 - 7.8	テンサイ（食用）	6.0 - 7.5	オヒシバ	6.0 - 7.0
エンドウ	6.0 - 7.5	ブロッコリ	6.0 - 7.0	ヒメカモジグサ	5.5 - 6.5
テンサイ（砂糖）	6.5 - 8.0	キャベツ	6.0 - 7.5	カラシナ	6.0 - 8.5
ブルーグラス	5.5 - 7.5	ニンジン	5.5 - 7.0	セロリー	5.8 - 7.0
トウモロコシ	5.5 - 7.5	カリフラワー	5.5 - 7.5	果樹	
エンバク	5.0 - 7.5	セロリー	5.8 - 7.0	リンゴ	6.0 - 7.5
エンドウ	6.0 - 7.5	キュウリ	5.5 - 7.0	アンズ	6.0 - 7.0
ラッカセイ	5.3 - 6.6	レタス	6.0 - 7.0	ブドウ	5.8 - 7.0
イネ	5.0 - 6.5	マスクメロン	6.0 - 7.0	ブルーベリー	4.5 - 6.5
ライムギ	5.0 - 7.0	タマネギ	5.8 - 7.0	オウトウ, 酸果	6.0 - 7.0
ソルゴー	5.5 - 7.5	バレイショ	4.5 - 6.5	オウトウ, 甘果	6.0 - 7.5
ダイズ	6.0 - 7.0	ホウレンソウ	6.0 - 7.5	モモ	6.0 - 7.5
サトウキビ	6.0 - 8.0	トマト	5.5 - 7.5	パイナップル	5.0 - 6.0
タバコ	5.5 - 7.5	野草		ラスベリー	5.5 - 7.0
コムギ	5.5 - 7.5	タンポポ	5.5 - 7.0	キイチゴ	5.5 - 6.5

出典：Spurway（1941）より抜粋

(1996) は Amrhein and Suarez 法で測定することを推奨している．

また，土壌固相に吸着されている交換性陽イオンの量や組成は，土壌溶液中の陽イオンの濃度と組成に大きく依存している．そのことから，土壌溶液中のナトリウム吸着比（SAR）は，土壌固相の交換性ナトリウム率（ESP）の評価として簡単に得られるため，乾燥地土壌のナトリウム障害の間接的な指標として利用されている．つまり，土壌溶液中のナトリウムイオン，カルシウムイオンおよびマグネシウムイオンの溶液濃度（mmolc L^{-1}）から，

$$SAR = Na^+ / [\,(Ca^{2+}+Mg^{2+})\,/2\,]^{0.5} \qquad \cdots\cdots\cdot 式 4\text{-}5$$

$$ESR = ESP / (100 - ESP) = K \cdot SAR \qquad \cdots\cdots\cdot 式 4\text{-}6$$

の関係式により，ESP と ESR（Exchangeable Sodium Ratio；交換性ナトリウム比）が推定できる．ここで，K は Gapon の交換定数 K_G を $\sqrt{1000}$ で割った値であり，USDA（1954）によると，

$$ESR = 0.01475 \, SAR - 0.0126 \qquad \cdots\cdots \text{式 4-7}$$

である.これは,実際の農地で土壌溶液や灌漑水の水質から土壌のソーダ質化を判断するための指標として用いることができる.ソーダ質土壌はESPが15%以上を占める土壌で,通常の塩性土壌と明確な区別を設けているが,SAR値12はESP値15にほぼ相当することから,ESP値の代わりにSAR値を用いても分類が可能である.

乾燥地土壌は絶えず塩性化,ソーダ質化の危険性にある.したがって,乾燥地における農業生産の制限要因を明らかにし,土壌保全を続けて行くためにも,土壌診断(soil diagnosis)を絶えず行い,土壌の特性を評価することが大切である.

(以上,遠藤常嘉)

4-2-2 モニタリングによる土壌の塩分評価

乾燥・半乾燥地で観察される塩類集積の程度や,根群域の塩分濃度を軽減する溶脱(リーチング)法の効果を把握するために,モニタリングによって塩分濃度を評価することが重要である.ここでは,対象領域の大きさが異なる三つの場合(土壌断面,圃場,広域)の塩類集積の程度を把握する方法を紹介する.

灌漑農地の土壌断面内の塩分状態の把握

灌漑農地の土壌水分と塩分状態をモニタリングすることは,リーチングを考慮した適切な灌漑の時期,灌漑水量,灌漑間隔を判断するために必要で,根群域の塩分状態を正常に維持することが持続的農業のために必要である.また,灌漑水の塩分濃度と,地下水の塩分濃度ならびに地下水位の高低状況が根群域内の土壌塩分濃度の変化に影響する.

灌漑水の塩分濃度を評価するために,可溶性塩類総量(Total Dissolved Solids:TDS)と電気伝導度(Electric Conductivity:EC)が採用され,たとえば,TDSが450 mg L^{-1} 以下,ECが 0.7 dS m^{-1} 以下では問題ないが,TDSが 2000 mg L^{-1} 以上,ECが 3.0 dS m^{-1} 以上では大いに問題があるとしている(Ayers and Westcot 1985).また,土壌のソーダ質化に灌漑水の化学成分が影響し,ナトリウム吸着比(Sodium Adsorption Ratio:SAR)が $SAR = Na^+ / (Ca^{2+} + Mg^{2+})^{0.5}$ で計算され,SARが13

以上をソーダ質土壌というが，Na^+，Ca^{2+}，Mg^{2+} のイオン濃度（mmolc L^{-1}）を測定する必要がある．これらのイオン濃度は，先の節で説明した「サンプリングによる土壌調査と診断」で述べられたように，土壌を採集して実験室で化学分析をする必要がある．これに対して，農地の現場で，土壌水分と塩分濃度をモニタリングする場合には，化学成分の詳細分析は困難であるが，総量を電気伝導度から判断することが可能である．

飽和抽出液の電気伝導度 EC_e（USDA 1954）や土壌のみかけの電気伝導度 EC_a（Apparent electrical conductivity）が土壌の塩分濃度を評価する指標として用いられてきた．EC_a の測定法には，1970 年代に電気探査法の一つである Wenner 法（Austin and Rhoades 1979, Rhoades and Ingvalson 1971）や，それを応用した 4 極法（Rhoades and Schilfgaarde 1976）があり，圃場レベルで適用され実証的に研究が実施されてきた．

EC_a の値は土壌中の液相，気相，固相の 3 相における物理的な電気の伝導経路を考慮した次のモデル式で表現される（Rhoades et al. 1976）．

$$EC_a = EC_w T + EC_s \qquad \cdots\cdots 式 4\text{-}8$$

ここで，EC_a は土壌のみかけの電気伝導度（dS m^{-1}），EC_w は液相の電気伝導度（dS m^{-1}），T は透過係数，θ は体積含水率（$m^3 m^{-3}$），EC_s は固相の電気伝導度（dS m^{-1}）である．透過係数 T は体積含水率の関数として次式で表される（Rhoades et al. 1976）．

$$T = \alpha \theta + \beta \qquad \cdots\cdots 式 4\text{-}9$$

ここで，α，β はそれぞれ土壌の物理性に依存する実験定数である．

4 極法による土壌塩分のモニタリング　断面積 A（m^2），長さ L（m）の電気抵抗体の抵抗 R（Ω）は，オームの法則によって $R = \rho L/A$ である．ここで，ρ は比抵抗，$1/\rho$ は比電気伝導度（導電率），$1/R$ は電気伝導度 σ（電導度）(S)（ジーメンス）である（白井 1996）．比抵抗の逆数が物体の電気の通りやすさで，$1/\rho = (1/R)(L/A)$（S m^{-1}）の比電気伝導度が物質固有の値となる．たとえば蒸留水の比電気伝導度は 2〜3 $\mu S\ cm^{-1}$，雨水は 10 $\mu S\ cm^{-1}$ 程度である．電解質溶液の電気伝導度はイオン濃度と移動速度によって変化し，移動速度は温度の上昇によって大きくな

る．海水の場合，1℃の上昇に対して2%電気伝導度が高くなるので基準温度（25℃）に換算する．また，イオン濃度と電気伝導度は，両対数紙で直線関係になることが知られている（USDA. 1954）．土壌中の電気伝導度の測定は，分極の影響をなくすために交流電源を使用する．交流の場合，電極と土壌との間に接触インピーダンスが存在するので，この影響を小さくするために4極法が提案された（白井 1996）．4極法は，4電極の外側電極に交流電流を流し，この電流の大きさを知るために，外側の回路に基準抵抗 R_f を挿入し，その間の電位差 V_1 と，内側電極の電圧差 V_2 を測定する（井上・塩沢 1994）．最近の新しいデータロガーは，6線ハーフブリッジ回路による計測処理コマンド（たとえば，キャンベル（Campbell）社製の CR800 の BrFull6W）を有しているので，直接，出力値（V_1/V_2）の値を測定できる．したがって，ある温度 t で測定した電気伝導度 EC_t は，土壌中の抵抗 R_s に反比例し，次の関係が成立する．

$$EC_t = \frac{1}{R_s} = G_c \frac{\left(\dfrac{V_1}{V_2}\right)}{R_f} \qquad \cdots\cdots\text{式 4-10}$$

ここで，G_c はセンサーの形状係数，R_f は基準抵抗である．4極塩分センサーで測定した電気伝導度 EC_t の値は，温度 t に依存するので，基準温度25℃に補正した EC_{25} の値は，次式で算定できる．

$$EC_{25} = EC_t - 0.02(t-25)EC_t \qquad \cdots\cdots\text{式 4-11}$$

実験では，既知の塩分を含んだ溶液の電気伝導度（EC_w）に対して，4極塩分センサーで測定した EC_{25} の値を得て，形状係数を測定する．この4極塩分センサーを土壌に埋設して測定すると見かけの土壌の電気伝導度（EC_a）が測定できる（井上・塩沢 1994）．EC_a の値は，土壌の体積含水率 θ と土壌溶液の電気伝導度（EC_w）と関係があり，次式を提案した（新居ら 2007）．

$$EC_w = \frac{(EC_a - c)}{2a} + \frac{\sqrt{(EC_a - c)^2 + 4ab}}{2a} \qquad \cdots\cdots\text{式 4-12}$$

ここで，係数の a, b, c は体積含水率の3次の多項式で与えられる実験係数で

ある．いっぽう，土壌中の可溶性溶液の電気伝導度 EC_w は，土壌の1：5抽出液（乾土1に対して5倍の水を加えた抽出液）の電気伝導度 $EC_{1:5}$ と次式の関係を得た．

$$EC_{1:5} = (\alpha\,\theta - \beta)EC_w + \gamma \qquad \cdots\cdots 式4\text{-}13$$

ここで，α，β，γ は実験定数である．以上の考え方に沿って，新居ら（2007）は，ダイコン畑の深さ10 cmの4極塩分センサーで得た EC_w の経時変化と，現地で採取測定した $EC_{1:5}$ の値がよく一致していることを示した．このように，土壌溶液の電気伝導度 EC_w の経時変化をモニタリングして，土壌の塩分濃度を追跡することが可能である．

TDR法による土壌塩分濃度のモニタリング　時間領域反射率測定（Time Domain Reflectometry：TDR）法は，一定周波数（30 MHzから3 GHzの高周波）の電磁波が土壌に埋設したロッド（金属製の電極棒）を往復する速度を時間領域で測定して，みかけの誘電率を測定する方法である．物質の比誘電率は，空気が1，水が80（20℃），氷が3（-5℃），玄武岩が12，花崗岩が8，砂岩が10のように，物質によって固有の値がある．したがって，誘電率法は，土壌水分量が増加すると誘電率が増加することを利用したものである（井上 2004）．計測システムは，高周波の電磁波パルスを発生し反射波をモニターするケーブルテスター，土壌に挿入したロッド，ケーブルテスターとロッドを接続する同軸ケーブル，から構成される．同軸ケーブルとロッドとの接合部は，漏電のためにエポキシ樹脂で固定し，波形のピークを明確にするために工夫が必要である．ロッドの部分は信号ロッドとシールドロッドとからなり，シールドロッドの本数が，1本，2本，3本の物が市販されている．ここでは，塩分濃度が高い条件でも土壌水分量を測定できるように，ロッド長を60 mmに短くし，シールドロッドの本数を3本にしたTDR水分・塩分センサー（SK-TDR1006-18T）を開発した（Dehghanisaniji et al. 2004）．測定システムには，キャンベル（Campbell）社製のTDR100を用いて，土壌中のみかけの電気伝導度 EC_a を測定した．

図4-5に示すように入射パルスの相対電圧（V_o）と反射パルスの相対電圧（V_f）に注目し，反射係数 $\rho = (V_f - V_o) / V_o$ の波形処理から電気伝導度を測定する．TDRプローブで測定する土壌の電気伝導度 σ（S m^{-1}）は次式で求まる．

$$\sigma = \frac{f_T K_p}{I_c} \frac{1-\rho}{1+\rho} = \frac{f_T K_p}{I_c}\left(\frac{2V_0}{V_f}-1\right) \quad \cdots\cdots\cdot 式4\text{-}14$$

ここで，I_c は TDR ケーブルの特性インピーダンス（50 Ω），f_T は温度補正因子 $f_T = \{1-0.02(t-25)\}$，t は温度，K_p は TDR プローブ特有の形状係数である．Ould Ahmed et al（2006）は，電気伝導度が 7.32 dS m^{-1} の塩を含む灌漑水を用いてハウス内のソルガム栽培を行い，土壌塩分濃度が 100 日で 20 dS m^{-1} の範囲まで上昇することを TDR 法と，サンプリングによる土壌溶液の電気伝導度の測定で確認した．

市販測器による土壌塩分のモニタリング　灌漑農地の土壌表面から深さ 20 cm 付近の根群域で，土壌水分量，塩分濃度，地温を同時にモニタリングできる携帯型の測器が市販されている．米国のデカゴン（Decagon）社製の ECH$_2$O プローブモデル ECHO TE，英国のデルタ T（Delta-T）社製の WET2，韓国未来センサー社製の WT1000N の諸元を表 4-3 に示す．

いずれのセンサーも，土壌固有の校正を行えば測定精度を向上できるが，根群域の塩分濃度が高くなると，土壌水分量を過大評価することになる（Inoue 2005）．また，図 4-5 でも明らかなように，海水のように電気伝導度が 40 dS m^{-1} を超える塩分濃度になると，波形解析が困難になり，TDR 法では土壌水分量を測定できない．

表4-3　携帯型水分塩分温度測定センサーの諸元

センサー名	ECHO TE	WET2	WT1000N
ロッド数	3	3	3
ロッド長	53 mm	67（62 mm）	115（62 mm）
ロッド間隔	10 mm	15 mm	12 mm
ロッド材	非金属製	金属製	金属製
EC	0〜8 dS m^{-1}	0〜3 dS m^{-1}	0〜6 dS m^{-1}
地温	-40〜50℃	-5〜50℃	-10〜60℃
水分精度	±3%	±3%	±3%
記録方式	手動・自動	手動・自動	手動

（）内は中央のロッド長

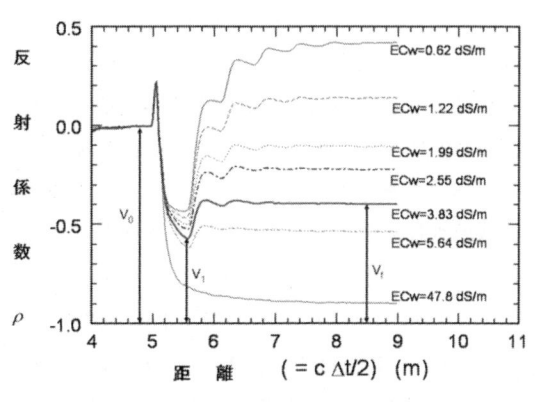

図 4-5　土壌溶液の電気伝導度 EC_w の増加によるＴＤＲ波形の変化

圃場における電磁波を応用した塩類集積の把握

多点観測と電磁誘導法 圃場における土壌塩分濃度の空間分布は，ほとんどの場合不均一であり均一な分布というのはまずみられない．その不均一性は，圃場の水管理，土壌の物理性，地下水塩分濃度などの立地条件の差異によって左右される．塩類集積が発生した圃場において適切な灌漑排水管理を実現するためには，不均一性の発生メカニズム解明の前段階として，その空間的な分布を把握する必要がある．そのためには土壌塩分濃度の多点観測が不可欠である．

従来までのサンプリング土壌を用いた土壌塩分濃度の測定は最も正確で信頼性が高い．しかし，多点観測を行う場合，多量の土壌サンプルの採取によって輸送，試料の調整，試験という一連のプロセスにかかる時間，コスト，労力が非常に大きくなる．これらの点を解決しうる方法の一つとして，機器と土壌が非接触の状態で土壌塩分濃度の測定を可能とする電磁誘導法（Electromagnetic Induction Method：EIM）がある．

EIMを用いたEM38による測定原理 EIMを用いたEC_aの測定機器には，カナダジオニクス（Geonics）社のEM31，EM34そしてEM38がある．これらの機器の基本的な測定原理はすべて同じであり，ファラデーの電磁誘導理論によっている．これらの機器がもつ特性の最も大きな違いは測定深度である．ここでは，農作物生産に直接関係がある根群域に焦点を絞り，測定深度が約1m前後で測定できるジオニクス社のEM38を例に説明する．

EM38は全長1m，重量3kgの軽量・コンパクトな機動性に優れた機器である．機器の両端にはそれぞれ送信コイルと受信コイルが内蔵されており，これらのコイルによる磁場の発生と受信が測定の要となる．端的に測定原理を述べると，つぎのようになる．まず，送信コイルに交流電流を流したときに発生する一次磁場が土壌中で渦電流を誘電する．ここで，この渦電流は土壌のEC_aに比例する．この誘導された渦電流から発生した微弱な二次磁場の一部が受信コイルにおいて測定される．最後に，これらの一次磁場と二次磁場を理論式で計算することによって土壌のEC_aが測定される（McNeill 1980）．

EM38は，1秒間に最大10回のEC_a測定が可能で，時速15km程度までの移動測定であれば全地球測位システム（Global Positioning System：GPS）による座標測定とあわせて連続的にEC_aを測定することができる（Vitharana et al. 2006）．

このように EIM はほかの EC_a 測定法に対してとくに機動性と時間的な優位性を有することから，多点観測にきわめて有効な方法であることがわかる．なお，参考として，EM38 と同じ測定原理を持ち，測定深度が異なる EM31 を用いて塩分評価を行った例として，Williams and Baker（1982），Williams and Hoey（1987），Cook and Walker（1992）をあげておく．

EM38 の測定特性 EM38 は長辺を軸に機器を 90°回転させることで内蔵の固定コイルの向きも同時に変わる．その結果として一次磁場の向きが変わり，機器の反応特性や測定深さが変化し，同一地点においても異なった EC_a の値が得られる．この時，一次磁場が地面に対して垂直に発生する場合を垂直モード，水平に発生する場合を水平モードとよぶ．

測定時の EM38 による応答関数は，土壌深さ z（m）における微小厚さの土層 dz（m）からの相対反応によって次式で表される（McNeill, 1980）．

$$\phi_v = 4z(4z^2+1)^{-1.5} \qquad \cdots\cdots\cdot 式 4\text{-}15$$

$$\phi_h = 4z(4z^2+1)^{-1.5} \qquad \cdots\cdots\cdot 式 4\text{-}16$$

ここで，ϕ_v, ϕ_h はそれぞれ EM38 の垂直モード，水平モードにおける応答関数である．z は土壌表面を 0 m とした場合の地面に対する垂直座標である．ここで，微小厚さの土層 dz における EC_a (dS m^{-1}) を $\sigma(z)$ として，式 4-15 と式 4-16 をあわせて積分することにより，EC_a は次式のように表される．

$$EC_v = \int_0^z \phi_v(z)\sigma(z)dz \qquad \cdots\cdots\cdot 式 4\text{-}17$$

$$EC_h = \int_0^z \phi_h(z)\sigma(z)dz \qquad \cdots\cdots\cdot 式 4\text{-}18$$

ここで，EC_v, EC_h はそれぞれ垂直モードと水平モードによる EC_a である．

式 4-15 と式 4-16 から EM38 の反応は，EC_v で $z = 0.35$ m，EC_h で $z = 0$ m で最大になることがわかる．式 4-17 と式 4-18 によると EM38 による測定深度は，下方半無限の z m から土壌表面の 0 m までの積分値となる．しかし，実際には送信コイルにかける電流は低周波の微弱なものであることから，z は半無限にはなりえない．ジオニクス（Geonics）社の発表によると，EM38 の測定深度は垂直モード

で 1.5 m, 水平モードで 0.75 m とされている. この点から明らかなように, 非接触であるがゆえに測定深度が決定できないことが EM38 の欠点であるといえる.

EM38 のキャリブレーション EM38 によって測定される EC_v と EC_h はおのおの深さ 1.5 m, 0.75 m のみかけの電気伝導度であり, 特定深度 (たとえば 0.3 m, 0.6 ～ 0.9m の平均値など) の EC_a を直接求めることはできない. また, 式 4-8 に示したように, EC_a は複数のパラメータによって構成される. そこで, 特定深度の EC_a ないし EC_e を求める際には適切なキャリブレーションが必要である. 一般的には, サンプル土壌から得られた EC_e ないしは塩分センサーなどによって測定された特定深度の EC_a と, EM38 によって測定された EC_v と EC_h を用いて回帰分析を行い, 経験的に特定深度の EC_a ないし EC_e を求める方法が採用されている (Rhoades and Corwin 1981; Rhoades et al. 1989; Slavic 1990; Wollenhaupt et al. 1986). その際, 最も信頼性が高いと思われる回帰モデルは, Lesch et al. (1992) によるもので次式で表される.

$$\ln(EC_z) = a[\ln(EC_h)] + b[(\ln(EC_h) - \ln(EC_v)] + c \quad \cdots\cdots 式 4\text{-}19$$

ここで, EC_z は特定深度の EC_e (dS m^{-1}), a,b,c はそれぞれ回帰式による経験的なパラメータである. 式 4-19 における独立変数の第二項は, EC_v と EC_h の間に強い線形関係があるため, 多重共線性を避けるために両者の自然対数の差をとったものが用いられている. 式 4-15 と式 4-16 に示したように EC_v と EC_h は反応特性が異なることから, これら二つの値を有効に利用することによって, 特定深度の EC_a の推定精度が向上する.

式 4-8 から明らかなように, EC_a の値は液相の電気伝導度だけでなく, 土壌水分量や土粒子表面の電気伝導度に影響を受ける. そこで, EM38 を圃場で使用する際に最も有効な条件は, 土壌の物理性ができるだけ均質な地域において土壌水分量が灌漑 2 ～ 3 日後の圃場容水量付近を示す時であるとされている. この条件下における測定結果を用いた相関分析の結果, EC_a と EC_e の決定係数が 0.9 以上を示すことが報告されている (久米ら 2003).

EM38 と地球統計学による塩分分布の空間解析 EC_a の多点観測データを用いて空間解析を実施することで, 圃場内の塩分分布の不均一性を可視的にとらえることができる. 近年では, 地球統計学を用いた空間分析が最も一般的に用いられてい

る．広域に渡る測定では，EM38による EC_a の測定は高い機動性が確保できるので，GPSを用いて位置座標情報とともに実施するのが一般的である（Cannon et al. 1994）．

空間解析に最もよく利用されている地球統計学の手法の一つにクリッジング法がある（Delhomme 1978）．クリッジング法はもともと鉱物資源埋蔵量の算出方法を改善する目的で南アフリカの鉱山技師D.G.Krigeと統計学者のSichel, H.S.によって産み出された応用数学である．クリッジング法は，観測値間の共分散構造を距離の関数である次式で表される経験セミヴァリオグラムで求め，データをモデルフィッティングさせ重みを求めるための各種パラメータを求める．

$$\gamma(h) = \frac{1}{2N(h)} \sum_{i=1}^{N(h)} (z(x_i+h) - z(x_i))^2 \qquad \cdots\cdots\cdot 式4\text{-}20$$

ここで，γ はヴァリオグラム，$N(h)$ は距離 h だけ離れた測定点の組み合わせ数，$z(x_i)$ は測定ポイント x_i における観測値である．

つぎに得られたパラメータを用いて，適当な重み $w = w(w_1, \cdots\cdots w_n)$ を求め，次式を用いて任意の位置 x_0 における予測値（z）の最良線形不偏予測を行う．重みの求め方は間瀬・武田（2001）の著書を参照されたい．

$$\hat{z}(x_0) = \sum_{i=1}^{n} w_i z(x_i) \qquad \cdots\cdots\cdot 式4\text{-}21$$

EM38とクリッジング法を用いて土壌中の塩分分布を解析した研究は数多く発表されており，その有効性が確認されている（Triantafilis et al. 2001）．EM38のデータを用いて空間解析をパソコン上で行うプログラム（ESAP Ver.2.0）が米国農務省の塩類研究所（USSL; United States Salinity Laboratory）のホームページに公開されている．

リモートセンシング手法による塩類集積の評価

リモートセンシングと塩分の分光反射特性　現在最も広域でさまざまな地球環境をモニタリングできる方法は，衛星リモートセンシングである．たとえばランドサット衛星に搭載されたTM（Thematic Mapper）センサーは解像度30mで185×185kmの観測幅を持ち，テラ衛星に搭載された中分解能撮像分光放射計（Moderate Resolution Imaging Spectroradiometer : MODIS）は解像度250m, 500m,

1 km で 2,330 km × 10 km の観測幅をもつ．一般に，センサーの解像度が高くなると観測幅は狭く，解像度が低くなれば観測幅は広くなり，画像解像度と観測幅の間にはトレードオフの関係が成り立つ．センサーは観測波長域で定義されたバンドを複数もつ．観測されたデータはときには単バンドで，また多くの場合は複数のバンド間演算によって各種の指標を求めることができる．バンド間演算による最も有名な指標は，赤波長帯バンドと近赤外バンドを用いた正規化植生指標 (Normalize differential vegetation index : NDVI) である．

一般に灌漑農地における塩類集積の評価で最も重要なのは，植物の給水を妨げるナトリウム塩である．USGS (2007) によるスペクトルラジオメータを用いた岩塩 (NaCl) の分光反射は，多くの光学式センサーで採用されている可視域から近赤外域そして短波赤外域において，ほぼフラットな特性を示す．岩塩は白色の結晶であることから，これらの全波長域にわたって反射率が 80% 前後となる．バンド間の反射率の差を利用する NDVI のような演算がきわめて難しいのが岩塩を代表とする集積塩類の分光反射特性である．現在のところ，塩類集積，つまり土壌表面に集積した塩類を観測するために特化したバンドをもつセンサーは設計されていない．また，塩類の分光反射率は全域において高くフラットな特性を示すことから，運用中の衛星に搭載されているセンサーでは直接その分光反射特性を決定することは難しい．

そのいっぽうで，乾燥地域における塩類集積は，灌漑排水整備の拡大・増大により巨大化し，衛星リモートセンシングを用いた塩類集積評価に関する研究はこれらの問題を抱えながらも 1980 年代後半から始まり今日まで継続されている．そのほとんどの研究は，ランドサット衛星に搭載された三つのセンサー (MSS, TM, ETM$^+$) のいずれかを用いた物である．

リモートセンシングによる定性的な塩類集積の評価　初期の研究では，光の三原色である赤 (R)，緑 (G)，青 (B) に適当なバンドを割り当てた着色合成 (False color composite : FCC) 画像を用いて視覚的画像判別 (visual interpretation) を行い，塩類集積地の同定を行う研究が実施されてきた (Sharma and Bhargava 1988 ; Rao et al. 1991 ; Dwivedi and Rao 1992)．一般的に良く用いられる FCC のバンド組み合わせは，センサーのバンドを R : G : B = Band4 : Band3 : Band2 と割り当てたものである．この FCC 画像では，植生域が赤く，水域が黒っぽく，そして集積

塩類が白く表示されるため，塩類集積地と非塩類集積地の区別が可能になる．実際のFCC画像の判読にはグランドトゥルースが不可欠である．

1990年代以降，パソコンの処理速度の向上に伴い，大量データの統計量を用いた画像分類が実施されるようになった．主な手法としては，最尤分類法と主成分分析法があげられる．最尤分類法を用いた研究では，まずグランドトゥルースの結果を用いて塩類集積地の分光反射特性を全体との相対値で教師として定義する．そして，つぎにほかの教師とあわせて判別が困難なピクセルについてベイズの分類法を応用し，より高い精度で塩類集積地を分類するものである．先行研究によると，最尤法を用いることにより90％程度の精度で塩類集積地が同定できるとされている（Saha et al. 1990；Dwivedi et al. 2001）．主成分分析も最尤法と同様に全体の中での相対値として塩類集積地の統計的な特性を抽出するものである．一般に，明度（Brightness）を示す第一主成分と緑度（Greenness）を示す第二成分を用いることによって，塩類集積地とそれ以外を分離することができる．実際，Dwivedi（1996）によると，第一主成分（Brightness）が塩類集積地の同定にきわめて有効であることが示されている．これは，塩類集積地の集積塩類が白くセンサの観測スペクトル帯で総じて反射率が高いことに起因している．これらに加え，近年ではファジー理論を用いて，従来までの統計的手法に比べて集積塩類の種類を高い精度で分類できるとした論文も発表されている（Metternicht 2003）．

これらの方法を用いる際には，土壌表面に塩類が集積する乾季のデータを用いること，また入念かつ正確なグランドトゥルースを実施する必要がある点に留意する必要がある．これらの方法は定性的な塩類集積地の分類・同定には非常に有効であるいっぽう，その性格上，定量的な塩分濃度の推定を直接実施することはできない．

リモートセンシングによる定量的な塩類集積の評価　衛星リモートセンシングデータから定量的に塩分濃度を推定する方法は，つぎに述べるように，いくつか存在するが，塩類集積地を定性的に分類する研究に比べるとその数は格段に少ない．これは，先に述べた理由により，現行の光学式センサーではNDVIのような物理量に換算可能な指標を提案することが困難であることが最大の原因である．

灌漑区において，リモートセンシングデータから塩分濃度を定量的に推定する

研究は，単純に緑，赤，近赤外バンドを独立変数として重回帰分析を実施し，電気伝導度を推定する方法を提案したものがある（Wiegand et al. 1994）．また，非灌漑区において定量的に塩分濃度を推定する指標には, Fernández-Buces et al.（2006）による複合スペクトル応答指標（Combined Spectral Response Index : COSRI）がある．COSRI は耐塩性植物の NDVI とランドサットの Band1-4 を用いて，塩分濃度と裸地面の分光反射の最適な相関を見つける組み合わせアルゴリズムを用いているものである．これらの研究は，多くの専門書（Tanji, 1990）でも紹介されている植物成長と塩分濃度の関係，つまり NDVI と塩分濃度の関係に大きく依存している．つまり，視覚的画像判別や最尤法などの統計的な方法と同様に，直接塩分をセンサーで検出しているわけでなく，間接的に塩分を推定していることになる．

　これらの研究からいえることは，現状の一般的な衛星データからでは直接塩分および塩分濃度を推定することは難しいということである．ただし，解析に用いる衛星データの観測時期と適切なグランドトゥルースによって，リモートセンシングデータを用いて塩類集積の定性的な評価をすることは十分可能である．

（以上，井上光弘・久米崇）

4-3 塩類集積対策

山本太平・藤巻晴行

4-3-1 リーチング計画
根群域の塩類集積とリーチング

　乾燥地では高温乾燥の気象条件下で蒸発強度は高く塩類土壌が発生しやすい．また水資源が乏しく灌漑水が塩類化していることが多い．根群域に貯留された灌漑水や土壌中の塩類は蒸発散によって土壌溶液が濃縮され，塩類集積が発生する．いっぽう深部浸透排水（蒸発散後の余剰水）は，塩類を溶解して根群域下方へ移動し，最終的には地下水に達する．灌漑水量 I，排水量 D の場合，降水の少ない乾燥地では，土壌塩分プロファイル $C(z)$ は，灌漑，土壌の理化学的特性や植物による蒸発散特性に大きく左右され，表面から深さ方向に対して増加する．土壌中の水分と塩分の流れが定常状態の場合には，塩類度プロファイルはおもに作物の土壌水分消費型（δ cm）とリーチングフラクション（$LF = D/I$）に左右され，次式で表される（Raats 1974）．

$$C(z)/C_i = \{LF + (1-LF) \exp(-z/\delta)\}^{-1} \qquad \cdots\cdots 式4\text{-}22$$

$$LF = D/I = C_i/C_d \qquad \cdots\cdots 式4\text{-}23$$

　ここで，C_i は灌漑水の塩類度，δ (cm) は蒸散速度と吸水速度が等しくなるような根群深である．図4-6は点滴灌漑 $I = 9.6$ mm，日蒸散量 5 mm，$LF = 0.48$ において，式4-22と数値計算法によって得られた砂丘砂とマサ土の NaCl 濃度比（C/EC_w）プロフィルである．NaCl 濃度比は，深さ方向に向かって大きくなり，灌漑日数にともなってしだいに定常解析解に近づいて行く．作物，土壌，灌漑条件が同じ場合には，LF が減少すると NaCl 濃度比は表層付近で急増する（山本・田中 1987）．

　リーチングとは，根群域の集積塩類を洗脱することであり，塩分濃度の高い圃場では作物の蒸発散量（ET）に加えてリーチングのための水量を見込む必要があり，リーチングのための水量をできるだけ小さく設定して最大の塩類溶脱を図る，

適正なリーチング計画が必要になる．計画排水量 D に対する灌漑水量 I の比がリーチング必要水量（LR）である．LR は，灌漑水の電気伝導度（dS m^{-1}），根群域における土壌水分の平均飽和抽出液の電気伝導度 EC_e（dS m^{-1}）と作物の収量ポテンシャルなどの値を参考にして求める．なお，LF が実際の根群域を通過した浸透水量に対する灌漑水量の比を表

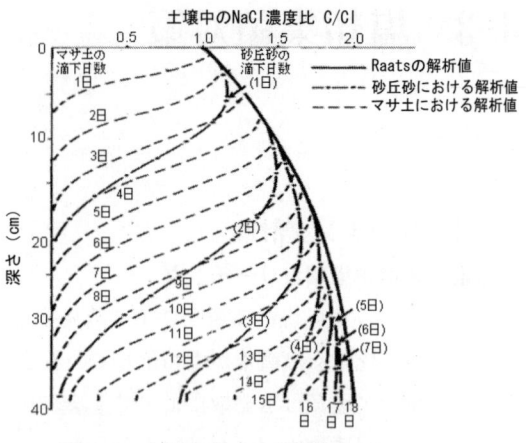

図4-6 土壌中のNaCl 濃度比 C/C_1 プロフィールの経日変化

すのに対して，LR は EC_e が目標値になるに必要な D/I を表し，LF と同じ値になるが LF と異なる用語で用いられる．

作物の収量ポテンシャルと塩類濃度

　FAO では，EC_w，EC_e と普通作物，果樹，野菜類，牧草などの収量ポテンシャルとの関係を検討し，3者の間の関係を表すガイドラインを提案している（Ayers and Westcot 1985）．作物類のうち，普通作物の場合を表 4-4 のように表している．この表では，LF が 15〜20% の範囲であり，有効根群域の水消費割合が表層（有効根群深の 1/4）から 10〜40% における場合を示す．このような条件下では，作物に吸収される土壌水の平均電気伝導度（EC_{sw}）と，EC_e，EC_w との関係が近似的に次式で表されている．

$$EC_{sw} = 3EC_w \qquad \cdots\cdots\text{式 4-24}$$

$$EC_{sw} = 2EC_e \ (EC_w = 2EC_e/3) \qquad \cdots\cdots\text{式 4-25}$$

　また，表 4-4 において，収量ポテンシャル 100% の欄は，作物の塩類障害がみられない場合の EC_e と EC_w を示す．90，75，50% の値は，収量ポテンシャル

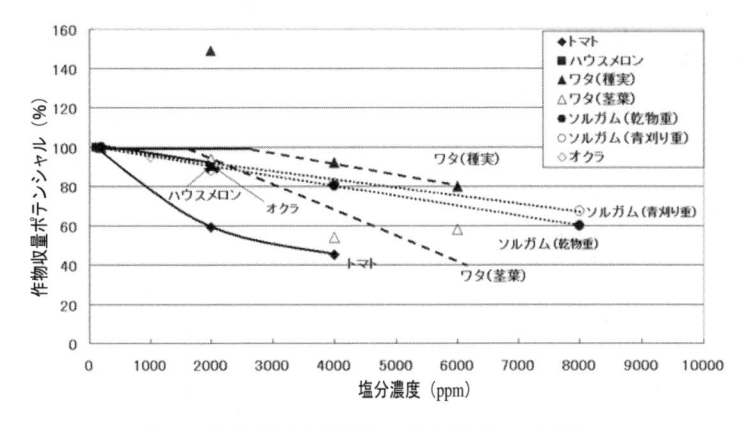

図 4-7 作物収量と灌漑水の塩分濃度との関係

100 %の乾物収量を基準にした場合のそれぞれの乾物収量の %を示す．0 %の欄は EC_e と EC_w を示す（山本・藤山 1989）．

著者らは砂丘畑において，種々の作物を供試して，塩水灌漑を行い，灌漑水の塩分濃度と作物収量の関係について検討した．ソルガムの収量率は 1,500 ppm と 4,000 ppm を示す場合，良質水による場合のそれぞれ 93 %と 80 %を示した（図 4-7）．耐塩性は，綿（種実）が最も高く，ソルガム（乾物重），ハウスメロン，オクラ，トマト，の順に低下した．つぎに表 4-5 の作物群において，作物の耐塩性の程度によって，4 種類のグループ分けして，収量ポテンシャルと EC_e および EC_w との関係を模式的に表したのが，図 4-8 である．ここで，作物は耐塩性の弱い物から，弱耐

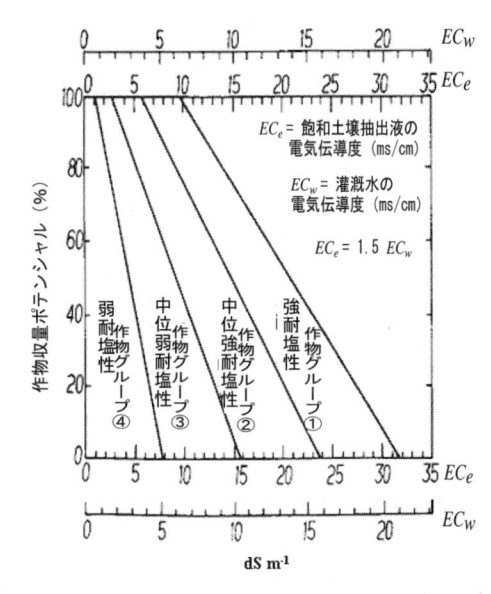

図 4-8 各種耐塩性作物グループ別の収量

ポテンシャルと飽和土壌抽出液の電気伝導度 EC_e，灌漑水の電気伝導度 EC_w，との関係（リーチングフラクション 15～20 %，水消費割合 10～40 %）

表 4-4 作物収量と灌漑水の電気伝導度 EC_w（dS m^{-1}）および飽和飽和土壌抽出液の電気伝導度 EC_e（dS m^{-1}）との関係（普通作物の場合）

作物	100%		90%		75%		50%		0%（最大）		耐塩性
	EC_e	EC_w	EC_e	EC_w	EC_e	EC_w	EC_e	EC_w	EC_e	EC_w	
普通作物											
オオムギ（*Hordeumvulgare*）	8	5.3	10	6.7	13	8.7	18	12	28	19	①
ワタ（*Gossypiumhirsutum*）	7.7	5.1	9.6	6.4	13	8.4	17	12	27	18	①
テンサイ（*Betavulgaris*）	7	4.7	8.7	5.8	11	7.5	15	10	24	16	①
コムギ（*Triticumaestivum*）	6	4	7.4	4.9	9.5	6.3	13	8.7	20	13	②
ダイズ（*Glycinemax*）	5	3.3	5.5	3.7	6.3	4.2	7.5	5	10	6.7	②
ソルガム（*Sorghumbicolor*）	6.8	4.5	7.4	5	8.4	5.6	9.9	6.7	13	6.7	②
ラッカセイ（*Arachishypogaea*）	3.2	2.1	3.5	2.4	4.1	2.7	4.9	3.3	6.6	4.4	③
スイトウ（*Oryzasativa*）	3	2	3.8	2.6	5.1	3.4	7.2	4.8	11	7.6	③
トウモロコシ（*Zeamays*）	1.7	1.1	2.5	1.7	5.9	2.5	5.9	3.9	10	6.7	③
アマ（*Linumusiatissimum*）	1.7	1.1	2.5	1.7	3.8	2.5	5.9	3.9	10	6.7	③
ソラマメ（*Viciafaba*）	1.5	1.1	2.6	1.8	4.2	2	6.8	4.5	12	8	③
インゲン（*Phaseolusvulgaris*）	1	0.7	1.5	1	2.3	1.5	3.6	2.4	6.3	4.2	④

※ 0%（最大）：作物の生育が中止する塩類度を示す．
※※ 耐塩性は①が強耐塩性，②が中位強耐塩性，③が中位弱耐塩性，④が弱耐塩性である．

塩性，中位弱耐塩性，中位強耐塩性，強耐塩性に分類される．この図から，対象地域における灌漑水の塩類度によって各耐塩性作物収量ポテンシャルの関係が容易に理解できる．

リーチング水量

リーチング計画において，計画排水量 D に対する灌水量 I の比がリーチング水量（LR）になり，適正な LR を算定するために FAO の技術書にいくつかの式が提案されている（Ayers and Westcot 1985）．リーチングは一般に透水性の高い土壌に適用される．前述したように，粘土質のソーダ質土壌では透水性が低いので，まず土壌改良を行って，リーチングを行うことが必要である．

従来法では次式が用いられる．

$$LR = D / I = EC_w / EC_e \qquad \cdots\cdots 式 4\text{-}26$$

地表灌漑法では次式が用いられる．

$$LR = EC_w / (5EC_e - EC_w) \qquad \cdots\cdots 式 4\text{-}27$$

さらに，高頻度スプリンクラまたは点滴灌漑法は次式が用いられる．

$$LR = EC_w / 2 \ (MaxEC_e) \quad \cdots\cdots\text{式 4-28}$$

（式 4-26）〜（式 4-28）から LR を見込んだ灌漑水量 I は次式になる．

$$I = ET / (1 - LR) \quad \cdots\cdots\text{式 4-29}$$

ここで，EC_w：灌漑水の電気伝導度（dS m^{-1}），EC_d：排水の電気伝導度（dS m^{-1}），EC_e：収量ポテンシャル 90 % における土壌溶液中の塩類度，$Max\,EC_e$：収量ポテンシャル 100 % における土壌溶液中の塩類度，ET：作物の蒸発散量（水深）である．

点滴灌漑におけるリーチング水量

Ould Ahmed B.A ら（2007）は，ハウス内の砂丘圃場でソルガムに対して塩水を用い，図 4-9 に示すような新しい点滴灌漑の用水計画モデルを提案した．間断日数は毎日灌漑と 2 日間断灌漑を行った．灌漑水の電気伝導度 7.32 dS m^{-1} である．生育期間中の蒸発散量は 580 mm で，ソルガムのしきい値の EC_e = 6.8 dS m^{-1} と EC_e = 8.4 dS m^{-1} に対して，式 4-27 を利用し，LR = 21 % と L = 27 % を見込んだ灌漑水量 I は，それぞれ 734 mm と 794 mm であった（図 4-10）．なお，ここでは，透水性の高い砂丘砂であったので，灌漑水量の多くなる式 4-28 より式 4-27 を利用した．

前日の推定蒸発散量の 50% 灌漑区では間断日数に関係なく，登熟期後半において塩分ストレスが認められた．2 日間断で 100% 灌漑区では水分ストレスと塩

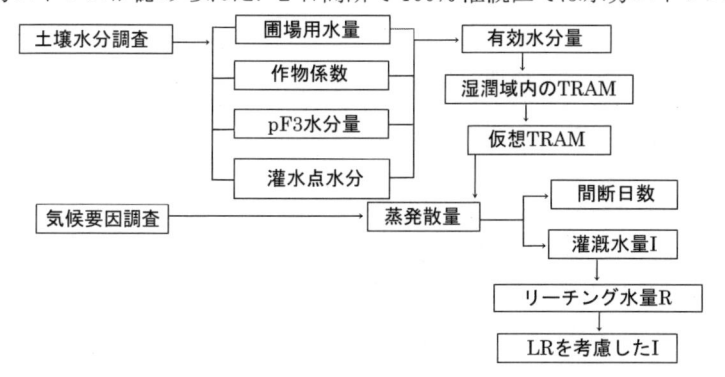

図 4-9　点滴灌漑におけるリーチング水量を見込んだ用水計画フロー
出典：Ould Ahmed B.A.et al.2006

分ストレスが少なかったが，毎日灌漑区と比較すると明らかに収量の減少がみられた．さらに2日間断灌漑と比較して，毎日灌漑ではソルガムの収量が25～32%の範囲で増加し，100%相当量を毎日灌漑する場合が水分ストレスと塩分ストレスが少なく適正であることを明らかにした．

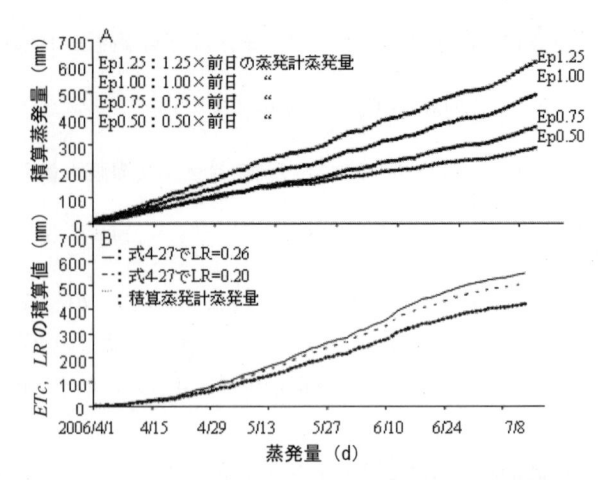

図4-10 ソルガムにおけるリーチング水量を見込んだ灌漑水量
A図は前日の蒸発計蒸発量を考慮した蒸発散量の推定値の積算値
B図は式4-27を用いた灌漑水量の積算値．
出典：Ould Ahmed B. A et al.（2006）

播種前または収穫後の集中リーチング

Ould Ahmed B.A.ら（2007）は，砂丘土壌のビニルハウス圃場において，4種類の塩水（5.40，7.32，9.40，12.50 dS m^{-1}）を用いた点滴灌漑によるソルガム栽培を2作期行った．1作終了後の灌漑試験区において，2作期目の始めに2週間に4回，集中的なリーチングを行った．リーチング水量は25 mmの良質水，25 mmと50 mmの塩水である．両作期の根群域におけるEC_{sw}をTDR法によって観測した．毎日のEC_{sw}はFAOの定める限界値（13.6 dS m^{-1}）に達しておらず，塩類度の違いによって種々の塩ストレスのレベルが示唆された．塩ストレスは1期目よりも2期目のほうが高かっ

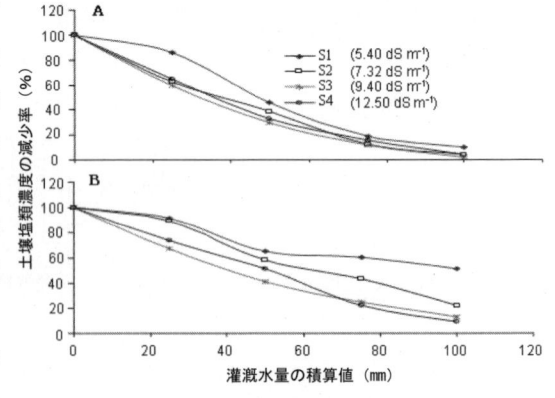

図4-11 初期リーチング水量が良質水（0.11dSm^{-1}）と塩水（7.32dSm^{-1}）を用いた場合の土壌中の塩分減少率
出典：Ould Ahmed B.A et al. 2007

た．最初の灌漑期間に集積した塩類に関し，塩水を用いた場合はリーチング効果が十分ではなかったが，良質水を用いたリーチングの場合，土壌塩類度が大きく減少した．また灌漑期間の塩分ストレスは1作目よりも2作目のほうが増加し，塩害の可能性が増加した．以上の結果から，塩水によるリーチングでも2作期目の始めに行えば土壌塩類度が減少した．とくに，良質水を用いたリーチング効果が大きいので，少量でも良質水の集中的なリーチングが提案された（図4-11）．

砂質土壌におけるリーチング計画

坂口ら（2005）は，砂丘砂を充填した大型秤量型ライシメータを用いて，LR を見込んだソルガムの塩水灌漑を行い，ライシメータ土層中の塩分貯留量，平均塩分濃度比，塩分濃度比プロファイルなどの関係を検討した（図4-12）．とくに，土層中の初期塩分濃度がゼロと灌漑水の塩分濃度を示す場合において，つぎに示すようなリーチング計画を提案した．塩水灌漑開始時に土壌水が塩を含まないライシメータ土層を初期塩分濃度比がゼロの土層とする．この初期条件は，たとえば降雨によるリーチングによって，塩水灌漑開始時の塩分濃度がゼロに近くなる農地が考慮される．ライシメータ土層中の塩分貯留量と平均塩分濃度比は，灌水回数と灌漑水量にともなって増加するが，定常状態まで達するのに長期の灌漑期間を要する（図4-13）．このような乾燥地の農地では，土壌の塩分濃度が灌漑水濃度まで上昇するまではリーチング必要水量を高く設定する必要がなく，灌漑水の濃度以上となった後では高く設定してリーチングを促進させるリーチング計画が提案される．

塩水灌漑開始時に土壌水の塩分濃度が灌漑水の濃度を示すライシメータ土層を初期塩類濃度が1の土層とする．ライシメータ土層中の塩分貯留量と平均塩分濃度比は灌漑にともなって増加し早期に定常状態に達してリーチングフラックション（LF）の増加によって低下するが，LF の低下によって急増する（図4-13）．この初期条件は，たとえば降雨が少なく長年にわたって高いリー

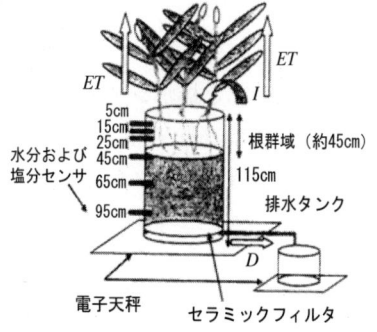

図4-12 秤量型ライシメータの構造
出典：坂口ら（2005）

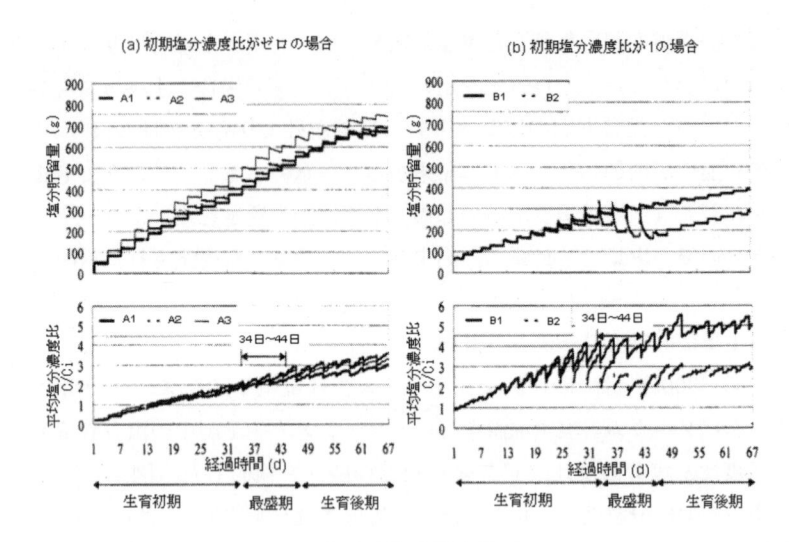

図 4-13 秤量型ライシメータにおける塩分濃度比（Salt concentration ratio）および塩分貯留量（Salt storage）の時間的変化
A1 は LR=0.13, A2 は LR=0.26, A3 は LR=0.33, B1 は LR=0〜0.56, B2 は LR=0.19〜0.95.
出典：坂口ら（2005）

ング水量が計画され，播種前の塩分濃度が灌漑水の濃度に近似している農地が考慮される．このような農地が乾燥地の一般的な農地であり，灌水回数の増加にともなって定常解析解（式4-22）に近い塩分濃度プロファイルが形成されるので，塩分濃度を管理するためのリーチング水量が重要である．作物の耐塩性（前出表4-4参照）を検討し，適正なリーチング必要水量を計画することが提案される．

リーチングと排水システム

乾燥地では灌漑と同時に農地に集積した塩類のリーチングが不可欠であり，リーチング水は排水システムを経由して排出される．ここではイラン国における灌漑・排水システムを紹介する．まず灌漑は地表灌漑法が中心である．牧草，サトウダイコン，イネにはボーダー法，野菜類には畦間法，果樹には水盤法が用いられる．灌漑水はダムから幹線，2次，3次，4次の用水路と末端給水路（irrigation ditch）を経て最小灌水区に供給される．一例として，このような灌漑システム系を図4-14と表4-5に示す．一灌漑圃場の大きさは 300 m × 500 m = 15 ha にす

表 4-5 用水路と排水路システムの諸元値および用水路および排水路網 *（→は水の流れ）

水路の型	用水量	灌漑面積	圃場番号
灌水溝	$20.0 \sim 24.0 Ls^{-1}$ ($0.67 \sim 1.21\ L^{-1}\ s^{-1}\ ha^{-1}$)	500 m × 500 m = 15 ha	①〜⑤
4次水路	$52.5 \sim 90.0 Ls^{-1}$	500 m × 1,500 m = 75 ha	(1) 〜 (10)
3次水路	$0.5 \sim 0.9\ m^3\ s^{-1}$	1,500 m × 5,000 m = 750 ha	(Ⅰ)〜(Ⅱ)
2次水路	$2.0 \sim 3.6\ m^3\ s^{-1}$	5,000 m × 6,000 m = 3,000 ha	-
幹線水路	$16.0 \sim 29.0\ m^3\ s^{-1}$	6,000 m × 40,000 m = 24,000 ha	-

※用水路および排水路網：幹線用水路：40km × 1本，→ 2次用水路：6km × 9本，
→ 3次用水路：5km × 32本，→ 4次用水路：1.5m × 320本，→灌水溝：500m × 1,600本
→排水路システム網：排水路溝：500m × 1,600本→ 4次排水路：1.5m × 320本，
→ 3次用水路：5km × 32本，→ 2次排水路：5km × 32本，→幹線排水路

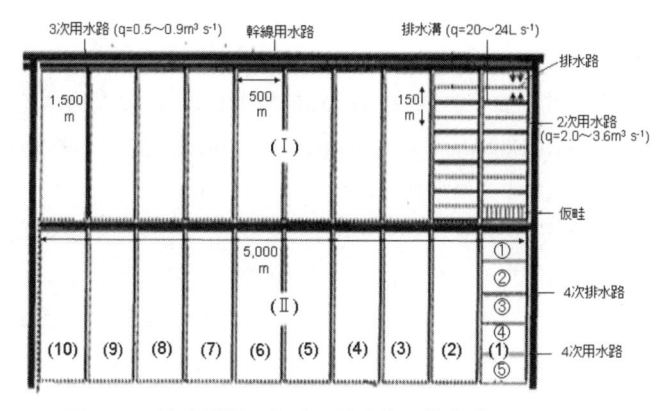

図 4-14 地表灌漑における用水路と排水路システム

る．一回の灌水時には仮畦を 10 m 間隔に設け，最小灌水区を 1,500 m² (= 150 m × 10 m) にする．灌漑時間 24h d⁻¹ において，用水量は畦間法が $0.67\ Ls^{-1}ha^{-1}$ (5.8 mm d⁻¹)，水盤法が $1.2\ Ls^{-1}ha^{-1}$ (10.4 mm d⁻¹) である．末端の用水路と排水路用の配置間隔は 300 m とし，農道が用排水路に沿って短辺 150 m ×長辺 500 m に配置される．

つぎに農地に集積した塩類のリーチングが必要である．灌漑によって増加した地下水位はまず暗渠によって適正な水位に調整される．地下水の適正水位として，イランクーゼスタン州では地表面から 2.0 〜 2.5 m，イスファハン州では 2.5 m 程度が推奨されている．排水はまず暗渠から末端排水路に排出される（図 4-14）．つぎに 4 次，3 次，2 次，幹線の排水路を経て海や塩湖に至る（山本ら 1998）．

(以上，山本太平)

4-3-2　数値計算による塩分管理の可能性
なぜ土壌物理シミュレーションモデルか

　塩類集積の発生原理そのものは比較的単純である．灌漑水や毛管上昇や肥料を通じて根群域に投入された不揮発性の溶質すなわち塩分は，なんらかの形で排出されない限り蓄積する．原理は単純でも，その塩分分布や集積の進行速度，植物の応答，灌漑の影響などを正確に予測することは難しい．溶質移動の研究が本格的に行われるようになってから半世紀近く経っているが，いまだに圃場における塩類集積の正確な予測は簡単ではない．とはいえ，正確な水分移動特性，溶質移動特性，植物の応答特性などを入力することにより，理論的にはある程度の精度での数値予測が可能となっている．van Dam ら（1997）による SWAP, Simunek ら（2006）による HYDRUS, Ahuja ら（2000）による RZWQM などの土壌物理シミュレーションモデルがよく知られている．

　現状を把握し，種々の対策の効果を評価する方法として，本書 4-2-2 での電気伝導度センサーを用いたモニタリングや自動灌漑システムは有効である．しかしながら，浸透ポテンシャルにほぼ比例する，土壌水の電気伝導度の正確なモニタリングはいまだに簡単ではなく，また，センサーおよびデータロガは今なお高価である．また，自動灌漑システムには高い設置費用に加え，天気予報を考慮した調整を行いにくい，という短所がある．たとえばつぎの日に降雨が予想されるときに，多量の灌水を行うのは明らかに浪費である．数日後までの数値天気予報が高い精度で可能になってきたのに伴い，天気予報を数値解析の入力データとして，純収入が最大となるような，灌漑水量の決定を可能とする技術的インフラが整いつつある．高速で大容量のパソコンが安価に入手できるようになった結果，各農場がパソコンを所有する，あるいは企業が各農場に対し潅水量の助言サービスを提供するといったことが途上国でも絵空事でなくなってきている．

　いっぽう，蒸発散量を上回る量の「過剰」灌水を意図的に行うことにより，塩分を根群域下方に排出するリーチングの所要量の算定方法が，前節のように Ayers and Westcot（1985）の FAO の技術書などにまとめられている．この算定式は塩分移動の定常解から導出されているが，現実の塩分移動は定常状態にほど遠い状態が通常である．毎回の灌漑水量に蒸発散量に上乗せするのでなく，作付前などに

まとめてリーチングしたほうが良いという説もある（Ayers and Westcot 1985）が，その場合，定常状態からは著しく乖離する．また，リーチングにともなって貴重な肥料分の一部が排出されてしまうが，これを最小化するような水管理，塩分管理，肥料管理は土壌物理シミュレーションモデルの活用なしには不可能であろう．

以上のことから，土壌物理シミュレーションモデルは塩分管理に活用できる可能性を十分有している．以下，一例として筆者が開発を進めている土壌物理シミュレーションモデル WASH_1D の概要と数値解析の例を簡単に紹介する．

基礎式

水分が鉛直方向にのみ移動している場合，土壌中の任意の深さにおける体積含水率の変化速度はつぎの一次元の連続の式で与えられる．

$$\frac{\partial \theta}{\partial t} = -\frac{\partial q_l}{\partial z} - \frac{\partial q_v}{\partial z} - S \qquad \cdots\cdots\cdot 式 4\text{-}30$$

ここで，θ：体積含水率，t：時間（s），q_l：液状水フラックス（cm s^{-1}），q_v：水蒸気フラックス（cm s^{-1}），z：深さ（cm），S：根による吸水速度（s^{-1}）である．q_l はつぎのダルシー式で与えられる．

$$q_l = -K\left(\frac{\partial \phi}{\partial z} - 1\right) \qquad \cdots\cdots\cdot 式 4\text{-}31$$

ここで，K：透水係数（cm s^{-1}），ϕ：圧力水頭（cm）で，ともに θ の関数である．これらの関数（水分移動特性）をいかに正確に測定するかがきわめて重要である．

いっぽう，塩分が鉛直方向にのみ移動している場合，土壌中の任意の深さにおける塩濃度の変化速度は一次元の CDE（Convection-Dispersion Equation：移流分散方程式）で表される：

$$\frac{\partial (\theta c)}{\partial t} = -\frac{\partial}{\partial z}\left(-\theta D \frac{\partial c}{\partial z} + q_l c\right) \qquad \cdots\cdots\cdot 式 4\text{-}32$$

ここで，c：塩濃度（mg cm^{-3}），D：分散係数（cm^{2}s^{-1}）であり，拡散係数 D_i（cm^{2}s^{-1}）と物理的分散係数 D_m（cm^{2}s^{-1}）の和で与えられる．

$$D = D_i + D_m \qquad \cdots\cdots\cdot 式 4\text{-}33$$

物理的分散は微視的な間隙流速のばらつきに由来するものであり，それを分子拡

散のアナロジーで表現する点にCDEの特徴があるが，藤巻ら（1997）は，蒸発中の土壌面付近においてはCDEが下方への拡散移動を過大評価することを示し，蒸発中の土壌面付近においては1/3程度の大きさに補正したD_mを用いることを推奨している．

吸水モデル

実蒸散量Tは任意の深さにおける吸水速度Sを深さ方向に積分して与えられる．

$$T = \int_0^\infty S dz \qquad \cdots\cdots\cdot 式4\text{-}34$$

Sの解析方法にはさまざまなモデルが提案されているが，ここでは，SWAPやHYDRUSにも用いられているFeddes -van Genuchtenの吸水モデルを紹介する．そのモデルはS（s^{-1}）を次式で与えるものである．

$$S = T_p \beta\ \alpha_w \alpha_s = T_p \beta \times \frac{1}{1+\left(\dfrac{\phi}{\phi_{50}}\right)^{p_1}} \times \frac{1}{1+\left(\dfrac{\phi_o}{\phi_{o50}}\right)^{p_2}} \qquad \cdots\cdots\cdot 式4\text{-}35$$

ここで，T_p：可能蒸散速度（cm s^{-1}），β：根群活性係数（cm^{-1}），α_wとα_sはそれぞれ水ストレスと塩ストレスに関する減少係数，h_oは浸透ポテンシャル（cm），p_1，p_2，ϕ_{50}，ϕ_{o50}は植物固有のパラメータである．ストレスがかかっていないときにはα_wもα_sも1となる．藤巻ら（1997）はこれらのパラメータを比較的安価で高い精度で測定する方法を提案している（Fujimakiら2007）．また，βは相対的な根群分布を示しており，深さ方向に積分すると1となる．

蒸発モデルと塩クラストの影響

塩類集積（濃縮化）の駆動力には土壌面蒸発と蒸散があるが，多くの作物では根群域の加重平均浸透ポテンシャルが-10,000 cm以下になると気孔を閉じ蒸散が停止するため，蒸散により深刻な塩類集積がおこることはない．したがって，土壌面に厚い塩クラスト（塩の結晶）が形成されるような塩類集積を引き起こす駆動力は土壌面蒸発である．蒸発速度Eはバルク輸送式で与えられる．

$$E = \frac{\rho_{vs}^* h_{rs} - \rho_{va}^* h_{ra}}{r_a + r_{sc}} \qquad \cdots\cdots\cdot 式 4\text{-}36$$

ここで，ρ_{vs}^*：土壌面における飽和水蒸気濃度（g cm^{-3}），ρ_{va}^*：基準高度における飽和水蒸気濃度（g cm^{-3}），h_{rs}：土壌面における相対湿度，h_{ra}：基準高度における相対湿度，r_a：空気力学的抵抗（s cm^{-1}），r_{sc}：塩クラスト抵抗（s cm^{-1}）である．Fujimakiら（2006）は，r_{sc}と深さ0.25cmより上部の塩分量の関係を，異なる土壌と溶質の組み合わせについて得ており，r_{sc}を考慮する必要性を示している．h_{rs}は次式で与えられる．

$$h_{rs} \approx h_{re} = \exp\left(\frac{\phi + \phi_o}{R_v T_s}\right) \qquad \cdots\cdots\cdot 式 4\text{-}37$$

ここで，h_{re}：平衡相対湿度，R_v：水蒸気の気体定数（4,697cm K^{-1}），T_s：地温（K）である．塩類集積によりϕ_oが減少する（絶対値が上がる）とh_{rs}が低下し，蒸発速度が減少する．ρ_{vs}^*も温度の関数であるため，実際の気象条件から土壌面蒸発速度を解析する際，熱移動の解析が必要となるが，ここでは紹介を省略する．熱移動解析において，アルベド（短波放射フラックスの反射率）が重要となるが，塩クラストが形なされるとアルベドが上昇する．アルベドは土壌面の水分の関数でもある．Fujimakiら（2003）はアルベドをさまざまな水分と塩クラスト量の組み合わせで測定し，アルベドと塩クラスト量と水分の関係を表す2変数関数を提案している．このように，蒸発は塩類集積の駆動力であるが，集積した塩は蒸発を抑制する反作用を及ぼす．数値解析ではこのような複雑な相互作用を容易に組み入れることができる．

数値計算

上記の偏微分方程式は複雑で解析解が得られないため，差分法で解く．温度勾配による水蒸気移動，アルベドの水分依存性，土壌水分保持曲線のヒステリシスなども考慮している．水分移動の差分数値解析には修正Picard型反復法を用いており，質量収支の向上に努めている．時間増分は水収支の精度が低くならないよう配慮しながらなるべく長くなるように自動調節される．

塩類集積の解析例 気象条件は昨年の 7 月 30 日から 9 月 9 日までのつくば市(館野高層気象台)での観測値を用いた．期間中の積算降水量は 59 mm である．土壌特性にはマサ土の実測値を用いた．空間増分は上端が 0.2 cm，下端が 5.0 cm でその間を幾何級数的に増加させた．

地下水からの毛管上昇にともなう塩類集積 水移動の初期条件は土壌面が -100 cm の平衡分布，溶質移動の初期条件は 1.0 mgcm^{-3} で均一，水分移動の境界条件は深さ 100 cm もしくは 200 cm に地下水面が保たれており，溶質移動のそれは 1.0 mg cm^{-3} で一定濃度とする．

図 4-15a は 8 月 8 日の 12：00 における水分および塩分分布である．解析開始からこの時点まで降雨はない．地下水深が 200 cm の場合，土壌面に乾土層が形成されている．そのため，蒸発速度は 0.083 mm h^{-1} に留まっている．いっぽう，地下水深が 100 cm の場合，大気の蒸発要求に応えられるだけの表層水分があり，0.38 mm h^{-1} の蒸発速度となっている．このように，地下水深が 100 cm の場合，盛んに毛管上昇が起こり，42 日間の積算蒸発量は 120 mm となった．いっぽう，地下水深 200 cm の場合は 72 mm であり，毛管上昇はごくわずかであった．塩分分布については，蒸発によって取り残された塩のほとんどが表層 5 mm に集中していた．濃度が対数軸であることに留意されたい．

図 4-15b は 9 月 9 日の 24：00 における分布である．曇天が 3 日続いたため，

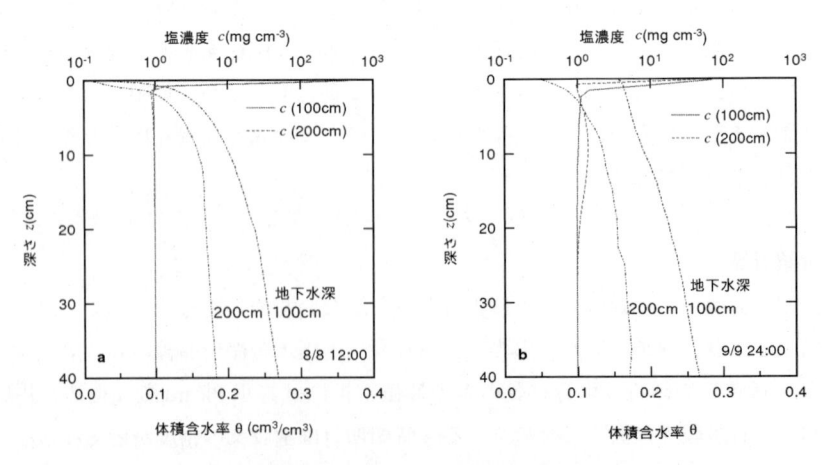

図 4-15 水分および塩分分布の数値解

地下水深 200 cm でも乾土層は形成されていない．地下水深 200 cm で深さ 10 cm 前後で濃度がやや高くなっているのは，8 月 9 日の 42 mm の降雨により，それまで集積していた塩分が下方に移動したものである．地下水深 100cm の場合，盛んな毛管上昇により，その領域は上方に戻り消失している．塩分の貯留量の増分は，地下水深 200 cm が -0.85 mg cm^{-2}，地下水深 100 cm が 4.5 mg cm^{-2} であった．

植物からの蒸散や灌水がある場合の塩類集積　根群域の深さは約 17 cm で，中程度の成育段階である．同じ気象条件，土壌特性のもとで解析を行った．植物の吸水特性については，大豆での実験結果を参考に，$p_1 = p_2 = 3$，$\phi_{50} = \phi_{o50} = -4{,}000$ cm とした．水分と溶質に関する初期条件はそれぞれ，-100 cm と 1.0 mg cm^{-3} で均一とした．灌漑強度は 1.0 cm h^{-1}，灌漑水の塩濃度は 1.0 mg cm^{-3} とした．灌漑は 1 週間に 1 回，1 週間の積算蒸散量が，最大値よりもやや低くなるような量を与えた．42 日間の積算灌水量は 88 mm であった．いっぽう，この間の積算蒸散量は 43 mm，積算蒸発量は 103 mm であった．

9 月 9 日の 24:00 における分布を図 4-16 に示す．蒸発のみによる塩類集積と異なり，根群域全域にわたって濃度が高くなっている．これには根による吸水と灌水の両方の効果が働いている．図 4-17 は深さ 1cm における水分と塩分の数値解である。灌水や蒸発散や降雨により、大きく変化しているようすがわかる。降雨の際、一時的に塩濃度が上昇しているのは、土壌面付近に集積した塩が通過するためである。

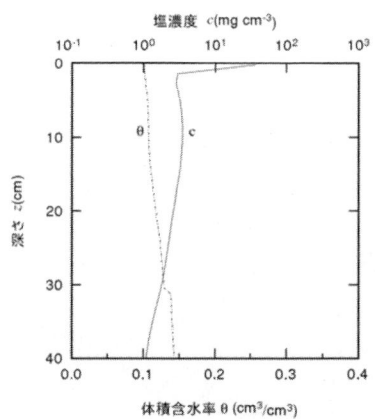

このように，正確な水分移動特性，溶質移動特性，植物の応答特性などを入力することにより，さまざまな相互作用を考慮した数値予測が可能となっている．今後，水価格を考慮しつつ純収入を最大化するような灌漑水量（リーチング水量）の最適化や暗渠排水施設の最適配置の検討など，現場での活用が期待される．

図 4-16　9 月 9 日 24:00 における水分および塩分分布

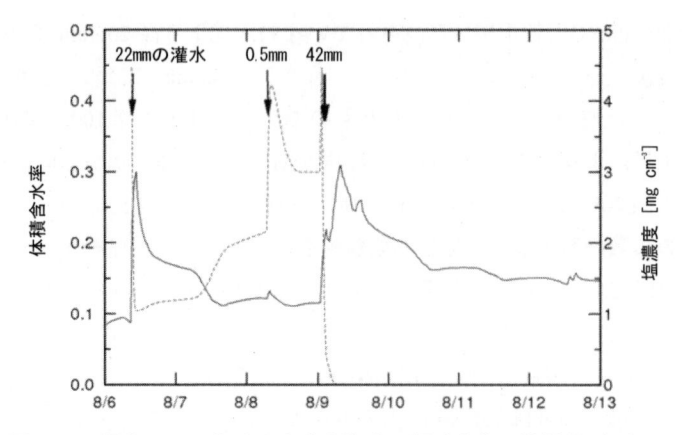

図 4-17　深さ 1cm における水分と塩分の経時変化の数値解（8/6〜12）

4-3-3　剥離による塩分除去

　リーチングを行う際，土壌面に塩クラスト（白い塩の結晶）が多量に観察される場合には，あらかじめ剥離作業（scraping）による塩分除去を行ってからリーチングを行うと，水量を節約できる．また，点滴灌漑や畦間灌漑では，灌漑水がかからない湿った土壌面に集積し，しばしば塩クラストが形成されており，これらは灌水位置を変えない限り，点滴灌漑や畦間灌漑によってはリーチングできない．それらを根群域下方まで排出するのに十分な降雨がない地域では，塩クラストの剥離除去も検討すべきであろう．
　前節での数値解析結果からもわかるように，土壌面で濃縮された塩分は降雨や

写真 4-1　東北タイの塩湖の岸辺　　　　写真 4-2　塩の精製用貯留槽

灌水で下方に移動させられない限り，ほとんどが深さ0.5cmより上部に集積し続ける．これを除去することで，土壌面で濃縮された塩分のおおむね9割以上を除去することが可能であることが室内実験からわかっている（後藤ら2005）．

　塩の剥離除去作業そのものは食塩を生産するために，あるいは土地生産性を保全するために古代から行われている作業で，技術的には難しくはない．今日でも東北タイの塩害地帯で食卓塩として名産品となっており，とくに整地もしていない土地（写真4-1）で剥離採取と現場精製を行っている（写真4-2）．

　塩田のように均平されていない農地では，塩田に比べ作業能率が低いことはやむを得ないが，箒や電気集塵機の活用，また土粒子と塩分を分離する洗浄槽の改良などにより，能率向上の余地はあろう．Prasad and Power（1997）も塩類除去方法の一つに挙げているが，除去した土壌の処理が課題であると述べている．

　農地で析出している塩は硝酸塩など有害成分を多く含む可能性が高いため，食用にはならないと思われるが，土壌面の塩の結晶は，本来，大量のエネルギーを投入しなければ水から分離できないものを，太陽エネルギーにより自然に分離されているものであり，工業用原料はもとより，その浸透圧を利用することにより，動力源として用いることも可能である．すでに浸透圧発電が実用化されている．そのような再利用のルートを開拓することにより，作業に要する人件費や動力費を少しでも回収することが望まれる．

（以上，藤巻晴行）

4-4 ウォーターロギングの予防と制御法

北村義信

4-4-1 ウォーターロギングとは

　乾燥地の農業の安定化にとって，灌漑は不可欠の条件である．灌漑は水が充分に得られない地域で栽培しようとする作物のために，よりよい水環境を創設する行為であるが，それまでのその地域の環境を大きく変える行為であることを忘れてはならない．とくに水利用効率が悪く漏水の多い灌漑を行えば，地下水涵養量が増し，地区内あるいは周辺部の地下水位が地表近くまで上昇する．この現象を，ウォーターロギング（waterlogging：過湿状態の意．以下 WL と表す）という（写真 4-3 参照）．WL は，地下水位が地表面もしくはその近傍まで上昇し，作物の生育を阻害することである．乾燥地で WL が起これば，毛管現象によって地下水面から地表面に向かう上向きの水移動が活発化し，地表面で蒸発するため，地下水に含まれる可溶性の塩類が地表面に取り残され，塩類集積が起こり易くなる．一般に灌漑農地の塩性化は，まず水管理の不徹底により WL が起こり，その結果として塩類集積がおこる．世界の灌漑農地は 2.55 億 ha あるが，その 20% は WL と塩類集積の影響を受けているといわれている（Kapoor 2003）．したがって，塩類集積を防止するためには，水管理を改善して漏水損失を軽減し，地下水涵養量を極力抑えて，WL を生起させないことが重要である．WL が生起した場合には，早急に改善することが乾燥地では不可欠である．本節ではこの観点から WL の予防と，WL が生起した場合の制御対策について述べる．

写真 4-3　WL による放棄農地
パキスタン・ファイサラバード近郊．

4-4-2 ウォーターロギングの原因とその予防対策

　WLは多くの場合，極端に大量の雨，過剰な灌漑，不適切な灌漑・排水管理が原因となる．圃場の均平度が悪い場合や土中に硬盤（hardpan）層が形成されている場合などもその原因となる．また，灌漑施設を敷設する場合に十分な配慮を怠ると深刻なWLの原因となる．たとえば，幹線用水路は多くの場合ほぼ等高線沿いに敷設するが，その際に降雨時の表面流出水の流路を遮ることになるため，水路の山側に水溜りを形成し，WLの原因となる．これを避けるためには，流路の部分に暗渠などの人工の流路を設置し，水路と立体交差させる事によって，流出水を水路の谷側の流路に導くよう配慮することが重要である．圃場において採用される灌漑方法によっても，WLを生起する危険度は大きく異なる．点滴灌漑などマイクロ灌漑は必要なときに必要最小限度の水を必要な部分だけに供給することが可能な灌漑方法であり，適用効率（application efficiency）が高く，深部浸透ロスを少なく抑えることができるため，WLが生起する確率はきわめて低い．スプリンクラーなどの散水灌漑も管理を適正に行えば，適用効率を高く保つことができ，WLを誘発する危険性を低く抑えることができる．これに対し，水盤灌漑，ボーダー灌漑，コンターディッチ灌漑，畝間灌漑などの地表灌漑は深部浸透損失が多くなり，WLを生起させる危険度が高くなる．後述するが，地表灌漑をベースに構築された大規模灌漑プロジェクトの多くで，完成後の運用開始とともに

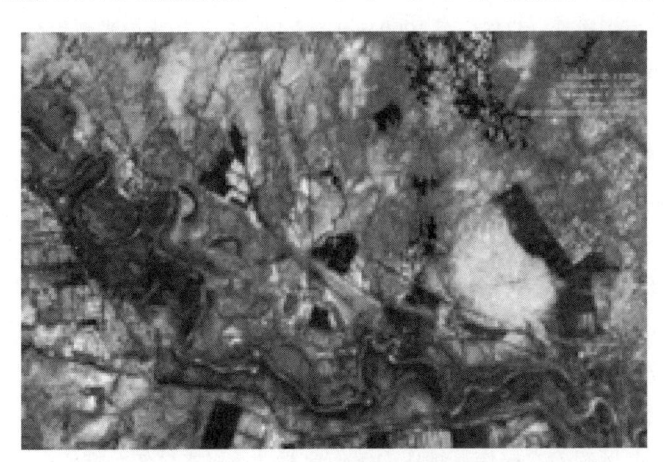

写真4-4　シルダリア川下流域の灌漑農業地域における
二次的塩類集積　　　　　　　　　　　　NASA 2005.

にWLが生起し，その後この問題を解消するため排水対策に多額の経費負担を余儀なくされているケースが見受けられる．

とくに，水稲栽培のような水盤灌漑により湛水状態で作物栽培を行う場合や，水路が無舗装の場合は，周辺も含めた広範囲のWLがおこる．写真4-4はシルダリア川下流域に位置するカザフスタン・クジルオルダ州ジャラガシ周辺部の衛星画像である（NASA 2005）．白色は塩類をあらわし，広大な土地が塩性化していることが一目瞭然である．この塩性化は，この地方で広く普及している水稲栽培が行われ湛水状態にある圃場と，大規模な無舗装水路からの漏水にともなうWLに因るものである．筆者らの研究によれば，この地域の塩類集積の原因は以下に示すとおり，WLを生起させる原因とほぼ一致している（北村・矢野 2000；北村ら 2005）．

① 用水路からの大量の漏水
② 用水路の低機能に起因する大量の用水管理損失
③ 排水路系の低機能と劣悪な管理
④ 灌漑農地における水収支・塩類収支の不均衡
⑤ 水稲作付圃場への過剰灌漑
⑥ 八圃式輪作体系の運用（湛水状態の圃場と畑状態の圃場が同一灌漑区で混在）
⑦ 粗雑な圃場の均平と水管理
⑧ 可溶性塩類総量（TDS）が 1000 mgL^{-1} を超える河川水の灌漑用取水
⑨ 水路周辺部の集積塩類の溶出

なお，八圃式輪作体系とは，灌漑区を8小区に分割し，水稲，水稲，休閑，水稲，水稲，牧草，牧草，牧草の順に栽培を割り当て，輪作を行う（すなわち，4小区に水稲，3小区に牧草を割当て，1小区は休閑とする）体系である．

上記9項目のうち①～⑦はWLをもたらす原因であり，これらの問題を解決することが，その対策となる．この地域において筆者らは次の対策を提案している（Kitamura et al. 2006）．

① 湛水状態（水稲作）を極力回避する．水稲作を基軸とする輪作を行う場合は，同一灌漑区での水稲作と畑作の混作を避ける（水稲作か畑作のどちらかに統一することにより，地域の排水管理・地下水管理を徹底させる）．

② 灌漑効率を改善（搬送損失，圃場水適用損失の削減）する．そのためには，(a) 水路舗装の導入，(b) 水路建設時の締固め作業の徹底（破砕転圧工法の採用など），(c) 水路延長の最短化（経済的に可能であれば，ポンプ灌漑の導入と水路のパイプライン化），(d) 綿密な水理制御を可能にする水路施設の整備・修復，(e) 圃場均平度の改善，(f) 農民の水に対する価値観の修正と適正な水価の導入，などが具体的な対策としてあげられる．
③ 過湿状態を回避するために水路沿い，圃場周辺に植林を導入し，樹木の吸水能力を利用した排水改善を進める（生物的排水）．
④ 排水路系の機能を確保するため，浚渫などにより排水路の維持管理を徹底する．また，必要に応じて圃場に暗渠排水施設を設置する．
⑤ 排水末端（蒸発池）を適正に管理することにより，灌漑区における地下水位を適正に制御する．散在する浅い三日月湖に蒸発池としての機能を持たせ，塩生植物を植栽して排水処理能力を高める．

　以上はシルダリア川下流域の事例であるが，地域によってWLの原因とその対処方法は異なるので，コストパフォーマンスを考えながら，適正な対策をたてる必要がある．
　地下水位を制御する方法として，従来型の物理的排水と最近注目を集めている生物的排水に分けることができるが，それぞれの詳細について以下に述べる．

4-4-3　ウォーターロギングの制御法

　上述のように，適正な水管理を徹底することによりWLを生起させないことが基本となる．しかし，不幸にしてWLが生起した場合には，人為的に排水を促進して，排水環境を改善し，可能な限り早急にWLを解消しなければならない．以下に，WLが生起した場合の排水改良対策として，物理的排水対策と生物的排水対策について，各国の事例を紹介しながら述べる．

物理的排水法
　乾燥地におけるWLや塩類集積を防止するための従来型の解決法は，適度の間隔・密度で地表排水路（明渠）を整備することが基本となる．さらに排水効果

を高める必要がある場合には，地下排水機能を付与する．

地表排水路の設計においては，まず排水を行う対象地域を設定し，その排水をどこに排除するかを決定する必要がある．多くの場合，河川か湖あるいは海を排水先とするが，排水は塩類濃度が高く水質的に問題のある場合が多いので，下流域の水環境に及ぼす影響など充分に配慮して選定する必要がある．また，排水システムの排水効果は排水路の間隔・密度とその深さ・断面積によって決まるので，対象地域の土性，地下水位，灌漑方法，降雨強度，栽培作物などを考慮して設計する．整備後の運転経費の面から重力排水が基本となるが，排水先の水位が高い場合には，ポンプ排水とする必要がある．しかしながら，透水性の低い土壌からなる地域においては，地表排水路だけの構成では排水効果に限界がある場合が多い．たとえば，米国カリフォルニア州のインペリアルバレーのインペリアル灌漑区（Imperial Irrigation District）においても，地表排水だけでは排水路の周辺しか効果が及ばないことから，図 4-17 に示すように 1940 年頃より現在に至るまで積極的に暗渠の敷設が行われてきている．なお，このデータは同灌漑区より提供いただいたものである．

地下排水施設には，垂直型および水平型の二つのタイプがある．前者はポンプ付の管井，後者は埋設パイプ（暗渠管）と深い明渠排水路からなる．地下水制御における基準となる水位は，塩類濃度の高い地下水を作物の根の先端まで毛管上

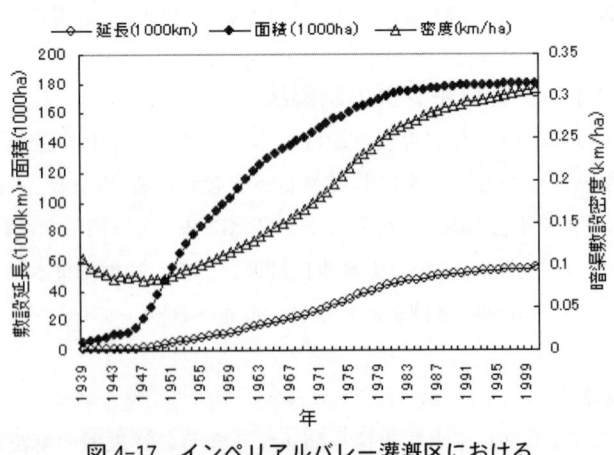

図 4-17 インペリアルバレー灌漑区における暗渠排水整備の歴史的経緯

昇させないための地下水位である．すなわち，地下水面からの毛管上昇高に，作物の根の深さ，さらに余裕高を加えた値である．一般に乾燥地域では，地下水位は砂質土の場合地表面下 1.2〜1.5 m 以上，粘質土の場合 1.5〜2 m 以上深く制御することが要求される（北村 1993b）．

地下排水システムは，一般に以下の施設・機能で構成される．

① 土中余剰水の地下排水路（管井，暗渠管，深い明渠）への流入・流出の促進．流入・流出効率を高めるため，モグラ暗渠（mole drain，弾丸暗渠ともいう）を敷設し，過剰水を地下排水路へ導くこともよく行われる．
② 暗渠管と明渠については，流入・流出した排水の集水管への集水，およびその後幹線排水路への送水．集水管内水位は幹線排水路水位より高くなるように設計する重力排水が基本であるが，地形的にそれができない場合は，ポンプ排水を採用する．
③ 管井または幹線排水路末端から地区外（排水先）への排水．排水システムの末端水位が排水先の水位より低い場合には，ポンプ機場を設ける．
④ 適当な排水先がない場合には，灌漑地区周辺の低位部に排水を溜めるための池（蒸発池：evaporation pond）を設けて排水する．これは高塩類濃度の排水を一定の場所に集めて蒸発させ，塩類を結晶化・析出させる処理方法である．
⑤ 地下排水システムの直接的塩類集積抑制機能：土壌中の過剰水分排除時に溶脱塩類を根群域から除去する機能を有する．

管井（tubewell）による垂直排水（vertical drainage）　これはストレーナー部（周囲に多数の孔をあけた部分）を有する管を垂直に地中に埋設し，ストレーナー部より管内に地下水を流入させ，それをポンプで強制的に汲み上げることにより，地下水位をコントロールする方法である．ストレーナー部の目詰まりを防止するため，その周囲には適切な粒度の砂利をフィルターとして充填することが必要である．この方法は，パキスタンのインダス平原で大規模に採用され，深刻な WL と塩類集積問題の短期的改善にかなり有効であることが実証されている．しかし，長期的に見た場合，地下水の塩類化，下流域への高塩濃度水の排出といった地域環境上の問題など課題は多い（北村 1993b）．この方法は，比較的透水性のよい土壌地域の排水には有効であるが，そうでない場合には水平排水に比べ排水効率が低くなる．また，水平排水に比べ建設費と維持管理費が高くなるという

マイナス面もある．以下にパキスタン・インダス平原とエジプト・ナイルバレー，デルタ周辺における WL 対策について紹介する．

管井による垂直排水事例 1　パキスタン・インダス平原における WL 対策プロジェクトを紹介する．パキスタンのインダス川流域では，英領インド時代から独立後にかけての 1 世紀にわたり大規模な灌漑事業が展開された．用水路網が拡大し，農地への供給水量が急速に増加したため，1950 年代後半から，WL と塩害がきわめて重大な問題として顕在化してきた．この問題は，用水路系および末端圃場からの漏水が大量に地下に還元され，流域全体の地下水位を大幅に上昇させたことに起因する（写真 4-3 参照）．

　WL と塩害は，毎年広大な土地をむしばんでおり，農地荒廃の元凶となっている．WL による被害が大きいとされている耕地（地表面から地下水位までの深さ（以後，地下水深と呼ぶ）が 1.5m 以内）は，パンジャブ州で 1979 年には 122 万 ha（12.2%），1989 年には 47 万 ha（6.5%），シンド州で 1979 年には 119 万 ha（20.7%），1989 年には 160 万 ha（27.9%）となっている（Kijne and Vander Velde 1991；北村 1993a）．この間において，パンジャブ州では排水事業が推進されたこともあり，減少傾向を示しているが，対策が遅れたシンド州においては増加傾向を示している．なお，1990 年代に入ってシンド州でも排水事業が積極的に展開され，図 4-18 に示すように 2000 年頃から減少傾向を示している（Federal

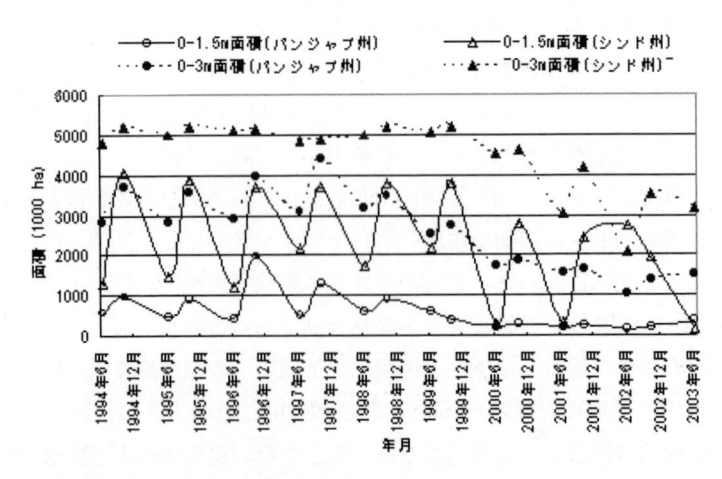

図 4-18　インダス川流域におけるウォーターロギング面積の推移

Bureau of Statistics 2007).

以上が背景である．続いて，インダス平原の WL・塩害対策を説明する．

WL と塩害問題に対処するため，政府は 1958 年水利電力開発公社（WAPDA）を創設し，翌年塩害対策計画（SCARP）を発足させた．この計画は，地域内に多数の大型管井を据付けて地下水を汲み上げ，地下水位を下げて WL と塩害から農地を守ることを目的としている．同時に揚水した水のうち，良質水（塩類濃度 1,000 mgL^{-1} 以下）は灌漑または土壌塩類の溶脱のために利用する．中程度の水（同 1,000 ～ 3,000 mgL^{-1}）は用水路の水と混合して利用し，劣質の水（同 3,000 mgL^{-1} 以上）は排水路に排除する．事業完了地区においては，地下水位が徐々に低下し耕作が可能となっている．モナ地区では，揚水開始後 10 年間で 0.9 ～ 1.8 m の地下水位低下が記録されている（佐藤 1990）．

管井はインダス川流域で，1960 年に 5 千以下であったが，現在では 73 万井程度に増え，増加の傾向にある（図 4-19）（Ministry of Food, Agriculture and Livestock 2004）．揚水した地下水は，上述のように塩類濃度が 3,000 mgL^{-1} 以下の場合，地表灌漑水と混合して利用する．このことを「地表水と地下水の複合利用（conjunctive use of surface water and groundwater）」と呼び，インダス川・ガンジス川沿岸，中国北部平原などの乾燥地域で広く行われている．インダス川沿岸においては，上流側のパンジャブ州では活発に行われているが，下流側のシンド州ではほとんど行われていない．それはシンド州では土壌の透水性が低く，地下水質もパンジャブ州に比べ劣悪なためである．パンジャブ州において地表水と地

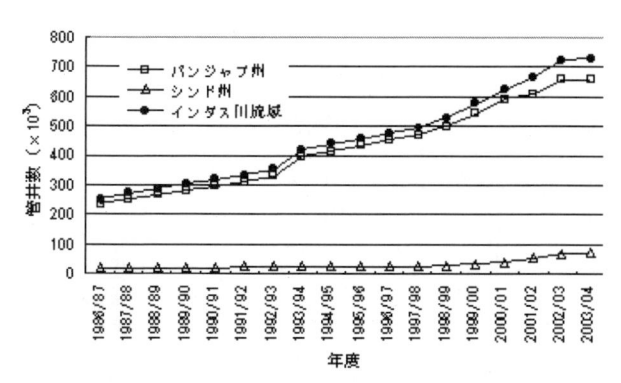

図 4-19　インダス平原における管井数の推移

下水の複合利用が行われている農地面積は792万haにも及び，全灌漑農地面積の54%をも占めている（Federal Bureau of Statistics, Pakistan 2007）．

管井による垂直排水事例2　エジプトのナイルバレー・デルタ周辺におけるWL対策を紹介する．エジプトのナイルバレー・デルタ周辺の砂漠では，ナイル川の水をベースとした灌漑開発が進められている．約40年前に始められ，1980年末までに約42万haが開発されたと言われている（Amer and Alnaggar 1989）．新開拓地での地表水を用いた灌漑は，地下水涵養を生じ，隣接する既耕地であるナイルの氾濫原への地下水流入量を増加させる．このため，既耕地におけるWL，塩害が顕在化した．1990年頃には，4,000ha以上の肥沃な既耕地が影響を受けていた（Samir et al. 1991）．

この問題を解決する有効手段として，管井を用いた垂直排水が奨励された．すなわち，図4-20（北村 1994）に示すように，既耕地の外縁部に管井を設置し，流入地下水を揚水して地下水位を制御するとともに，良質水は既耕地への補助灌漑として利用する．また，開拓地自体においては，夏期のピーク用水量を地下水補給で賄い，冬期の余剰水は地下水涵養にまわすことができる．このため，砂漠開発において複合利用を導入すれば，水路系の施設規模をかなり小さくすることもできる．

暗渠排水（subsurface drainage, tile drainage）　暗渠排水は，地下に緩勾配の排水溝を作り土壌中の余剰水・地下水を排水溝に集めて，最終的に排水路へ排除する施設である．暗渠排水には，簡易暗渠と完全暗渠の二つに分けることができる．簡易暗渠は，竹，ソダ，石礫などの材料を埋設して，土中に水みちを作り排水す

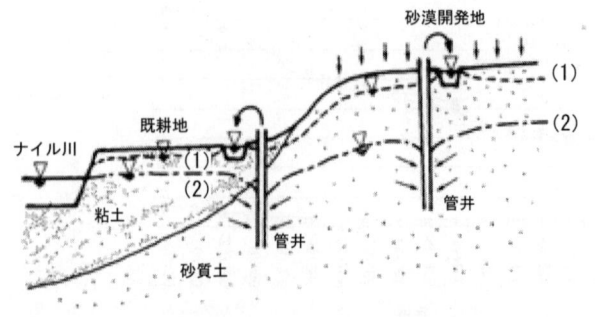

図4-20　垂直排水による既耕地のウォーターロギング・塩害防止

る方法である．モグラ暗渠もこれに含まれる．完全暗渠は，素焼土管やセメント管，PVC 製の多孔管などの材料を使用する方法である．モグラ暗渠は，弾丸暗渠とも呼ばれ，完全暗渠の集水効率を高めるための補助暗渠として用いられる場合が多い．以下に，エジプト・ナイルデルタ，バレーとパキスタン・第 4 排水プロジェクトの事例を紹介する．

暗渠排水の事例 1 エジプト・ナイルバレーおよびデルタにおける暗渠排水（北村 1993a）を紹介する．エジプトの農業生産において，WL および塩類集積問題は，灌漑水の不足とともにきわめて重要な問題である．1960 年以来，エジプト政府は暗渠排水の効果を強く認識し，地表排水系の強化と平行して暗渠排水を推進してきた．暗渠敷設面積は 1992 年で約 166.5 万 ha に及び，2000 年までに延べ 200 万 ha の敷設が終わり，2010 年までに延べ 270 万 ha の敷設が予定されている．同国における暗渠排水は，排水事業庁（EPADP）が維持管理も含めて行っている．暗渠排水の材料としては，以前は土管が使われていたが，現在ではプラスチック PVC コルゲート多孔管が使われている．

設計および維持管理は次のように行われた．

① 地域の選定：暗渠排水を行う地域の選定は，WL と塩害による減収の程度や既存の幹線排水路系との接続の可能性によって判断する（Amer and Alnaggar 1989）．一般に，暗渠排水は地下水位が地表面下 1 m 以下，あるいは土壌の ECe が 4.0 dSm^{-1} 以上の地域で必要である．

② 配置：従来型と修正型の 2 タイプがあり，図 4-21 に示すように格子状に配置する（Amer and Alnaggar 1989; 北村 1993a）．支線暗渠の平均長さは約 200 m である．集水渠の長さは，地形や幹線排水路の位置によって決まり，200 m から 2 km 以上にも及ぶ．

③ 埋設深・間隔：暗渠の埋設深は，幹線排水路の深さ，地形勾配，経

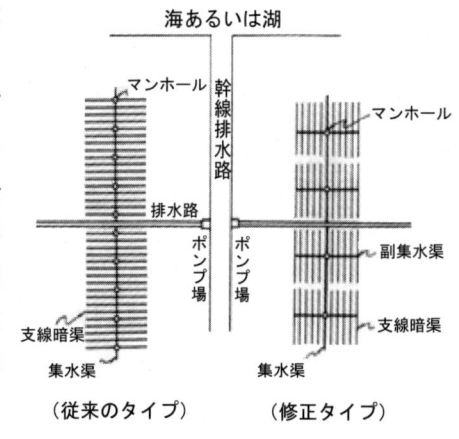

図 4-21 ナイルデルタにおける暗渠排水の配置

済条件などにより，平均 1.3 〜 1.4 m とする場合が多い．支線暗渠は普通その上流端で 1.2 m の深さに埋設される（Amer and Alnaggar 1989）．支線暗渠の間隔は，粘質土 40 m，砂質土 60 m で計画される．暗渠排水の設計に当っては，灌漑を行った 4 日後には地下水面を地表面下 1 m 以深に制御できるという条件が基準になる（Farid 1988）．

④排水係数：水稲作地域以外の地域の集水渠の排水係数は，3 mm d^{-1} とされている（Amer and Alnaggar 1989）．水稲作地域での水稲作は連続的に行われるのではなく，夏期は綿，メイズ，水稲，冬期は小麦，ベルシーム，豆類といった 2 〜 3 年周期の輪作に組込まれて行われる．当初水稲作地域では，集水渠の排水係数は 4 mm d^{-1} とされていた．しかし，この設計値では湛水田の浸透量は増大し，用水損失と肥料分の溶脱を促進するため，図 4-21 に示す修正タイプを導入した（Amer and Alnaggar 1989）．この修正タイプでは，水稲栽培期に暗渠の排水係数を 2 mm d^{-1} に減らすことを認めている．すなわち，副集水渠の出口に簡単な栓を取り付けて，水稲栽培期にはこれを閉めて排水を制御し，ほかの作物の栽培期には開けて集水渠内流れが自由流となるようにする（Amer and Alnaggar 1989）．修正タイプの土壌塩分や作物収量に及ぼす影響は悪くない（Abdel-Dayem 1985）．

⑤設計勾配：支線暗渠の勾配は，1:1,000 〜 1:500 である．集水渠の勾配は管径，暗渠の深さ，出口深さによって決まる．

最後に，経済評価を検討する．

完了地区の経済評価から，この事業の経済的妥当性は実証されている．暗渠の敷設された試験圃場において，13 年間にわたって得られたデータによれば，平均増収はナイルデルタでは小麦 27 %，メイズ 24 %，綿 21 % であり，ナイルバレーでは小麦 37 %，メイズ 38 %，綿 35 % であった（Salem Mousa 1992）．30 年間の評価期間における平均経済収益率（ERR）は，デルタで 17 〜 25 %，ナイルバレーでは 12 〜 19 % である（Salem Mousa 1992；北村 1993a）．

写真 4-5，写真 4-6 は，西部デルタのトルーガ地区における支線暗渠（PVC パイプ）の機械施工の状況を示す．支線暗渠の敷設速度は，平均 1.5 km d^{-1} である．集水渠にはコンクリート管を使用し，同様に専用の機械を用いて敷設する．敷設

4-4 ウォーターロギングの予防と制御法　217

写真 4-5 支線暗渠の機械施工
トルーガ地区.

写真 4-6 支線暗渠の機械施工
トルーガ地区.

速度は，平均 0.5 km d^{-1} である．なお，このとき施工中の集水渠付近の地下水の電気伝導度は 5.36 dS m^{-1} であった．

暗渠排水の事例 2　パキスタン・第 4 排水プロジェクト（北村 2004）を紹介する．インダス川沿岸パンジャブ州における代表的な総合排水事業として，第 4 排水プロジェクト（Forth Drainage Project LRRP）がある．このプロジェクトは，SCARP-V プロジェクトの一環として 1983 年 10 月〜 1993 年 6 月にかけて実施された．実施地域は，チュナブ川とラビ川に挟まれた Rechna Doab（レチェナ輪中：Doab は輪中の意）の南西部で，ファイサラバード郡に位置する．地区の総面積は 14.3 万 ha，受益面積は 11.9 万 ha である．図 4-22 に，本地区に含まれる S1B9

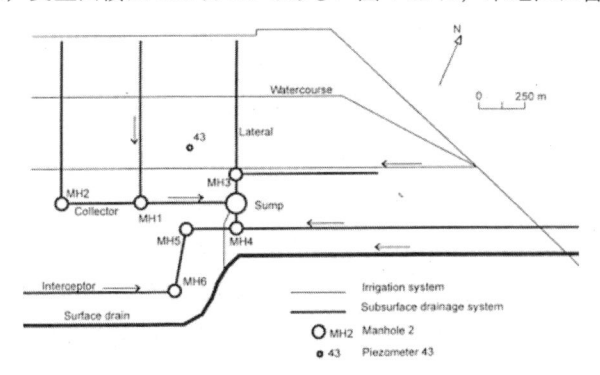

図 4-22 S1B9 排水ユニットの計画図
出典：Kelleners and Chaudhry（1998）

表 4-6　プロジェクト完了後の効果

	比較年次	1983 年	1996 年	1998 年
地下水位 (面積率)	0〜1.5 m	77%	26.8%	17.2%
	1.5〜3.0 m	21%	53%	70%
	3.0 m 以上	2%	20%	12%
地下水水質 (面積率)	比較年次		1985 年	1994 年
	利用可能		24.4%	37.6%
	境界域水質		32.1%	20.5%
	危険水質		43.5%	41.9%
塩類土壌 (面積率)	比較年次		1985 年	1994 年
	塩類土壌率		44%	31%

排水ユニットの計画図を示す．土壌は，おもに沖積堆積物からなり，土性はシルト (silt)，ローム (loam)，シルト質埴壌土 (silty clay loam)，ローム質砂土 (loamy sand) である．

地区内では通年灌漑が行われており，供給量は 3.5 cusec / 1000 Acres (2.1 mm d^{-1}) である．プロジェクト実施前の排水路延長は約 288 km であったが，実施後には 408 km に拡張された．排水路の平均縦断勾配は，0.02% ときわめて緩勾配である．

プロジェクト実施前の地下水位は非常に高く，地下水位が地表面から 1.5 m 以内にある面積は地区面積の 77% も占め，3 m 以内では実に 98% も占めた（表 4-7）．浅層地下水の水質は悪く，使用可能なものは 24.4% で，32.1% は境界域にあり，残り 43.5% はとくに有害なものであった（表 4-6）．土壌は正常で塩性化していないものが 57%，塩性ソーダ質土壌が 35%，ソーダ質化していない塩性土壌などが 8% をそれぞれ占めていた．

このプロジェクトの主な目的は，次の 4 点である．すなわち，①暗渠排水の敷設による地下水位の低下と土壌塩類濃度の減少，②地表排水施設の整備による排水能力の向上，および降雨に起因する洪水の軽減，③圃場水管理の改善による節水とそれにともなる灌漑供給能力の向上，④普及活動の強化と暗渠排水の計画，設計，施工技術の開発である．

また，事業内容の概要は次の 4 項目である．

① 暗渠排水：このプロジェクトの中心となるものであり，この地区では地形が平坦で十分な落差が取れないため，暗渠，集水渠からの排水をスンプ（Sump）と呼ばれる吸水槽（深さ：地表面下 5 ～ 7 m，内径 3.05 m）へ集め，それをポンプで排水路へ排除するポンプ

写真 4-7　暗渠排水システムのスンプ
第 4 期排水路プロジェクト．

排水システムが採用されている（写真 4-7，写真 4-8）．したがって，一つの Sump で支配される地域が，暗渠排水の最小単位となる．暗渠排水工事の概要は次のとおりである．(a) スンプ数：79 箇所（ポンプ：168 基），(b) 暗渠排水の延長：821 km，(c) 暗渠排水敷設面積：約 3 万 ha，(d) マンホール数：650 箇所（写真 4-9）．

② 地表排水（明渠排水）：降雨に起因する余剰水の排除とスンプに集められた土中排水を流下させる機能をもたせるために整備する．新設明渠は 90 km で，既設明渠の補修・改修は 315 km である．また，排水施設は新設が 390 箇所，補修・改修が 746 箇所である．

③ 電化工事：各スンプから最寄りの明渠への排水はポンプで行う必要があり，電動ポンプを基本に計画が立てられている．その必要な電力を供給するために総延長 145 km の送電線の建設を行う．

写真 4-8　暗渠排水システムの Sump（吸水槽）の内部
第 4 期排水路プロジェクト．

写真 4-9　暗渠排水システムのマンホール
第 4 期排水路プロジェクト．

④ 圃場レベル水管理改善のための整備：(a) 用水路 400 本のライニング（舗装），(b) 延長 865 m の用水路の改良，(c) 8,100 ha の圃場の精密な均平工事

第 4 排水プロジェクトにおける設計の基本方針は，以下のとおりである．

① 設計地下水深：1.2 m
② 暗渠敷設深：2.4 m（2.0 〜 3.5 m）
③ 集水渠敷設深：2.5 〜 4.0 m
④ 排水係数：2.44 mm d^{-1}
⑤ 暗渠設置間隔：105 m 〜 610 m
⑥ 暗渠管：PVC パイプ，サイズ 暗渠：4，6，8 インチ，集水渠：10，12，15 インチ，疎水材：川砂利

第 4 排水プロジェクトの効果を評価するため，プロジェクト開始時と完成後における地下水位，水質，塩類土壌などの変化を比較すれば，表 4-6 のようになり，各項目の効果が確認できる．

このプロジェクトの問題点として，導線，変圧器，モーター，ポンプ，マンホールの蓋などの盗難が上げられる．実際に電線が盗難によってなくなり，ポンプの稼動ができないため，機能していないスンプがいくつか見かけられた．このほか，マンホールへごみが投げ込まれることによる集水渠の機能低下なども深刻な問題である．

生物的排水法　生物的排水法（biological drainage, biodrainage：以下，バイオ排水という）は比較的新しい用語であるが，その概念は古くから存在した．植生を用いて，水はけの悪い土地の排水環境をよくしようとする試みは，世界各地で古くから行われていた（Heuperman et al. 2002）．さらに，従来の集約的な農業開発や単一栽培の環境に及ぼす負の影響に対する反省が近年急速に高まり，この問題を改善する一つの方法として，樹木や耐塩性作物を積極的に活用し，かつ景観整備や排水改良に役立てようとする試みは活発に進められている．

バイオ排水は樹木や灌木の吸水力・蒸発散力を利用して行う排水であり，低地での排水，水路沿いの地下水上昇の防止，圃場での地下水位制御などに，吸水力の強い樹木を植栽することにより効果を発揮している．樹木はただ単に木材生産物としてだけでなく，排水促進や生物多様性改善の機能をも有する物として，多

目的に利用しようとする概念は広く受け入れられつつある（Heuperman et al. 2002）．写真4-10 は中国陝西省大荔県の洛恵渠灌区で取り入れられている水路沿いのポプラの植林である．水路からの漏水の捕捉による WL 防止と景観改善などの効果が期待される．

バイオ排水を応用した技術であるバイオ排水処理（bio-disposal）も近年注目を集

写真 4-10 圃場用水路沿いのポプラの植樹
中国陝西省大荔県の洛恵渠灌区．
<small>ダーリー　ルオフイチー</small>

めている．この方法は，耐塩性の強い樹木，灌木，植物を用いて，農地排水など塩類濃度の高い排水を吸収させることにより，排水をより濃縮して処理する方法であるが，米国などで試験的に導入されている（Cervinka et al. 1999）．

バイオ排水のプラス面としては，Heuperman et al.（2002）は次のように要約している．
① 灌漑地域においてより自然な環境整備が行えること．
② 総合的農村開発や農村生活の快適化に貢献できること．
③ バイオ排水とバイオ排水処理システムの長所に加えて，用いる植生により木材・薪炭材・樹脂・果実・繊維などの生産，二酸化炭素吸収，風食の軽減効果，日陰の供給，防風林としての機能，肥料としての有機物の産出，植物相と動物相の維持と生物多様性の保全，大気汚染の軽減などに貢献できること．
④ バイオ排水は植物を植栽するだけのシンプルなシステムながら，従来型の暗渠排水システムが保有すべき主要な機能（地中の余剰水を吸収して集め，最終的に地区外へ排除するまでの機能）を有すること．
⑤ 経費は比較的安く，農民自身の利益で実施することができる．しかしながら，場所によっては，垣根や野生生物保護などの必要性から高くなる場合もある．

また，バイオ排水のマイナス面について，以下のように要約している（Heuperman et al. 2002）．
① より多くの土地を必要とする．
② 塩類の除去という点での効果は未確認である．むしろ塩類集積層を下層に形成するという研究結果がある．
③ 制御排水（controlled drainage）はできない．なお，制御排水とは，状況に応じて排水効率を調節することが可能な排水のことをいう．

上記②のマイナス面に関連して，Heuperman（1995）はオーストラリア・ビクトリア州北部にある持続的灌漑農業研究所（ISIA）Kyabramセンターの常時地下水位が高い2.4 haの試験区において，ユーカリ種を1976年8月に植栽し，その後の地下水位と土壌のEC（電気伝導度）の変化を観測している．なお，この地域の年平均降水量は480 mmで，年平均計器蒸発量（クラスAパン）は1,403 mmである．この観測により，1977年2月時点で地表面下1.94 mであった地下水位は，1982～1993年の観測期間を通して3.5～5.5 m程度に維持されていることが確認された．また，植栽区域では樹木の吸水作用により，地下水位が下層土の土中水圧を常時下回って維持されていることが観測期間を通して確認され，明確なバイオ排水の効果が立証された．しかし，土壌ECについては，1983年10月時点で$EC_{1:5}$（土水比1:5の土壌抽出液のEC）=0.12～0.25 dSm^{-1}であった物が，1992年4月には地表面下2.5～5.5 mの間に0.4～1.1 dSm^{-1}の塩類集積層を形成し，3.5～5 mの間が0.9～1.1 dSm^{-1}のピーク層となっている．塩類集積層の塩類濃度は危険なレベルではないものの，地下水位変動域に毛管上昇帯約1.0 mをプラスした範囲とよく一致して形成されていることが確認された．このことから，採用する樹種や現場の条件によっては，危険なレベルの塩類集積層を形成する可能性が示唆される．

バイオ排水を従来型の排水システムと組み合わせれば，上述のプラスとマイナスの側面を併せもつことになる．したがって，両者を組み合わせれば，従来型の排水システムだけを用いる場合に比べ，よりプラス面が大きく，マイナス面が少なくなる．Heuperman et al.（2002）は，一般の排水システムを単独で用いるよりも，バイオ排水と組み合わせて行うほうが好ましいと推奨している．

地下水涵養域におけるバイオ排水システムは，持続可能な管理の一つとして広

く支持を得ているように思われる．地下水位が浅い排水域では，深根性樹木を用いたバイオ排水システムは，しばしば塩類の集積をともなう．このような条件のもとでは，バイオ排水と従来型の排水を組み合わせることが最も適当な設計法と考えられる（Heuperman et al. 2002）．

生物的排水法の事例：インド・ラジャスタン州：インディラ ガンジー水路プロジェクト（IGNP）における WL とバイオ排水（Heuperman et al. 2002）を紹介する．

インディラ ガンジー水路プロジェクト（IGNP）は，約 187 万 ha の灌漑農地を創設することによって，ラジャスタン州西部の砂漠地帯（タール砂漠）を緑の農村空間として開発するインドの代表的大規模灌漑計画である．この計画は北東部をカバーする I 期と南西部をカバーする II 期の二つのステージからなる．

灌漑水はサトラジ川で取水され，ラジャスタン導水路（延長 204 km，能力 524 m^{3}s^{-1}）により，ラジャスタンの州境まで送水される．その地点からは，幹線水路（延長 445 km）で送水され，（まだ完成していないが）総延長 9,180 km の二次，三次水路システムに分水される．灌漑水は約 1,500 km という長距離を経て灌漑供給地域の末端まで到達することとなる．水路はプロジェクトにより舗装されるが，末端の圃場用水路の舗装は農民に委ねられる．水路はセメントモルタルに粘土タイルで舗装され，当初は一層舗装であったが，13 ％ もの漏水損失があったため，基本的に二層舗装が行われている（Kitamura et al. 1997）．

IGNP 地区に最初の灌漑が行われて間もなく，幹線水路沿いの広大な地域が水浸しの状態になった．比較的透水性のよい浅い土層が存在することもあって，水路からの漏水が浅い地下水層を形成した（Kapoor and Denecke 2001）．表 4-7 は，

表 4-7　IGNP 受益地区における過湿状態面積

	年					
	1992-93	1993-94	1994-95	1995-96	1996-97	1997-98
I 期地区						
地表湛水面積（ha）	13,750	9,680	10,192	14,750	17,220	22,008
地下水位が地表面下 1.5 m 以浅の面積（ha）	22,000	17,760	18,970	20,670	24,140	28,760
II 期地区						
地表湛水面積（ha）	1,000	526	1,000	800	1,243	1,242
地下水位が地表面下 1.5 m 以浅の面積（ha）	4,062	NA	4,500	5,470	4,500	3,790

出典：Heuperman et al.（2002）

表 4-8 IGNP 地区における灌漑実施面積

年	灌漑面積（× 10³ ha）		
	I 期	II 期	合計
1975-76	289	-	289
1985-86	463	2	456
1995-96	664	137	801
1998-99	699	221	920

表 4-9 IGNP 地区における水路沿いの植栽幅

水路種類	I 期地区 (m)	II 期地区 (m)	
		左岸側	右岸側
幹線水路	100	200	100
支線水路	50	100	50
配水路	30	50	50
小水路	15	25	25

　IGNP 受益地区全域の 1992 年以降の WL による被害面積の変化を示す．1991 年 6 月の調査によれば，完成後間もない幹線水路の 228 ～ 416 km 区間において，周辺に生じた地表湛水は 127 地点で面積 900 ha にも及んでいることが確認された．

　I 期の受益地区の 1952 年の地下水位は一般に地表面下 40 ～ 50 m であったが，灌漑の開始とともに地下水位は上昇し始めた．1981 ～ 1992 年において，地下水位は平均 0.92 myr^{-1} の割合で上昇した．II 期地区でも灌漑開始とともに上昇したが，I 期地区ほどの急激な上昇率は示さなかった．I 期地区の急激な地下水位上昇はおもに次の理由に帰すると考えられる（ICAR 1992；Kitamura et al. 1997）．

① I 期地区への過剰灌漑（計画粗用水量 560 mm に対し，実際の平均粗用水量は 1,260 mm）．
② 水路網からの過剰な漏水．
③ ガガール (Ghaggar) 川の氾濫水を溜めた 18 の池からの漏水．
④ 受益地区 12 万 ha の浅い層に存在する硬盤層（hardpan）による深層への浸透抑制．とくに，表 4-8 に示すように，2000 年頃まで II 期地区の灌漑は部分的にしか始まっていなかったため，I 期地区への水供給は過剰気味に供給された．

　WL を軽減する対策として，インド農業研究院（ICAR）は，①灌漑供給量の減少と適用効率の向上，②水路の舗装損傷部の補修，③水路沿いの承水路 (interceptor drains) 設置，④地下水と地表水の複合利用（管井による垂直排水との併用），⑤ガガールくぼ地の溜水の管理，⑥バイオ排水の導入，⑦暗渠排水の導入などを提案した（ICAR 1992; Kitamura et al. 1997）．

　この中で，とくにバイオ排水が積極的に取り入れられ，樹木の植栽が水路沿いと湛水した地域の周囲で進められた．植栽 6 年後には湛水が見られなくなり，地下水位は約 15 m 低下した．詳細な調査が水路の 1.5 km 区間で行われ，樹木の植栽による排水改良効果が実証された．

表 4-10 IGNP 地区における植林事業の実施状況（1996）

植林事業の種類	植栽面積 (ha)		
	I 期	II 期	計
水路沿い植林	11,703		11,703
道路沿い植林	2,582		2,582
砂丘固定・草地造成植林	94,908	58,000	152,908
薪炭材植林	5,270		5,270
合計	114,463	58,000	172,463

　IGNP 地区における植林事業は，①保安林の造成により風送砂から水路を保護すること，②地域の需要を満たすため，木材，薪炭材，飼料を生産すること，③環境全般を改善することを目的に実施された．I 期地区の植樹活動は 1962 年に開始され，1974 年に大規模に実施された．植林計画は水路沿いの植林，ブロック植林，砂丘固定，草地開発，道路わき植林，環境植林で構成された．

　全水路の両側に表 4-9 に示す幅の植栽区間が連続的に設けられた．植林事業を実施するために，森林局のもとで特別な組織が設立された．筆頭森林保全官がその組織の長となり，I 期地区と II 期地区それぞれを統括する 2 人の森林保全官とともに任にあたった．この植林事業は，日本の国際協力銀行（JBIC）や国際農業開発基金（IFAD）をはじめとするいくつかの国際機関から資金援助を得て行われている．

　灌漑地域に植栽された主要な樹種は，耐塩性ユーカリ（オーストラリア名：リバーレッドガム，*Eucalyptus camaldulensis*），シッソノキ（*Dalbergia sissoo*），アラビアゴムモドキ（*Acacia nilotica*）である．非灌漑地に植栽された樹種は，中近東原産マメ科樹木（アグロフォレストリーによく用いられる．インド名：Khejro，アラビア語：Ghaf，*Prosopis cineraria*），タール砂漠によくみられる樹木インド名 Rohida（*Tecomella undulate*）そしてナツメ属の樹木（*Ziziphus* spp.）であった．植栽された草種は，タール砂漠でよく見られる Sewan 草（*Lasiurus sindicus*）は草地や砂丘固定のためのマルチ帯の間に植栽された．イネ科サトウキビ属の草（*Saccharum munija*），灌木（Sodom Apple，*Calatropis procera*）の種，ヒマの種などは水路盛土部の安定化用に播種された．

　Eucalyptus camaldulensis は最も成長が早く，*Prosopis cineraria* は最も遅かった．しかし，*Prosopis cineraria* は，灌漑を行うことにより成長率がきわめて向上した．

Dalbergia sissoo と *Acacia nilotica* はバイオマス生産量が多かった．

1996年における官有地での植林事業実施面積は表4-10に示すとおりである．事業地区の樹冠密度は40%以上であり，利用可能な林分成長量は約150 $m^3ha^{-1}yr^{-1}$ と見積もられる．

農民たちは自分の農地や農地境界に沿って植栽するよう奨励されている．過湿問題を克服するため，いくつかの農家は自分の土地に樹木を植栽してバイオ排水を積極的に行っている．

IGNP地区における調査から以下の結論が得られた．

① 植栽された樹木による吸水量は 3,446 mm yr^{-1} で，これはクラスAパンの蒸発量の1.4倍に相当する．

② 樹木の植栽による地下水位の低下は15m以上可能である．

③ 樹木が充分に広大な面積に植栽され生育しているとき，地下水に及ぼす水位低下効果は，植栽されている地域だけに限定されないで，植栽区の外側500mの範囲まで及ぶ．植栽区の外側での地下水低下の効果は，植栽区の端からの距離，透水係数，涵養率，制限層の深さがわかれば，見積もることができる．

④ 樹木の植栽による土壌や地下水の塩類濃度の極端な増加はみられなかった．

⑤ 地下水の塩類濃度が低く，水路漏水など淡水の供給が得られる状態のもとで，植栽された樹木は，灌漑農地に対しバイオ排水機能を十分果たす可能性のあることが実証された．この方法により，WLと塩類集積の脅威は中・長期的に克服可能である．

⑥ 社会経済的環境にもうまく調和して機能する特定地域向けのバイオ排水システムを作り上げるためには，よりいっそうの研究開発が必要である．IGNP地区の農民は，バイオ排水の効果を自らの樹木管理を通して学んでいる．たとえば，樹木を部分的に伐採した場合，その部分が再び過湿状態気味になり，再植栽すれば状況は改善されることを経験的に認識している．このことから，バイオ排水は農民の経験を通して，より適正な技術として成長する素地が充分にあると考えられる．

(以上，北村義信)

4-5 ソーダ質土壌の改良

山本定博・遠藤常嘉・山田美奈

4-5-1 土壌改良法

改良の過程

　ソーダ質土壌の改良は，土壌の陽イオン交換部位（マイナスに荷電した部位）高い割合で吸着されているナトリウムイオン（以下 Na）を取り除いて，洗脱することによって行われる．しかし，Na は静電気的な力で土壌に保持されているため，水による洗浄では土壌から除去することは難しい．また，粘質なソーダ質土壌では透水性が悪化しており，Na 洗脱の前提となる水の下方浸透が期待できない状態になっている．土壌に吸着されている Na は，ほかの陽イオンとの交換反応によって離脱される．交換には二価の陽イオンであるカルシウムイオン（以下 Ca）が一般的に用いられ，Na 吸着部位には Ca が代わって吸着される．Ca との交換に伴って Na が減少し，土壌の化学的，物理的な状態が変化する．たとえば強アルカリ性を呈していた土壌の pH が低下し，それまで膨潤していた土壌は収縮を始める．その結果，土壌中に隙間がつくられ，透水性が改善されることによって，Na の洗脱が促され，ソーダ質土壌の改良が進行する．

　このように，ソーダ質土壌の改良は，土壌に吸着されている Na を Ca と置換すること（化学的なプロセス）から始まり，交換離脱された Na を効率的に洗脱する（物理的なプロセス）一連の過程が連携して行われなければならず，塩性土壌の改良よりも面倒である．

ソーダ質土壌改良の化学的，物理的手法

　土壌に吸着された Na を Ca と置換するためには，土壌溶液の Ca 濃度とその割合を高める，つまり，Ca に富み SAR（ナトリウム吸着比）の低い状態にする必要がある．最も一般的な方法は，水溶性のカルシウム資材を土壌に施与することであり，古くから適用されている（Oster et al. 1999）．代表的な改良資材として，石膏（$CaSO_4 \cdot 2H_2O$），塩化カルシウム（$CaCl_2 \cdot 2H_2O$），リン酸石膏（リン酸肥

料製造の副産物) などがあげられる. また, 土壌中に存在する難溶性のカルシウム塩 (カルサイト: 炭酸カルシウム ($CaCO_3$)) の溶解を促進させて土壌溶液のカルシウム濃度を高める方法もある. そのための資材として, 硫酸, 塩酸などの酸や, 硫黄華 (硫黄の粉末), 石灰硫黄合剤 (五硫化カルシウム), パイライト (黄鉄鉱: FeS_2) など硫黄成分 (硫黄が土壌中で酸化されて硫酸になる) を含む物があげられる. この方法は, 土壌中に難溶性のカルシウム塩が多量に含まれるときに有効であり, カルシウム資材の施与と同様の効果が期待できる. 点滴灌漑システムが導入されている圃場では, 灌漑・施肥時に硫酸を流してソーダ質化を抑制している例がある. また, 硫酸アンモニウムのような硫酸根を含む生理的酸性肥料も改良効果が期待できる (Carter and Pearen 1989).

これらの改良資材のなかで, コスト, 入手性, 施与しやすさという点で優れる石膏が, 一般的に用いられる. 石膏は溶解度が低いため, 緩やかに溶解して土壌溶液のカルシウム濃度を高め, 以下の式のとおり, 土壌に吸着された Na を徐々に Ca に置換し, 土壌から交換離脱された Na が根域外に洗脱される.

$$土壌\text{-}Na_2 + CaSO_4 \rightarrow 土壌\text{-}Ca + Na_2SO_4 (洗脱除去)$$

土壌から離脱された Na を洗脱する際, SAR の低い水が好適であるが, 土壌溶液の塩類濃度が低いと, 粘土が分散状態になりやすく (目づまりの原因になる), 土壌透水性の悪化によって改良が効果的に進まない. 塩分濃度の低い水は灌漑水としては望ましいが, ソーダ質土壌の改良には適さず, ある程度の塩分を含んでいるほうが粘土の分散が抑制され, Na が効果的に洗脱される. ソーダ質土壌の改良のために, 水にあえて塩水を加えて電解質濃度を高める場合もある (Sumner 1995). 石膏は溶解度が低く, 徐々に Ca が溶出されるために, 土壌溶液の電解質濃度を粘土の分散を抑制できる状態に維持しやすい. 土壌溶液の SAR の低下効果とともに, 電解質濃度の維持しやすさという点でも, 石膏はソーダ質土壌の改良に好適である.

改良に必要なカルシウム資材の量は, 土壌 ESP (交換性ナトリウム率) の低下幅 (改良前の土壌 ESP と改良目標値としての土壌 ESP との差, つまり, 土壌から取り除きたい交換性 Na 量), 改良する土壌の深さ, 資材のカルシウム含量などによって決められる. Na と Ca の交換反応は化学量論的に進行するので, よ

り多くのNaを除くためにはより多くのCaが必要になる．たとえば，表層45 cmの層がソーダ質化した土壌（ESP = 24%，CEC = 18cmolc kg^{-1}，容積重= 1.34 g cm^{-3}）があるとする．この土壌の表層30 cmをESP = 6%まで改良するためには，化学量論的に1 haあたり15 t以上もの石膏が必要になる．実際には30%程度多めに施与されるので必要量は20 t近くになる．

　塩化カルシウムと石膏では，溶解度が大きく異なるが，ESPを下げる効果はほぼ同様である．ソーダ質土壌の改良においてESPが目標値まで低下しても，それで改良が達成されたわけではない．土壌の透水性を高め，Caと交換離脱されたNaを洗脱しなければならない．土壌の透水性を良好に維持する上で，土壌の炭酸カルシウム含量とカルシウム資材の溶解特性が改良効果に大きく影響することがいわれている（Shainberg et al. 1982）．炭酸カルシウム含量の少ない土壌では，溶解度の高いカルシウム塩（たとえば塩化カルシウム）はそれ自体も洗脱されやすいため，脱塩にともない土壌溶液の電解質濃度が急激に低下し，透水性の悪化が生じやすい．いっぽう，溶解度の低い石膏を用いた場合には，Caの徐放性により土壌溶液濃度の低下が抑えられるため，透水性を良好に維持でき，改良の効果が高い．Shainberg and Gal (1982)によれば，難溶性である炭酸カルシウムでも，わずかに溶出するCaが土壌溶液の濃度の低下を抑えるため，炭酸カルシウムに富む土壌は透水性の悪化が起こりにくいといわれている．すなわち，カルシウム資材を選定する場合，土壌の炭酸カルシウム含量を考慮に入れる必要あり，炭酸カルシウム含量が少ないソーダ質土壌では，溶解度が中庸なカルシウム資材が好適である．

　土壌に吸着されたNaを粘土の分散を抑え土壌透水性を維持しながらCaと置換して排除する一連のプロセスの効率を高めるために，土壌の物理性を改善する手法も併用される．ソーダ質土壌によくみられる透水性不良の粘質な堅くしまった下層（ナトリック層）が浅い部位に存在する場合，深耕や真土破砕のような物理的改良が必要であるが（Abdelgawad et al. 2004），これらは，カルシウム資材の併用によって効果が大きく高められる（Rengasamy and Olsson 1995）．土壌中の有機物には，多糖類のような粘土の凝集を促す物質が含まれており，これらが団粒構造の形成と安定化に寄与することで土壌構造を良好に維持し，透水性を改善する．有機物含量の高い圃場は透水性が良好に維持される傾向が認められること

からも（Bruce et al. 1990），有機物の施与など土壌有機物含量を高める圃場管理は重要な意味をもつ．なお，粘土の凝集による透水性改善効果は，灌漑水にポリアクリルアミドのような高分子凝集剤を添加することでも認めらる（Zahow and Amrhein, 1992）．また，土壌構造を安定化させるために，土壌中の亀裂に石膏の溶液を注入する手法も実験室レベルであるが検討されている（Kamphorst 1990）．

ファイトレメデーションによる安価な土壌改良

　土壌のソーダ質化は，塩類の洗脱過程でもおこる現象であり，乾燥，半乾燥地域の灌漑農地は恒常的にこの危険にさらされている．ソーダ質化の危険性の高い農地を持続的に利用可能にするためには，継続的な対策が必要であり，さまざまな改良方法について，経済的，社会的，環境への影響も考慮に入れた展開が必要である．たとえば，ソーダ質土壌の改良には，多量のカルシウム資材の投入や心土破砕などの大がかりな土壌の物理的改良が必要になる．これらは，多額の費用が必要であり，土壌ソーダ質化の問題に直面している途上国の多くの小規模な自給農家には実施が困難である．また，改良にともない高濃度のナトリウムや塩類を含む排水が発生し，これが別の箇所の二次的な塩性化やソーダ質化を引き起こす原因にもなる．したがって，ソーダ質土壌の改良と永続性のある管理のためには，効率的で費用のかからない経済的な方法が必要であるとともに，改良のゴールとして，作物生産性の向上だけでなく，環境や水質への影響も視野に入れなければならない．

　近年，土壌溶液のカルシウム濃度を高める従来の改良資材と比べてはるかに安価なファイトレメデーションが多くの発展途上国で注目されている（Qadir et al. 2002; Qadir and Oster, 2004）．ソーダ質化した環境でも生育可能な植物を用いて改良する手法（ファイトレメデーション）である．ファイトレメデーションの詳細については，本書4-6を参照されたい．

　ファイトレメデーションに用いる植物の種類によって改良効果は異なるが，植物根は，上述したのと同様の土壌の化学性，物理性の改良効果を有する．炭酸カルシウム（カルサイト）含量の高い土壌では，根の呼吸によって土壌に供給される二酸化炭素がカルサイトの溶解を促し，土壌溶液のCa濃度を上昇させ，ソーダ質化のレベルを軽減できる（Qadir et al. 1996）．また，植物根が土壌に貫通す

ることによる物理的な土壌透水性の改善もソーダ質土壌，とくに下層の改良に効果的に作用する．ファイトレメデーションは，従来の改良法に比べて非常に長い時間を要する（数ヶ月から数年）というデメリットがあるが，図4-23に示したように，石膏では施与部位（表層20 cmに5 kg m^{-2}を施与）しか改良されないのに対して，植物（Sordan：ソルガムとスーダングラスのハイブリッド）を利用すると根の到達する深い部位まで広範囲の土壌を改良することができるというメリットがある（Robbins 1986）．

さらに，ファイトレメデーションは土壌の肥沃度を効果的に高めることができる．ソーダ質土壌では，高pH環境下でのアンモニア態窒素の揮散，透水性不良のためにつくられた湛水環

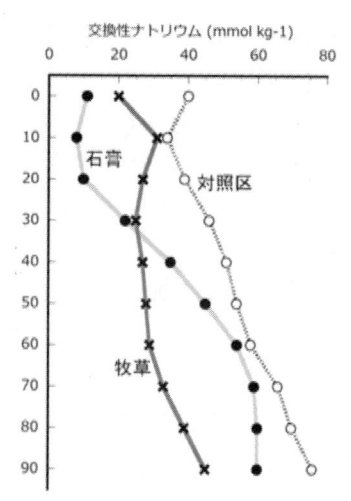

図4-23 石膏と牧草によるソーダ質土壌の改良効果の比較
Robbins (1986) のデータをもとに作成．

境下での脱窒，塩化物イオンとの競合による硝酸の吸収抑制など，窒素の肥効が悪く，大きな生育阻害要因になっている（Gupta and Abrol 1990；Curtin and Naidu 1998）．窒素肥料の施与位置や回数によって肥効の改善は可能であるが，改良のために栽培した作物を緑肥として鋤込むことで土壌の窒素含量を大きく高めることができる．たとえば，Ghai et al. (1988) によれば，セスバニア（*Sesbania bispinosa* マメ科の一年草）を栽培し，緑肥として鋤込むことで土壌の窒素を122 kg ha^{-1}，根のみでも80 kg ha^{-1} 富化させることができた．また，ソーダ質土壌の高い土壌pHで不可給化される微量要素は，植物根が産生する物質でその可給度を高めることができる．

また，ファイトレメデーションは，バイオマス生産を通じて土壌中の有機物含量を高め，土壌の特性を総合的に改善するとともに，大気中の炭酸ガスを土壌中に蓄積させ環境保全という側面でも重要な意味ももつ．この場合，灌木や樹木の栽培で有機態炭素の増加効果が高く，Bhojvaid and Timmer (1998) によれば，メスキート（*Prosopis juliflora* 北米に産するマメ科の低木）は，深さ1.2 mまで土壌中の有機態炭素量を徐々に増加させ，最初の5年間の増加率はわずかであったが

（11.8 MgC ha^{-1} → 13.3 MgC ha^{-1}），7年目で3倍（34.2 MgC ha^{-1}），30年後には5倍（54.3 MgC ha^{-1}）にまで有機態炭素を増加させた．これは30年間で有機態炭素に換算して年平均 1.4 MgC ha^{-1} の増加に相当する．

ファイトレメデーションは，総合的な土壌改良効果が高いが，改良に時間を要するため，改良期間中あるいは改良後に農家が受ける経済的なメリットを明確にしておかなければならない．つまり，改良効果とともに経済的な魅力も必要である．Sandhu and Qureshi（1986）によれば，栽培作物が当該地域内で需要があり，自給飼料としても利用できれば経済的メリットがあり改良手法として適用可能性があると述べている．栽培植物の薪炭材としての需要（Qureshi et al. 1993），有用物質の生産能力（Barrett-Lennard 2002）なども経済的メリットにつながる．

なお，ファイトレメデーションの土壌改良効果はいかなる状況にも適用できるわけではない．土壌のカルサイト含量が高く，ソーダ質化のレベルが中程度のときに有効であり，カルサイト量が少なくソーダ質化のレベルが高い場合には石膏の併用が必要である．

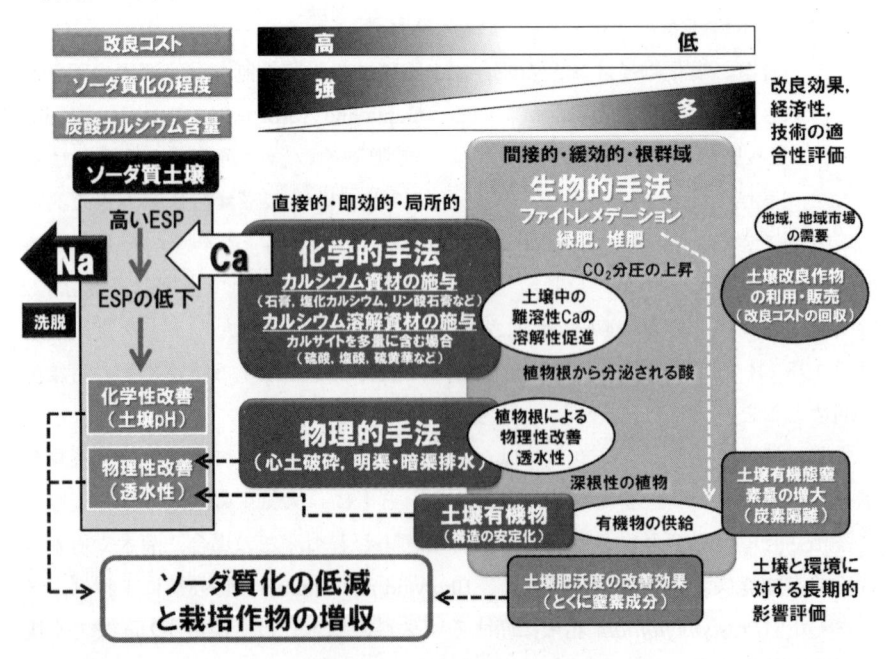

図4-24　ソーダ質土壌の改良

ソーダ質化土壌の改良は総合的な取り組みが必要

　ソーダ質土壌の改良の原理はシンプルであるが，それを効果的に行うためには，図4-24に示したように，ソーダ質化の程度，改良手法のコスト，効果，農地・農民がおかれている社会，経済的な状況などを総合的に判断して，実現可能な手法を組み合わせて適用する必要がある．Qadir et al.（2006）は，ソーダ質土壌の改良法に対して，持続的な効果，（農民レベルで管理できる）簡便さ，有効性，低コスト，土壌肥沃度の増進，根圏の改善，地下水の水質悪化の防止，環境との調和，貧困の緩和，収量増，環境保全，土壌の回復効果を必要条件としてあげている．ソーダ質化の影響を受けた農地が作物生産に使用される頻度は，今後より高くなると予測されている（Qadi and Oster 2004）．このような背景のもと，ソーダ質土壌はその負の側面だけではなく，経済的に価値のある有効な資源としてとらえて，持続性ある利用と小規模農民の農業経営の改善につながるような改良方策を実践することが重要である．

（以上，山本定博・遠藤常嘉）

4-5-2　人工ゼオライトによる改良

　中生植物であるほとんどの作物は，塩性土壌では土壌溶液の浸透圧が高いため水吸収が阻害され成育が悪化する．ソーダ質土壌では過剰なNa吸収による直接的な害がおもに木本植物で報告されている（Maas 1984）．また土壌溶液の高いNa濃度がK吸収を阻害することや，CaおよびMg濃度の低下により，植物体内の適性なカチオン濃度の比率が不均衡になることが広く知られている（Grattan and Greive 1999）．さらに高pHによる根の成育阻害が問題となる（Peiter et al. 2001）．

　火力発電所から排出される石炭灰は産業廃棄物としてその処理が問題となっている．しかし石炭灰から得られる人工ゼオライトはKやCaを多く含むため，塩性ソーダ質土壌での作物の成育を改善できるのではないかと検討してきた．用いたK型ゼオライト（㈱木村化工機）はCa^{2+}およびK^+に富み，HCO_3^-やCO_3^{2-}濃度が高く，pHが高い資材であり，Ca型はCa^{2+}濃度は高いが，Na^+濃度も高い（表4-11）またCa型はCl^-濃度が高く，pHはK型より低く，ECが著しく高い．

　鳥取砂丘未熟土にCa，MgおよびNaの塩を添加して交換性ナトリウム率（%，

表 4-11 人工ゼオライトの化学特性

	水溶性＋酢酸アンモニウム可溶性カチオン濃度 (cmol$_c$ kg^{-1}) *			
	K$^+$	Na$^+$	Ca^{2+}	Mg^{2+}
K 型	33.9	5.09	65.4	4.82
Ca 型	3.32	15.2	149	3.21

	水溶性アニオン濃度 (cmol$_c$ kg^{-1}) **					
	Cl$^-$	NO$_2^-$	NO$_3^-$	SO$_4^{2-}$	HCO$_3^-$	CO$_3^{2-}$
K 型	trace	trace	trace	0.4	2.7	0.6
Ca 型	23.3	trace	0.3	0.3	0.2	trace

	CEC*** (cmol$_c$ kg^{-1})	pH (H$_2$O)	EC (dS m^{-1})
K 型	51	11.0	1.64
Ca 型	107	8.1	9.28

＊水溶性カオチン濃度は，200gのゼオライトをカラムに充填し，約 4.2L の脱塩水で抽出し，測定した．酢酸アンモニウム可溶性カオチン濃度は，水溶性カオチン測定後のサンプルを 1mol L^{-1} 酢酸アンモニウム (pH = 7.0) で抽出し測定した．
＊＊水溶性アニオン濃度は 1：5 水抽出法により測定した．
＊＊＊CEC は semi-micro Shollenberger method により測定した．
出典：Yamada et al.（2002）を改変．

以下 ESP と略す）が 3.2 の塩性・非ソーダ質土壌（以下 SA と略す），23 の塩性・ソーダ質土壌（SO），78 の塩性・高ソーダ質土壌（HSO），および対照として Na を加えていない対照土壌（CO）を作った．そして，これら土壌に K 型および Ca 型ゼオライトを土壌重量あたり 5% 施与した（以下それぞれ KZ 区および CAZ 区と略す）．いずれの土壌でも KZ 区では土壌溶液中の K 濃度が上昇したことから植物の K 吸収が改善されることが期待された（表 4-12）．しかし，KZ 区では Mg 吸収の低下，また，pH の上昇による微量元素吸収の低下や根の成育阻害が懸念された．いっぽう，いずれの土壌でも CAZ 区では土壌溶液中の Na 濃度が上昇したが，Mg, とくに Ca 濃度の上昇が著しく SO は非ソーダ質土壌に改良され，HSO の ESP も著しく低下した．また CAZ 区では Cl$^-$ 濃度が上昇するため SO, とくに HSO の pH が低下した．ESP の低下は，ゼオライトが Ca を多量に含むことに加え，pH の低下により CaCO$_3$ と MgCO$_3$ の溶解度が上昇するためである．その結果，CAZ 区では植物の Ca および Mg 吸収の改善が期待できた．しかし，CAZ 区では EC が著しく上昇したため水吸収が悪化する可能性が生じた．

表 4-12 人工ゼオライト施用による土壌の化学特性の変化

	飽和抽出液の濃度(cmol kg^{-1})				電気伝導度	pH	交換性	土壌の分類**
	K$^+$	Na$^+$	Ca^{2+}	Mg^{2+}	(EC, dS m^{-1})		Na率(ESP)	
CO	0.15 b	0.06 a	0.44 b	0.51 e	3.9 a	6.23 a	-	nSa・nSo
CO-KZ*	0.42 c	0.20 b	0.41 b	0.22 d	3.7 a	8.03 f	-	nSa・nSo
CO-CAZ*	0.13 ab	0.53 c	2.40 e	0.50 e	9.6 f	7.30 b	-	Sa・nSo
SA	0.15 b	0.74 d	0.52 b	0.53 e	6.0 e	7.43 c	3.2 a	Sa・nSo
SA-KZ	0.46 c	0.60 cd	0.43 b	0.14 c	5.4 d	8.23 g	4.1 ab	Sa・nSo
SA-CAZ	0.15 b	1.06 e	2.35 e	0.52 e	11.0 g	7.60 d	2.1 a	Sa・nSo
SO	0.07 ab	1.08 e	0.05 a	0.09 b	4.4 b	7.98 f	23.4 c	Sa・So
SO-KZ	2.77 e	0.72 d	0.02 a	0.01 a	3.8 a	9.25 h	30.5 d	nSa・So
SO-CAZ	0.12 ab	1.49 f	1.65 d	0.23 d	9.8 f	7.78 e	7.4 b	Sa・nSo
HSO	0.04 a	1.43 d	0.00 a	0.00 a	5.2 cd	9.93 I	77.5 f	Sa・So
HSO-KZ	2.36 d	1.20 e	0.00 a	0.00 a	5.0 c	10.4 j	68.6 e	Sa・So
HSO-CAZ	0.10 ab	2.42 g	0.71 c	0.07 b	9.8 f	7.95 f	22.5 c	Sa・So

異なるアルファベットでは5%水準で有意差あり（Duncan's new multiple range test）．
* KZ：K型ゼオライト処理．CAZ：K型ゼオライト処理．
** 土壌の分類；nSa・nSo：非塩性・非ソーダ質土壌（EC < 4.0 and ESP < 15），Sa・nSo：塩性・非ソーダ質土壌（EC > 4.0 and ESP < 15），nSa・So：非塩性・ソーダ質土壌（EC < 4.0 and ESP > 15），Sa・So：塩性・ソーダ質土壌（EC > 4.0 and ESP > 15）（US Salinity Laboratory Staff 1954）．
出典：Yamada et al.（2002）を改変．

ソーダ質土壌を利用するためには耐塩性の高い作物の栽培が適当である．中生植物のなかでもビートは耐塩性が高くNa嗜好性があり，除塩作物として期待されている．そこでゼオライトの施与によりソーダ質土壌でビートの成育をより良好にできればソーダ質土壌の効率的な利用が可能になると考え，栽培実験を行った（Yamada et al. 2002）．上述の土壌を充填した4Lポットにビートの幼苗を移植し，51日間標準栽培した．ビートの成育はCOよりもSAおよびSOで良好であったがHSOでは悪化した（図4-25）．これに対し，いずれの土壌でも両ゼオライトの施与により成育が促進された．KZの施与によりSA，SO，およびHSOでは土壌のK濃度の上昇にともない，根と地上部のK濃度は増加した（表4-12および地上部のデータのみ図4-26）．いっぽう，KZの施与により根のNa濃度は差がないかむしろ上昇したにもかかわらず，地上部のNa濃度は低下し地上部へのNa輸送が抑えられていた．CAZの施与によりビートの根と地上部のCa吸収が増加した（図4-26）．CAZの施与によって土壌溶液のNa濃度は上昇するにもか

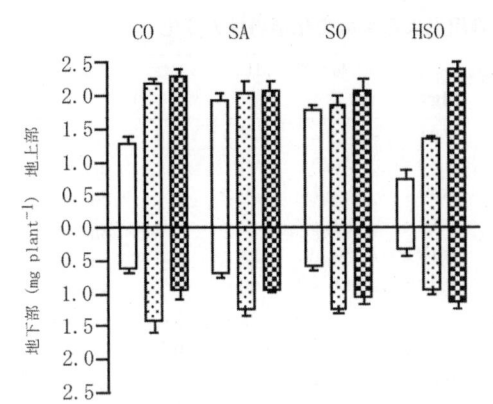

図 4-25 移植後 51 日のビートの乾物重

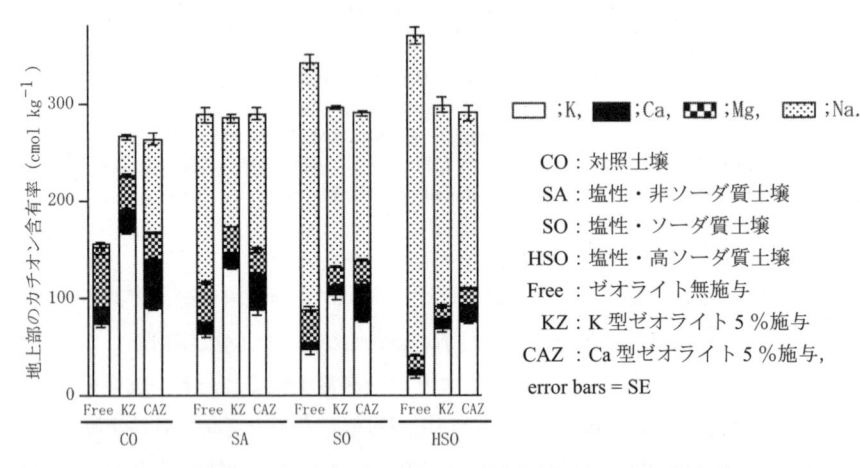

図 4-26 移植 51 日目におけるビートの地上部のカチオン含有率

かわらず（表 4-12），根の Na 濃度を上昇させず地上部の Na 濃度は低下した（図 4-26）．また根の K 濃度は土壌の K 濃度が増加しないにもかかわらず増加した．CAZ 施与による地上部への Na 輸送の低下と地上部 K 濃度の増加は Ca が Na の吸収と輸送を抑え K 吸収を増加させるためと考えられた．これは高 Na 培地に Ca を施与することで植物の細胞膜の Na に対する K の選択性が高められるという報告（Subbarao et al. 1990）と一致している．このように両ゼオライトの施与による成育改善の要因は，地上部の Na 濃度の低下と，カオチン濃度の比率の不均

衡が改善されたためであった (Yamada et al.2002).

HSOではビートに対するCAZの成育改善効果がKZより高かったことから，その要因を成育初期から調査するためにつぎの実験を行った．HSOに両ゼオライトを2%ずつ施与したKZ2区，CAZ2区をもうけ，移植後25〜27日間ポット栽培し，移植後4日目から水吸収，養分吸収に対する施与効果を調べた．またゼオライト施与により，ソーダ質土壌においてより多くの作物の栽培が可能になるかを検討するために，耐塩性が弱いインゲン，やや弱いトウモロコシおよびトマトについても調査した (Yamada et al. 2007).

表4-13 乾物重 ($g\ plant^{-1}$) の変遷

		地上部	地上部	地上部	地下部
インゲン		4日目	11日目	26日目	
CO*	Free**	0.086	0.303	1.50	0.336
	Free	0.073	0.062	枯死	枯死
HSO*	KZ2**	0.078	0.084	枯死	枯死
	CAZ2**	0.085	0.131	0.28	0.077
トマト		4日目	11日目	25日目	
CO	Free	0.032	0.140	1.12	0.120
	Free	0.029	0.051	枯死	枯死
HSO	KZ2	0.027	0.031	枯死	枯死
	CAZ2	0.040	0.100	0.36	0.051
トウモロコシ		4日目	13日目	27日目	
CO	Free	0.075	0.499	3.47	1.90
	Free	0.059	0.091	枯死	枯死
HSO	KZ2	0.052	0.077	枯死	枯死
	CAZ2	0.066	0.270	1.33	0.84
ビート		4日目	13日目	26日目	
CO	Free	0.023	0.095	0.437	0.102
	Free	0.014	0.034	0.066	0.012
HSO	KZ2	0.010	0.013	0.022	0.003
	CAZ2	0.017	0.075	0.337	0.121

* CO: 対照土壌, HSO: 高ソーダ質土壌
** Free: ゼオライト無施与区, KZ2: K型ゼオライト2%施与区, CAZ2: Ca型ゼオライト2%施与区

CAZの施与はすべての植物の成育を改善した（表4-13）が，その要因は種によって異なっていた．インゲンではCAZの施与は4日目にNa吸収を抑えK, Ca, およびMg吸収を増加させカチオン濃度の不均衡を改善したが（表4-15），成育はすぐには改善せず13日目に改善した．

トマトでは，CAZ2区では4日目でさえ乾物重が無施与区より有意に高かった．移植後4日目にCAZの施与は水分状態を改善しなかったが（表4-16），CaとKの吸収を増加させ，Naの吸収を低下させカチオンの不均衡を改善した（表

4-15). トマトは 11 日目までHSOでの水欠差が4種中最も低くCAZによる水欠差の低下もほかの植物より低かった．このことからCAZによる水吸収の改善の成育への影響はトマトではほかの植物より弱く，養分吸収の改善の成育への影響が強かったと推察された．

トウモロコシでは，CAZの施与は4日目にKとCa吸収を改善していたにもかかわらず，Na吸収は増加し，成育は改善していなかった（表4-13，表4-14）．13日目にCAZ処理は水吸収を改善し，その結果成育が改善した（表4-15）．すなわ

表 4-14 移植後4日の地上部元素含有率 (cmol kg^{-1}) と Na (K+Ca+Mg)$^{-1}$

		K	Na	Ca	Mg	Na (K+Ca+Mg)$^{-1}$
			インゲン			
CO*	Free**	99.4	1.08	26.9	32.1	0.01
HSO*	Free	68.8	72.0	7.50	12.6	1.45
	KZ2**	76.4	90.1	8.98	14.7	1.66
	CAZ2**	99.6	7.89	21.7	19.8	0.08
			トマト			
CO	Free	106	13.2	46.2	62.5	0.06
HSO	Free	49.5	162	28.6	36.4	1.42
	KZ2	53.8	167	26.5	33.7	1.47
	CAZ2	67.5	108	36.6	37.7	0.77
			トウモロコシ			
CO	Free	92.7	0.06	14.1	30.6	0.00
HSO	Free	32.2	21.9	3.86	21.0	0.38
	KZ2	31.6	18.2	3.38	20.7	0.33
	CAZ2	60.3	53.1	8.20	26.0	0.57
			ビート			
CO	Free	155	124	17.7	58.7	0.54
HSO	Free	75.6	229	10.6	37.3	1.86
	KZ2	96.7	196	12.2	39.5	1.33
	CAZ2	90.2	321	13.3	45.4	2.19

* CO: 対照土壌, HSO: 高ソーダ質土壌
** Free: ゼオライト無施与区, KZ2: K型ゼオライト2%施与区, CAZ2: Ca型ゼオライト2%施与区

ち KとCaの吸収の改善だけでなく，水吸収の改善がトウモロコシのHSOでの成育改善にとって重要であるといえる．

ビートの水欠差は，HSOでほかの種類と比較して高くはない（表4-15）．そこで，Naの増加とK, Ca, Mgの低下は成育の著しい低下の要因であるように思われる（表4-14, 表4-15）．しかしながら，CAZの施与によるCaとKの増加は4種のなかで最も低く，Naも増加させていた．いっぽうCAZによる水吸収は大きく改善され，そのことが移植後4日目の成育改善に寄与していると考えられた．その後ビートではCAZによる根の成育改善効果が著しく高く，P吸収やK吸収を改善し成育改善に結びついていた．

KZ の施与は HSO では短期間の栽培ではトマト，トウモロコシおよびビートの成育を悪化させた（表 4-13）．その要因は KZ が多量に含む HCO_3^- や CO_3^{2-} そのものと，それにともなう pH の上昇が根の成育を阻害し，水分吸収が成育の初期から悪化するためと推察された（表 4-15）．これに対し CAZ の施与による pH の低下が根の成育を良好にして水分吸収の改善に寄与すると考えられた．

以上のように，両ゼオライトは ESP が 23 程度のソーダ質土壌ではビートの養分吸収を良好にし，成育を促進した．高ソーダ質土壌では K 型ゼオライトは水吸収を悪化させ，かえって成育を阻害した．いっぽう Ca 型ゼオライトは高ソーダ質土壌では枯死してしまう耐塩性の低い植物に対しても養分吸収や水分吸収を改善することで成育を改善することができた．火力発電所から排出される石炭灰は 550 Mt yr^{-1} を超えるがそのリサイクル率は 15～20 %

表 4-15 水欠差（%）の変遷

インゲン		4 日目	11 日目	26 日目
CO**	Free***	0.00	0.00	0.00
HSO**	Free	3.23	24.5	枯死
	KZ2***	3.93	39.0	枯死
	CAZ2***	1.48	-0.85	-0.52
トマト		4 日目	11 日目	25 日目
CO	Free	0.00	0.00	0.00
HSO	Free	1.22	2.30	枯死
	KZ2	3.32	3.76	枯死
	CAZ2	0.96	1.20	0.16
トウモロコシ		4 日目	13 日目	27 日目
CO	Free	0.00	0.00	0.00
HSO	Free	2.87	7.90	枯死
	KZ2	4.03	9.94	枯死
	CAZ2	1.86	1.64	1.02
ビート		4 日目	13 日目	26 日目
CO	Free	0.00	0.00	0.00
HSO	Free	2.49	5.58	1.35
	KZ2	11.0	23.0	4.00
	CAZ2	0.16	-0.18	-0.26

* 水欠差（{（新鮮重 CO ゼオライト無施与－乾物重 CO ゼオライト無施与）／新鮮重 CO ゼオライト無施与－（新鮮重各処理－乾物重各処理）／新鮮重各処理 }）
** CO：対照土壌，HSO：高ソーダ質土壌
*** Free：ゼオライト無施与区，KZ22：K 型ゼオライト 2% 施与区，CAZ2：Ca 型ゼオライト 2% 施与区．

と言われている（Clarke 1994）．石炭灰から得られた人工ゼオライトをソーダ質土壌の改良に用いることは，限られた地球の資源を無駄にせず，荒廃した土壌を再び食料生産に用いるための有効な手段として期待できる．

（以上，山田美奈）

4-6 除塩作物による塩類除去

藤山英保

4-6-1 生物による環境修復

汚染された大気・水・土壌の環境を生物のもつ能力によって浄化する技術を「生物による環境修復 (bioremediation)」とよぶ．有機物質や無機物質に汚染された環境を微生物で浄化する方法や農薬を微生物で分解する方法がある (Haggblom and Valo 1995; Dungan and Frankenberger 1999)．事故で流出した原油をバクテリアに分解させる方法も開発されようとしている．

4-6-2 植物による環境修復

植物による環境修復（ファイトレメデーション：phytoremediation）は生物による環境修復，バイオレメデーション (bioremediation) の一種で，植物の生理を利用して環境を浄化する方法である．環境中の有機物質，無機物質および重金属などのそれぞれの汚染物質の浄化に適する植物を用いる (Newman et al. 1997; Narayanan M et al. 1995)．

植物の生存と成長には必須元素 (essential elements) とよばれる 16 個の無機元素が必要である（ウレアーゼに含まれるニッケル (Ni) を含めて 17 個とされる場合もある）．そのなかの炭素 (C) は光合成によって大気中の CO_2 から取り込まれる．酸素 (O) と水素 (H) は CO_2 と水 (H_2O) から取り込まれる．残りの 13 個，窒素 (N)，リン (P)，カリウム (K)，カルシウム (Ca)，マグネシウム (Mg)，硫黄 (S)，鉄 (Fe)，マンガン (Mn)，亜鉛 (Zn)，銅 (Cu)，塩素 (Cl)，ホウ素 (B)，モリブデン (Mo) が養分 (nutrients) とよばれ，根から取り込まれる．前の 6 個は多量必須元素 (macro elements) とよばれ，植物の乾燥物中の濃度は $g\ kg^{-1}$ 程度である．後の 7 個は微量必須元素 (micro elements) であり，乾物中の濃度は $mg\ kg^{-1}$ 程度である．どの元素も植物の生存には不可欠であるが，それぞれの元素の必要量には大きな植物間差がある．必須元素も大気，水，土壌に過剰に存在する場合は植物のみならず人間の健康にも害を及ぼす環境汚染物質となる．硝酸イオ

ン（NO_3^-）の地下水汚染，鉱山起源の Cu，酸性雨に含まれる硫酸イオン（SO_4^{2-}）などが代表である．

　大気汚染物質である二酸化窒素（NO_2）や二酸化硫黄（SO_2）を植物の葉に吸収させる研究が進められているが（山岸・大澤 2005），ファイトレメデーションの主流は土壌中の汚染物質を根から吸収させ，細胞や器官内の隔離，酵素による分解や代謝といった植物の生理を利用するものである．植物は養分を根から吸収することによって成長するが，養分以外の無機元素も土壌中に存在すれば多かれ少なかれ吸収する．また植物は PCB のような低分子の有機物質も吸収することができる．近年ファイトレメデーションが注目されているのは汚染土壌の洗浄（leaching）や汚染地下水のポンプ揚水と焼却といった伝統的な処理方法よりも安価であることが理由である．ファイトレメデーションにかかるコストは植物栽培に必要な肥料と水である．また，環境に負荷をかけない，いわゆる環境にやさしい修復法であることも注目点である．たとえば土壌の汚染レベルを低減化させる間の耕土の肥沃度と構造を維持できる．いっぽう，ファイトレメデーションの欠点にはつぎの四つがあげられる（Suthersan 2002）．①土壌の浄化に時間がかかる．汚染土壌を修復するのは何回かの栽培が必要である．②重金属汚染土壌の浄化の場合は植物の収穫と廃棄のコストが必要である．③植物に高濃度の有害金属や有機物質が含まれる場合は野生生物にリスクをもたらす．④有害物質が根圏外にある場合や根圏中の濃度が植物に害をもたらす場合はこの方法を採ることができない．

　ファイトレメデーションにはいくつかの種類がある．根から吸収し，地上部に輸送して汚染物質を土壌から除去する蓄積型(phytoaccumulation)（図 4-27），植物体の内外での酵素による分解や代謝によって汚染物質を栄養物として吸収する分解型

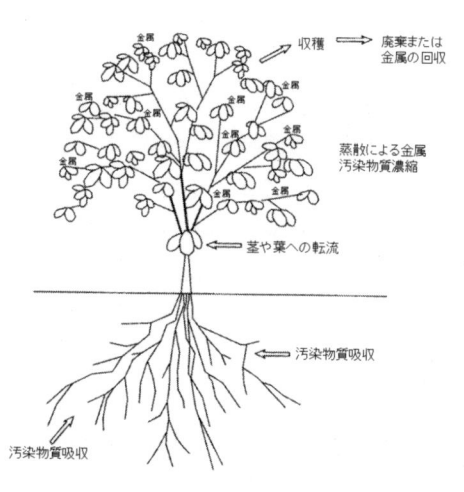

図 4-27　植物体内蓄積による土壌中の重金属除去過程
出典：Suthersan（2002）

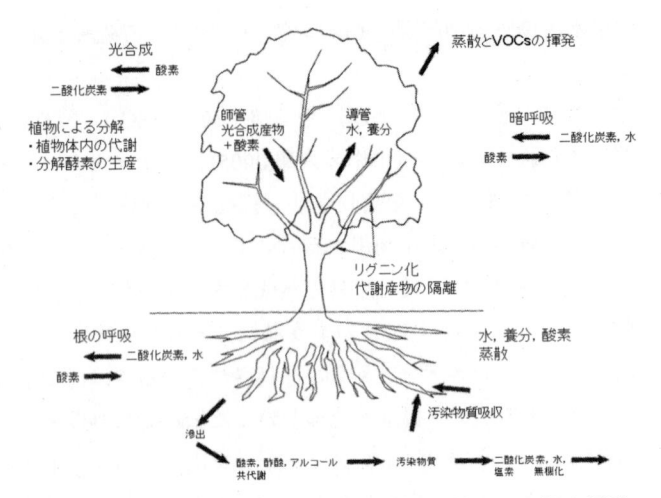

図 4-28 植物に備わる機能を利用した汚染物質の分解と揮発
出典：Suthersan（2002）

(phytodegradation)，汚染物質を吸収し，その代謝生産物を葉から揮発させる揮発型（phytovolatilization）などがある（図 4-28）．

蓄積型は植物が積極的に汚染物質を吸収して蓄積する能力を利用するものである．吸収された元素は根にとどまることなく地上部に送られなければならない．また，汚染物質を吸収することによって成育が抑制されるのは望ましくない．ファイトレメデーションでは最終的に地上部が収穫され，廃棄される．汚染物質が貴金属の場合は回収して利用されることもある．

必須元素であるかどうかにかかわらず，特異的にある物質を吸収する植物を超蓄積植物（hyperaccumulators）とよび，環境修復に利用される．たとえばグンバイナズナ（*Thlaspi caerulescens*）はイタイイタイ病の原因物質であるカドミウム（Cd）を特異的に吸収し，体内に蓄積するため，Cd 汚染土壌の浄化に用いられる（Brown et al. 1995）．

4-6-3 塩害とファイトレメデーション

塩害は乾燥地農業における最も深刻な問題である．土壌の塩類集積は植物の正常な栄養生理を妨害し，成長を制限し，死に至らしめる場合もある．乾燥地で持続性のある農業を確立するには塩類集積を防止することが必須である．植物の塩

ナトリウム(Na)である．Naは動物では血圧の維持や血液のpHの維持に必要で，重要な必須元素である．人間の血液には海水の1/3程度の濃度のNaが含まれる．ところが，Naは植物の必須元素ではない．Na塩はすべて水溶性であるので，土壌溶液の浸透圧を高める．海水による塩害はNa害と浸透圧の害が重なったものである．Na^+が主要な陽イオンであるソーダ質土壌のpHは8.5以上で，必須重金属（Fe，Mn，Zn，Cu）の可給度が低下するのみならず，拮抗作用による必須カチオン（K^+，Ca^{2+}，Mg^{2+}）の吸収抑制やNa過剰によってほとんどの植物は生存できない（1-2-2 化学的な土壌劣化 参照）．塩集積土壌のファイトレメデーションは土壌の塩分濃度を低下させることが目的であるが，最も重要な目的は植物によるNa除去と考えてよい．したがって，除塩植物がNaの超蓄積植物であることが望ましい．

　Naを植物に吸収・蓄積させることによる土壌修復の問題点は，ほとんどの植物の成育がNaによって抑制されることである．抑制の度合いには植物種間差がある（Maas 1984）．また多くの中生植物（glycophytes）はNaが葉に蓄積して発生する直接害（葉焼け）を避けるために，吸収したNaを根や茎に蓄積して光合成器官である葉中の濃度が高くならないような防御機能をもつ．また，次世代となる穀実や果実にはNaはまったく含まれない．しかし，このようなNaによる成育抑制や植物のNa防御機構は蓄積型としては不向な特性である．

4-6-4　好塩性作物

　塩生植物（halophytes）とよばれる植物群が存在する．図4-29左は通常の植物（嫌塩性植物）と塩生植物の塩分に対する成長反応を表したものである．真生塩生植物と条件的塩生植物では最適塩分濃度が異なる．図4-29右はいくつかの塩生植物の塩化ナトリウム（NaCl）に対する成長反応を示したものである．個々の塩性植物には最適塩濃度が存在し，通常の植物が最も良好な成育を示す低塩条件は塩性植物にとっては不利である．すなわち塩性植物は耐塩性が強いのではなく，好塩性である．塩を体内に蓄積することによって成育が促進されるので蓄積型には有利な特性である．その塩性植物が食料や飼料として利用できるもの，すなわち作物（crops）であれば収穫物を廃棄しないで済むばかりでなく，場合によっては収益も得られる．

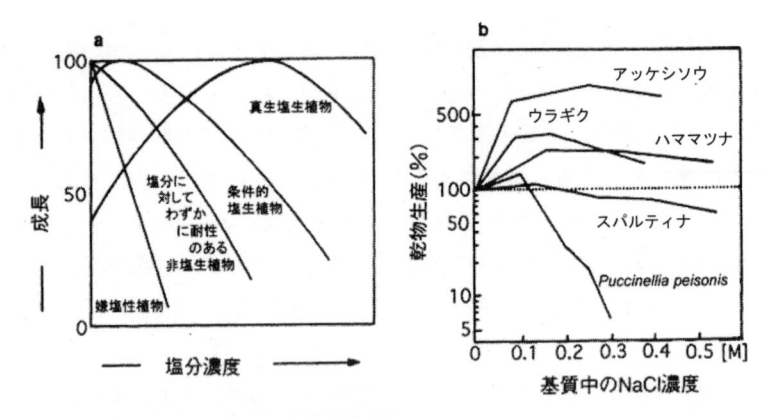

図 4-29 成長に対する塩分濃度の影響
Baumeister and Schmidt, Flowers, Phleger, Stelzer and Läuchli を引用した Albert 1982 を修正.
a：基質中の塩化ナトリウムを増加させたときの成長に対する塩分濃度の影響.
b：さまざまな塩生植物の乾物生産と培養液中の塩化ナトリウム濃度との関係（塩化ナトリウムを入れていない培養液の結果を 100 とする）

　好塩性作物の代表はビート類（*Beta vulgaris L.*）である．ホウレンソウやフダンソウと同じアカザ科である．北海道で栽培されるテンサイ（サトウダイコン）はビートの1種であり，英名は sugarbeet である（写真 4-16）．テンサイでは Na は必須元素として位置づけられる．テンサイと同じ種のテーブルビート（table beet）は野菜として栽培される（写真 4-17）．

　コキアは高濃度の塩を含む水で栽培が可能である植物（写真 4-18）で飼料として利用されている（写真 4-19）．

写真 4-16　北海道で栽培されるテンサイ

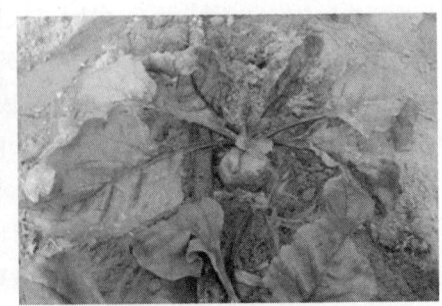

写真 4-17　テンサイと同種の野菜のテーブルビート

写真 4-18 高塩濃度（17 dS m^{-1}）の灌漑水でコキア栽培

写真 4-19 家畜の飼料となるコキア

写真 4-20 アッケシソウ（*Salicornia bigelovii*）の自生地（メキシコ）

写真 4-21 海水灌漑で栽培されるアッケシソウ

ビートやコキアよりもさらに好塩性でしかも地上部や種子が食用や飼料として利用できるのがアッケシソウ類（*Salicornia* spp.）である．海岸湿地帯に自生するほど耐塩性が強く，海水灌漑が可能である．ヨーロッパではサラダやピクルスの材料として用いられている．塩の含有量が大きいのでそれだけを飼料とすることはできないが，塩（しお）を供給する目的で飼料に混合する試みも行われている（志水ら 2001）アッケシソウ類のなかで成長量が大きい *Salicornia bigelovii*（写真4-20）は収量が 2 ton ha^{-1}，種子には 28% の脂質と 31% のタンパク質を含み，ダイズに匹敵するといわれている（Glenn et al. 1999）．海水灌漑で栽培することも可能である（写真 4-21）．

写真 4-22 と写真 4-23 は鳥取砂丘土壌（対照土壌）に塩類を添加して人工的に作成した塩性土壌とソーダ質土壌で栽培したテーブルビート，コキア，アッケシソウの成育を示したものである．

テーブルビートは塩がない対照土壌よりも塩性土壌で良好な成育を示したが，

写真 4-22　テーブルビートの土耕
左から対照土壌，塩性土壌，ソーダ質土壌．

写真 4-23　コキアの土耕
左から対照土壌，塩性土壌．

ソーダ質土壌では成育が低下した．コキアは塩性土壌で対照土壌よりも良好な成育を示したが，ソーダ質土壌では枯死した．それに対してアッケシソウはソーダ質土壌において最も良好な成育を示した．通常の植物にとって好適な対照土壌での成育が最も悪かった．

これらのことからビートとコキアは塩性土壌の，アッケシソウはソーダ質土壌の修復に利用できることがわかる．またアッケシソウは水耕栽培において 200 mM NaCl で最も良好な成育を示した（写真 4-25）．NaCl 0 mM は通常の植物には最適の条件であるが，アッケシソウは枯死した．これらのことからアッケシソウは好 Na 性であることがわかる．また NaCl 添加培養液でのアッケシソウの茎葉には 10% 以上の Na が含まれていた．すなわちアッケシソウは Na の hyperaccumulator である．

アッケシソウのほかに有用な好塩性植物として，ソルトグラス（*Distichlis* spp.），バミューダグラス，ハマアカザ（*Atriplex* spp.）が飼料として有望であるといわれている（Grattan and Oster 2003）．

除塩効率

除塩の効率は植物個体の吸収量（含有率×乾物重）と栽培期間で計るべきである．含有率は高くても個体重が小さければ吸収量は大きくならない．また1作の栽培期間が長ければ時間的効率は低い．つまり除塩効率は吸収量／時間で表される．さらに追加すべき特性はその植物が利用可能かどうかであろう．上にあげたビート，コキア，アッケシソウはすべて利用可能である．ビートは食料としての

写真 4-24　アッケシソウの土耕
左から対照土壌，塩性土壌，ソーダ質土壌．

写真 4-25　アッケシソウ（*Salicornia bigelovii*）の水耕栽培
左から NaCl 0, 100, 200, 300 mmol L^{-1}

需要が高く，除塩作物であるとともに通常の作物として位置づけられる．アッケシソウは用途が限られるが，乾燥地で塩性土壌，ソーダ質土壌のどちらでも栽培可能であることから，最も劣悪な土壌の修復に利用できる（ソーダ質土壌のファイトレメデーションの詳細については 4-5-1 を参照）．

　塩集積土壌の除塩の目的は除塩作物を栽培しつづけることではなく，通常の作物が栽培できる土壌に修復することである．しかし乾燥地は灌漑水や土壌に塩類が集積しやすい条件があることから，土壌の塩分状態をつねに調査し，栽培作物の収量が低下する状態になる前に適切な除塩作物を栽培する必要がある．除塩作物が通常の作物と同様の収益を上げることができれば栽培を継続することが可能である．

（以上，藤山英保）

4章の引用文献

新居智・小川仁・井上光弘. 2007. 4極センサーとADR土壌水分センサーを組み合わせた土壌電気伝導度の高精度測定法の確立. 日本砂丘学会講演要旨. 20-21.
井上光弘. 2004. 水分量の計測, 不飽和地盤の挙動と評価, 地盤工学会編. 東京丸善. 17-25 p.
井上光弘・塩沢昌. 1994. 4極法による土壌カラム内の電気伝導度測定とその応用. 土壌の物理性 70:23-28.
大槻恭一・大上博基. 1998. 解説シリーズ「乾燥地の灌漑農業と水環境」乾燥地の気候と農業生産環境. 水文・水資源学会誌 11 (5): 515-524.
北村義信. 1993a. 乾燥地における灌漑農業と塩害対策. 農業土木学会誌 61 (1): 37-40.
北村義信. 1993b. アフリカの砂漠化と開発・緑化. (真木・中井・高畑・北村・遠山著. 砂漠緑化の最前線. 東京:新日本出版社), p141-184.
北村義信. 1994. アフリカの砂漠化と灌漑農業. 水文水資源学会誌 7 (6): 552-561.
北村義信・矢野友久. 2000. 中央アジア乾燥地における二次的塩類集積防止のための広域水管理研究. 地球環境 5 (1/2): 27-36.
北村義信. 2004. 暗渠排水施設を用いた地下水管理と排水再利用に伴う土壌中の塩分挙動に関する研究 (課題番号 12660220). 平成12年度～平成15年度科学研究費補助金 (基盤研究(C)(2))研究成果報告書, 55 p.
北村義信・猪迫耕二・山本定博. 2005. 小アラル・シルダリア川流域における上下流域の利水競合と調整—ソ連崩壊後の水問題—. 畑地農業 564:2-9.
久米崇・長野宇規・渡邊紹裕・三野徹. 2003. 電磁誘導法による均質土壌の塩分濃度測定法. 農業土木学会論文集 227:105-111.
国際食糧農業協会. 2002. 世界の土壌資源—アトラス—. 東京:古今書院, 82 p.
後藤有右・安部征雄・藤巻晴行. 2005. Dehydration法における数値モデルの適用可能性の検討. 沙漠研究 15:125-138.
坂口義英・山本太平・井上光弘. 2005. 塩水灌漑下の砂質土壌における塩類集積の特性とリーチング計画. 農業土木学会論文集 237:89-97.
佐藤一郎. 1990. 地球砂漠化の現状—乾燥地農業と緑化対策を中心として—. 大阪:清文社, 224 p.
志水勝好・石川尚人・村中聡・唐建軍. 2001. ヤギにおけるアッケシソウ (Salicornia herbacea L.) 混合飼料の消化試験. 熱帯農業 45:45-48.
白井清恒. 1996. 土の物理解析. 東京:ライフリサーチプレス, 59-72 p.
筒井暉. 1996. アラル海危機:大規模水利開発のもたらしたもの. 農業土木学会誌 64 (10): 983-990.
土壌環境分析法編集委員会編. 2003. 土壌標準分析測定法. 東京:博友社, 354 p.
荻野芳彦・筒井暉. 1996. アラル海流域における灌漑農業の展開と環境問. 農業土木学会誌 96(10): 977-982.
藤巻晴行・取出伸夫・山本太平・井上光弘. 1997. 浅い地下水面を持つ砂丘砂カラムからの土壌面蒸発に伴う溶質移動. 農業土木学会論文集 90:77-86.
舟川晋也・小崎隆・鈴木玲治・石田紀郎 1996. カザフスタン大規模灌漑農地における土壌塩性

化の実態．農業土木学会誌, 64 (10)：1017-1021.
間瀬茂・武田純．2001.空間データモデリングー空間統計学の応用（データサイエンスシリーズ7）
. 東京：共立出版株式会, 135-166 p.
松本聡．1991.世界における塩集積土壌の分布とその特性，塩集積土壌と農業．東京：博友社,
11-38 p.
松本聰．2000.世紀を拓く砂丘研究．東京：農林統計協会, 387 p.
山岸義忠・大澤重義．2005.大気汚染修復活動の最前線からのレポート．J. Environmental
Biotechnology 4：127-130.
山本太平・藤山英保．1989.乾燥地における砂漠緑化と農業開発（その4）—塩類特性とリーチン
グ技術—．農業土木学会誌 57 (1)：53-60.
山本太平・田中明．1987.点滴法による植生条件下における土壌塩類動態の一次元解析．農業土
木学会論文集 127：1-9.
山本太平・藤山英保．1989.乾燥地における砂漠緑化と農業開発（その4）—塩類特性とリーチン
グ技術—．農業土木学会誌 57 (1)：53-60.
山本太平・鳥井清司・アバス ケシャバル・エブラヒム パジラ・池浦弘．1998.イラン国の沙漠
化と塩類問題—乾燥地の灌漑農業における持続続的発展—．沙漠研究 8 (2)：141-149.

Abdelgawad A, Arslan A, Awad F, Kadouri F. 2004. Deep plowing management practice for increasing yield and water use efficiency of vetch, cotton, wheat and intensified corn using saline and non-saline irrigation water. In Proceedings of the 55th IEC Meeting of the InterNational Commission on Irrigation and Drainage (ICID), 9.10 September, 2004, Moscow; 67-78.

Abdel-Dayem, M. S., Deelstra, J., Abdel Moniem, M.et al. 1985. Monitoring the performance of a drainage system with modified layout and comparison with conventional system (summer season,1984), Technical report No.30. Drainage Research Institute,Giza / Cairo, Egypt,136p.

Ahuja LR, Rojas KW, Hanson JD, Shaffer MJ, Ma L (ed.). 2000b. Root Zone Water Quality Model. Modeling management effects on water quality and crop production. Water Resour. Publ., LLC, Highlands Ranch, CO.

Amrherin C, Suarez DL. 1990. Procedure for determining sodium-calcium selectivity in calcareous and gypsiferous soils. Soil Science Society of America Journal 54: 999-1007.

Austin RS, Rhoades JD. 1979. A Compact, Low-cost Circuit for Reading Four-Electrode Salinity Sensors. SSSAJ 43：808-810.

Ayers RS, Westcot DW. 1985. Water Quality for Agriculture, Irrigation and Drainage Paper 29 (revised). Rome: FAO, 6-41 p.

Barrett-Lennard EG. 2002. Restoration of saline land through revegetation. Agricultural Water Management 53：213-226.

Begheyn LT. 1987. A rapid method to determine cation exchangeable capacity and exchangeable bases in calcareous, gypsiferous, saline and sodic soils. Communication in Soil Science and Plant Analysis 19：911-932.

Bhojvaid PP, Timmer V. 1998. Soil dynamics in an age sequence of Prosopis juliflora planted for sodic soil restoration in India. Forest Ecology and Management 106：181-193.

Bruce R.R, Langdale G.W, West L.T. 1990. Modification of soil characteristics of degraded soil surfaces by biomass input and tillage affecting soil water regime. Transaction 14th. International Congress of Soil Science Vol.6 : 4-9.

Bridges E. M. 1970. World Soils. Amsterdam: Cambridge University Press, 502 p.

Brown SL et al. 1995. Zinc and cadmium uptake by hyperaccumulator Thlaspi caerulescens and metal tolerant Silene vulgaris grown on sludge amended soils. Environ. Sci. Technol 29 : 1581-1590.

Bolt G. H, 1979. Soil Chemistry. Cambridge, Cambridge University Press [永塚鎮男・漆原和子訳 . 1990. 世界の土壌. 東京:古今書院 , 200 p].

Bower CA, Reiteimeier RF, Fireman, M. 1952. Exchangeable cation analysis of saline and alkali soils. Soil Science 73 : 251-261.

Bower CA. 1965. An index of the tendency of CaCO3 to precipitate from irrigation water. Soil Science Society of America Proceedings 29 : 91-92.

Cameron FK. 1911. The Soil Solution: The Nutrient Medium for Plant Growth. London: The Chemical Pub.Co, 136 p.

Cannon ME, McKenzie RC, Lachapelle G. 1994. Soil Salinity mapping with electromagnetic induction and satellite-based navigation methods Can. J. Soil Sci.: 335-343.

Carter M.R, Pearen J.R. 1989. Ammelioration of saline-sodic soil with low application of calcium and nitrogen amendments. Arid Soil Research and Rehabilitaion 3 : 1-9.

Cervinka, V., Diener, J., Erickson, J., Finch, C., Martin, M., Menezes, F., Peters, D., Shelton, J. 1999. Integrated system for agricultural drainage management on irrigated farmland. Final Report Grant Number 4-FG-20-11920, US Department of the Interior, Bureau of Reclamation, Westside Resources Conservation District, PO Box 205, Five Points, CA 93624.122p.

Clarke L. 1994. Coal-use residues. In: Legislation for the management of coal-use residues, London : IEA Coal Research, Technical report No. IEACR/68, p 15-22.

Curtin D, Naidu R. 1998. Fertility constraints to plant production. In : Sumner ME, Naidu R editors. Sodic Soil: Distribution, Management, Environmental Consequences. NY: Oxford University Press, p 107-123.

Cook PG, Walker GR. 1992. Depth Profiles of Electrical Conductivity from Linear Combinations of Electromagnetic Induction Measurements. SSSAJ. 56 : 1015-1022.

Dehghanisaniji H, Yamamoto T, Inoue M. 2004. Practical aspects of TDR for simultaneous measurements of water and solute in a dune sand field. Journal of the Japanese Society of Soil Physics 98 : 21-30.

Delhomme JP. 1978. Kriging in the hydrosciences. Advances in Water Resources 1 : 251-266

Dudal R. 1990. An International Reference Base for Soil Classification (IRB) . In: Transactions 14th International Congress of Soil Science 5 : 38-43.

Dungan RS, Frankenberger WT. 1999. Microbial transformation of selenium and the bioremediation of seleniferous environments. Bioremed. J 3 : 171-188.

Dwivedi RS. 1996. Monitoring of salt-affected soils of the Indo-Gangetic alluvial plains using principal component analysis. International Journal of Remote Sensing 17 : 1907-1914.

Dwivedi RS, Rao BRM. 1992. The selection of the best possible Landsat TM band combination for delineating salt-affected soils. International Journal of Remote Sensing. 13 : 2051-2058.

Dwivedi R, Ramana K, Thammappa S, Singh, A. 2001. The utility of IRS-1C, LISS-III and PAN-merged data for mapping sal taffected soils. Photogrammetric Engineering and Remote Sensing. 67 : 1167-1175.

Farid, M. S. M. et al. 1988. Groundwater table and its relation with drainage problems in Eastern Nile Delta. Water Science No. 4 : 91-98.

Federal Bureau of Statistics, Pakistan. 2007. Pakistan statistical year book 2007.
(http:www.statpak.gov.pk/depts/fbs/publications/yearbook2007/yearbook2007.html)

Fernández-Buces N. Siebe C, Cram S, Palacio JL. 2006. Mapping soil salinity using a combined spectral response index for bare soil and vegetation: A case study in the former lake Texcoco, Mexico. Journal of Arid Environments. 65-4: 644-667.

Fujimaki H, Shiozawa S, Inoue M. 2003. Effect of Salty Crust on Soil Albedo. Agric and Forest Meteorol 118: 125-135.

Fujimaki H, Shimano T, Inoue M, Nakane K. 2006. Effect of a Salt Crust on Evaploration from a Bare Saline Soil. Vadose Zone Joural 5:1246-1256.

Fujimaki H, Ando Y, Cui Y, Inoue M. 2007. Parameter estimation of a root water uptake model under salinity stress, Vadose Zone Journal, in press.

Ghai SK, Rao DLN, Batra L. 1988. Nitrogen contribution to wetland rice by green manuring with Sesbania spp. in an alkaline soil. Biology and Fertility of Soils 6 : 22-25.

Glenn EP, Brown JJ, Blumwald. 1999. Salt tolerance and crop potential as halophytes. Critical Reviews in Plants Sciences 18: 227-255.

Grattan SR, Grieve CM. 1999. Salinity-mineral nutrient relations in horticultural crops. Scientia Horticulturae. 78: 127-157.

Grattan SR, Oster JD. Use snd reuse of saline-sodic waters for irrigation of crops. In: Goyal SS, Sharma SK, Rains DW. Editors. Crop production in saline environments. New York: The Haworth Press, p 131-162.

Gupta RK, Singh CP, Abrol IP. 1985. Determination of cation exchange capacity and exchangeable sodium in alkali soils. Soil Science 139: 326-332.

Gupta RK, Abrol IP. 1990. Salt-affected soils: their reclamation and management for crop production. Advances in Soil Science 11: 223-288.

Hagin J, Tucker B. 1982. Fertilization of Dryland and Irrigation Soils. Berlin: Springer-Verlag, 21 p.

Haggblom MM, Valo RJ. 1995. Bioremediation of chlorophenol wastes. In: Young LY, Cerniglia CE. Editors. Microbial Transformation and Degradation of Toxic organic chemicals. New York: Wiley-Liss, p 435-486.

Hagin, J, Tucker B. 1982. Major Soil Characteristics. In: Hagin J, Tucker B. editors. Fertilization of Dryland and Irrigated Soils. Berlin:Springer-Verlag, p 7.

Heuperman, A. F. 1995. Salt and water dynamics beneath a tree plantation growing on a shallow water table. ISBN 07 30665 0 38, Internal Report Department of Agriculture, Energy and minerals, Victoria, Institute of Sustainable Irrigated Agriculture, Tatura Center, Australia. 61 p.

Heuperman, A. F., Kapoor, A. S., Denecke, H. W. 2002. Biodrainage-principles, experiences and applications. IPTRID Knowledge Synthesis Report, No.6. 79 p.

[ICAR] Indian Council of Agricultural Research. 1992. Report of the technical group on the problems of seepage and salinity in Indira Gandhi Nahar Pariyojna (IGNP) . New Delhi: ICAR, 32 p.

Inoue M. 2005. Assessment and modification to selected dielectric moisture probes for simultaneous measurement of soil water and salinity, Proceedings of International Workshop on Research Progress and Current Issue of Unsaturation, Processes in Vadose Zone, 59-62.

Ito O, Matsumoto N. 2002. Development of Sustainable Agricultural System in Northest Thailand through Local Resource Utilization and Technology Improvement: Tokyo,JIRCAS Working Report No.30, 235 p.

Kamphorst A. 1990. Amelioration of sodic soils by crack stabilization: an experimental laboratory simulation. Soil Science 149: 218-227.

Kapoor, A.S., Denecke, H.W. 2001. Biodrainage and biodisponal: the Rajasthan experience. In GRID, IPTRID's network magazine No. 17. p.3-4.

Kapoor, A. S. 2003. Bio drainage-potential and limitations. Paper No. 061, presented at the 9th International Drainage Workshop, Utrecht, The Netherlands.
  (Paper No. 61 : http://library.wur.nl/ebooks/drainage/drainage_cd/2.2%20kapoor%20as.html)

Kelleners, T. J., Chaudhry, M. R. 1998. Drainage water salinity of tubewells and pipe drains: A case study from Pakistan. Agricultural Water Management 37 : 41-53.

Kijne, J. W., Vander Velde, E. J. 1991. Secondary salinity in Pakistan ?harvest of neglect. IIMI Review 5 (1) : 15-24.

Kitamura, Y., Murashima, K., Ogino, Y. 1997. Drainage in Asia (II) : manifold drainage problems and their remedial measures in India. Rural and Environmental Engineering No. 32: 22-41.

Kitamura, Y., Yano, T., Honna, T., Yamamoto, S., Inosako, K. 2006. Causes of farmland salinization and remedial measures in the Aral Sea basin-research on water management to prevent secondary salinization in rice-based cropping system in arid land. Agricultural Water Management 85 (1-2) : 1-14.

Lesch SM, Rhoades JD, Lund LJ, Corwin DL. 1992. Mapping Soil Salinity Using Calibrated Electromagnetic Measurements. SSSAJ 56 : 540-548.

Maas EV. 1984. Salt tolerance of plants. In: Christie BR, editor. Handbook of Plant Science. BR Ohio: CRC Press, p 57-76.

Mario P, Rhoades JD. 1977. Determining cation exchange capacity : A new procedure for calcareous and gypsiferous soils. Soil Science Society of America Journal 41 : 524-528.

Maas EV. 1984. Salt tolerance of plants. In: Christie BR editor. CRC handbook of plant science in agriculture. II. Florida : CRC press, p 57-75.

McNeill JD. 1980. Electromagnetic Terrain conductivity measurement at low induction numbers. Mississauga, Ontario, Canada, Geonics Limited. Technical Note TN-6 : 6-7, 15.

Mehlich. 1939. Use of triethanolamine acetate-barium hydroxide buffer for the determination of some base-exchange properties and lime requirements of soil. Soil Science Society of America Proceedings 3 : 162-166.

Metternicht GI. 2003. Categorical fuzziness: a comparison between crisp and fuzzy class boundary

modeling for mapping salt-affected soils using Landsat TM data and a classification based on anion ratios. Ecological Modelling 168 : 371-389.
Ministry of Food, Agriculture & Livestock, Government of Pakistan. 2004. Agricultural statistics of Pakistan 2003-04, 178 p.
(http://www.pakistan.gov.pk/divisions/food-division/media/asp_2003-04_table108.pdf)
Moss P. 1963. Some aspects of the cation status of soil moisture, Part I. The ratio law and soil moisture content. Plant and Soil 18 : 99-113.
Narayanan M, Davis LC, Erickson LE. 1995. Fate of volentile chlorinated organic compounds in a laboratory chamber with alfalfa plants. Environ.Sci. Technol. 29 : 2437-2444.
NASA. 2005. NASA world wind 1.3.1.
Newman LA et al. 1997. Uptake and biotransformation of trichloroethylene by hybrid poplars. Environ. Sci. Technol. 31 : 1062-1067.
Oldeman L.R, R.T.A Hakkeling, W.G Sombrock. 1991. World map of the atatus of human-induced soil degradation,an explanatory note, Second revised editions, Degradaiton Enviroment Global Assement of Soil Degradation (GLOSAD), International Soil Reference and Information Center/United Nations Enviromintal Programme, Wageningen/Nairobi, 27-33p.
Ould Ahmed B.A, Yamamoto T, Inoue M, Anyoji H. 2006. Drip irrigation schedules with saline water for sorghum under greenhouse condition. 農業土木学会論文集 244 : 133-141.
Ould Ahmed B.A, Yamamoto T, Inoue M. 2007. Impact of leaching on sustainability of sorghum on dune sand under saline drip irrigation water. American Society of Agricultural and Biological Engineerings 50 (4) : 1-8.
Oster JD, Shainberg I, Abrol IP. 1999. Reclamation of salt affected soils. In: Skaggs RW, van Schilfgaarde J Editors. Agricultural Drainage,American Society of Agronomy : Crop Science Society of America. Madison : Soil Science Society of America, p 659-691.
Papanicolaou EP. 1976. Determination of cation exchangeable capacity of calcareous soils and their percent base saturation. Soil Science 121 : 65-71.
Peiter E, Yan F, Schubert S. 2001. Lime-induced growth depression in Lupinus species: Are soil pH and bicarbonate involved? J. Plant Nutr. Soil Sci 164 : 165-172.
Postel, S. Pillar of sand, Can the irrigation miracle last?, 福岡克也 監訳 2000. 水不足が世界を脅かす家の光協会, 東京, pp.297 Tanji, K.K. 1990. Nature and Extent of Agricultural Salinity, In Agricultural Salinity Assessment and Management, ASCE Manualsand Reports on Engineering Practice No.71, 1-17.
Prasad R, Power JF. 1997. Soil fertility management for sustainable agriculture: CRC. 103 p.
Qadir M, Qureshi RH, Ahmad N. 1996. Reclamation of a saline-sodic soil by gypsum and Leptochloa fusca. Geoderma 74 : 207-217.
Qadir M, Qureshi RH, Ahmad N. 2002. Amelioration of calcareous saline-sodic soils through phytoremediation and chemical strategies. Soil Use and Management 18 : 381-385.
Qadir M, Oster JD. 2004. Crop and irrigation management strategies for saline-sodic soils and waters aimed at environmentally sustainable agriculture. Science of the Total Environment 323 : 1-19.

Qadir M, Noble A.D, Schbert S, Thomas R.J, Arslan A. 2006. Sodicity-induced land degradation and its sustainable management : problems and prospect. Land degradation & development 17 : 661-676.

Qureshi RH, Nawaz S, Mahmood T. 1993. Performance of selected tree species under saline-sodic field conditions in Pakistan. In: Lieth H, Al Masoom A Editores. Towards the Rational Use of High Salinity Tolerant Plants (Vol. 1) . Dordrecht: Kluwer, p 259-269.

Rao BRM, Dwivedi RS, Venkataratnam L, Ravishankar T, Thammappa SS. 1991. Mapping the magnitude of sodicity in part of the Indo-Gangetic plains of Uttar Pradesh, Northern India using Landsat-TM data. Int. J. Remote Sensing 12 : 419-425.

Reitmeier RF. 1946. Effect of moisture content on the dissolved and exchangeable ions of soils of arid regions. Soil Science 61 : 195-214.

Rengasamy P, Olsson K.A. 1995. 7.1 Irigation and sodicity : an overview. In : Naidu R, Sumner M.E, Rengasamy P. Editores. Australian Sodic Soils: Distribution, Properties and Management. CSIRO : Australia, p195-203.

Rhoades JD, Ingvalson RD. 1971. Determining Salinity in Field Soils with Soil Resistance Measurement. SSSAJ 35 : 54-60.

Rhoades JD, Schilfgaarde JV. 1976. An Electrical Conductivity Probe for Determining Soil Salinity. SSSAJ 40 : 647-651.

Rhoades JD, Raats PAC, Prather RJ. 1976. Effects of Liquid-phase Electrical Conductivity, Water Content, and Surface Conductivity on Bulk Soil Electircal Conductivity. SSSAJ 40 : 651-655.

Rhoades JD, Corwin DL. 1981. Determining Soil Electrical Conductivity-Depth Relations Using an Inductive Electromagnetic Soil Conductivity Meter. SSSAJ 45 : 255-260.

Rhoades JD, Lesch SM, Shouse PJ, Alves WJ. 1989. New Calibration for Determinin Soil Electrical Conductivity-Depth Relations from Electromagnetic Measurements. SSSAJ 53 : 74-79.

Rhoades JD. 1996. Methods of Soil Analysis.Part3 Chemical Methods. SSSA Book Series No.5. Wisconsin: Soil Science Society of America, Inc., 1390 p.

Sandhu GR and Qureshi RH. 1986. Salt-affected soils of Pakistan and their utilization. Reclamation and Revegetation Research 5 : 105-113.

Saha SK, Kudrat M, Bhan SK. 1990. Digital processing of Landsat TM data for wasteland mapping in parts of Aligarh district (Uttar Pradesh) , India. Int. J. Remote Sensing. 11- 3 : 485-492.

Salem Mousa. 1992. Drainage project in Egypt and its relatedenvironmental aspects. 2nd JIID Seminar, Tokyo. 10 p.

Shainberg I, Gal M. 1982. The effedt of lime on the response of soils to sodic conditions. Journal of Soil Science 33, 489-498.

Shainberg I, Keren R, Frenkel H. 1982. Response of sodic soils to gypsum and calcium chloride application. Soil Science Society of American Journal 46 : 113-117.

Shainberg, J, Pruitt WO. 1978. Quality of Irrigation Water. New York: International Irrigation Center, 62 p.

Sharma RC, Bhargava GP. 1988. Landsat imagery for mapping saline soils and wet lands in north-west India. Int. J. Remote Sensing 9 : 39-44.

Šimůnek J, van Genuchten MTh, Šejna M. 2006. The HYDRUS software package for simulating the two-

and three-dimensional movement of water, heat, and multiple solutes in variably-saturated media, PC Progress, Prague, Czech Republic.

Slavic PG. 1990. Determining ECa-Depth Profiles from Electromagnetic Induction Measurements. Aust. J. Soil Res 28 : 443-452.

Sposit G. 1989. The Chemistry of Soil. New York: Oxford University Press, 290 p.

Spurway, CH. 1941. Soil Reaction (pH) Preferences of Plants. Michigan: Michigan State College Experiment Station, 36 p.

Suarez DL, Simunek J. 1997. UNSATCHEM: Unsaturated water and solute transport model with equilibrium and kinetic chemistry. Soil Science Society of America Journal 61 : 1633-1646.

Subbarao GV, Johansen C, Jana MK, Kumar Rao JVDK. 1990. Effects of the sodium/calcium ratio in modifying salinity response of pigeon pea (Cajanus cajan) . J. Plant Physiol 136 : 439-443.

Sumner M.E. 1995. 1.Sodic soils: New perspective. In: Naidu R, Sumner M.E. and Rengasamy P. Editors. Australian Sodic Soils: Distribution, Properties and Management. Australia: CSIRO, p 1-34.

Sumner ME, Miller WP. 1996, Methods of Soil Analysis.Part3 Chemical Methods. SSSA Book Series No.5. Wisconsin: Soil Science Society of America, Inc., 1390 p.

Suthersan SS. 2002. Phytoremediation. In: Suthersan SS. Editor. Natural and enhanced remediation systems. New York : CRC Press, p 239-268.

Szabolcs I. 1989. Salt-affected Soils. Florida: CRC Press Inc, 272 p.

Tanwar, B.S. 2003. Saline Water Management for Irrigation. India : ICID-CIID, 123 p.

Triantafilis J, Odeh IOA, McBratney AB. 2001. Five Geostatistical Models to Predict Soil Salinity from Electromagnetic Induction Data Across Irrigated Cotton. SSSAJ 65 : 869-878.

USGS. Digital Spectral Library. 2007.
    (available from http://speclab.cr.usgs.gov/spectral-lib.html)

U.S. Salinity Laboratory Staff. 1954. Diagnosis and improvement of saline and alkali soils, USDA Handbook 60. Richards LA (ed.) . U.S. Gov. Print. Office, Washington, DC. p 166.

van Dam JC, Huygen J, Wesseling JG, Feddes RA, Kabat P., Van Walsum PEV, Groenendijk P, Van Diepen C.A. 1997. Theory of SWAP, version 2.0. Simulation of water flow, solute transport and plant growth in the soil-water-atmosphere-plant environment. Rep. No. 71. Dept. of Water Resour., Wageningen Agricultural Univ, Wageningen, The Netherlands.

Vitharana UWA, Van Meirvenne M, Cockx L, Bourgeois J. 2006. Identifying potential management zones in a layered soil using several sources of ancillary information. Soil Use and Management 22 : 405-413.

Wiegand CL, Rhoades JD, Escobar DE, Everitt JH. 1994. Photographic and videographic observations for determining and mapping the response of cotton to soil salinity. Remote Sensing of Environment 49 : 212-223.

Williams BG, Baker GC. 1982. An Electromagnetic Induction Technique for Reconnaissance Surveys of Soil Salinity Hazards. Aust. J. Soil Res 20 : 107-118.

Williamas BG・Hoey D. 1987. The Use of Electromagnetic Induction to Detect the Spatial Variability of the Salt and Clay Contents of Soils. Aust. J. Soil Res 25 : 21-27.

Wollenhaupt NC, Richardson JL, Foss JE, Doll EC. 1986. A rapid Method for Estimating Weighted Soil Salinity from Apparent Soil Electrical Conductivity Measured with An Aboveground Electromagnetic Induction Meter. Can. J. Soil Sci 66 : 315-321.

Yamada M, Uehira M, Hun LS, Asahara K, Endo T, Eneji AE, Yamamoto S, Honna T, Yamamoto T, Fujiyama H. 2002. Ameliorative effect of K-type and Ca-type artificial zeolites on the growth of beets in saline and sodic soils. Soil. Sci. Plant Nutr 48 : 651-658.

Yamada M, Fujiyama H, Endo T, Rikimaru UM, Sasaki Y, Yamamoto S, Honna T, Yamamoto T. 2007. Effect of K-type and Ca-type artificial zeolites applied to high sodic soil on the growth of plants different in salt tolerance. Soil. Sci. Plant Nutr 53 : 471-479.

Zahow M.F, Amrhein C. 1992. Reclamation of a saline sodic soil using synthetic polymers and gypsum. Soil Science Society of American Journal 56 : 1257-1260.

索　引

1:1 型粘土鉱物　127, 128
1:2 型粘土鉱物　127
1:5 抽出液　175, 180
2:1 型粘土鉱物　128
BSC　→生物土壌クラスト
CDE　→移流分散方程式
CEC　→陽イオン交換容量
EC　→電気伝導度
EIM　→電磁誘導法
ESP　→交換性ナトリウム率
ESR　→交換性ナトリウム比
GPS　→全地球測位システム
LF　→リーチングフラクション
LR　→リーチング水量
PAM　→ポリアクリルアミド
Salinity　16
SAR　→ナトリウム吸着比
Sodicity　16, 17
USDA　29
USLE（Universal Soil Loss Equation）　116, 136, 138-140, 144, 145, 147, 148

あ行

アロフェン　127
暗渠排水　214, 219
暗渠排水システム　221
安息角　68, 69
イモゴライト　127
移流分散方程式（Convection-Dispersion Equation：CDE）　199, 200

陰イオン交換容量（anion exchange capacity：AEC）　10, 11
インターリル侵食　119, 135, 136
インテークレート　114
雨滴形　113
雨滴侵食　119, 135
雨滴の落下速度　113
ウォーターロギング　15, 160, 206
エクマン層　35
塩性化（salinization）　15, 158
塩生植物（halophytes）　20, 170, 243
塩性ソーダ質土壌（saline sodic soil）　161
塩性土壌（saline soils）　161, 167, 245
塩類化（salinization）　→塩性化
塩類土壌（salt affected soil）　161
横列砂丘　59, 74

か行

化学的劣化　17, 34
可給性リン　21, 22
架橋結合　22
拡散電気二重層　129-131
ガストフロント　40, 48, 50, 51
化石地下水　104, 105
可溶性塩類総量　177, 208
ガリ侵食　4, 111, 118-120
乾燥地土壌（arid soil）　160
クーゼスタン州（イラン国）　26
クーロン力　129, 133
クラスト　4, 122, 123, 129-132, 134, 166

クリッジング法　185
傾斜係数　143
降雨因子　145, 147
降雨係数　143, 147
交換性ナトリウム比（Exchageable Sodium Ratio：ESR）　124, 130, 176
交換性ナトリウム率（Exchageable Sodium Percentage：ESP）　7, 15, 17, 126, 130, 161, 162, 176, 228, 233
黄砂　34, 48, 53, 87
国連開発計画（UNDP）　2
根圏土壌　15, 20

さ行

最大浸入強度　109, 114
作物係数　143, 144
砂漠化面積の割合　3
サヘル地帯　27
サルテーション（salutation）　53, 54
サルテーション・ボンバードメント　54
残存炭酸ソーダ量（Residual Sodium Carbonate：RSC）　166
斜面長係数　143
集合体の安定度　116
集水路　151
受食性　95, 114, 115, 137, 138, 142
承水路　151
除塩効率　246
植物再生　23
シロッコ　40, 41, 50
人工降雨　91
侵食率　115
塵旋風　43, 47
浸透ポテンシャル　15
浸入能（infiltration capacity）　109, 114, 122, 148
水食　4, 9, 26, 109
垂直排水　214
砂輸送方程式　63
砂輸送量　60, 61, 63, 66, 67
スレーキング　122, 123
生物的排水（バイオ排水）　209, 220, 222, 223
生物土壌クラスト（Biological Soil Crusts：BSC）　20
接地境界層　35, 36, 39, 43, 54
せん断応力　37
全地球測位システム（Global Positioning System：GPS）　182
草生栽培　151
草生水路　151
草生法　81, 82
草方格　81, 86
掃流砂　138
掃流砂関数　138
掃流力　111, 137, 139
ソーダ質化（sodication）　15, 16, 18, 158, 165, 172, 229, 233
ソーダ質土壌（sodic soil）　7, 16, 67, 161, 167, 168, 227, 245
粗度　35, 37-39

た行

大気安定度　35, 36
堆砂　80, 81, 84, 89, 91
帯水層　104, 105
団粒構造　6, 7, 16, 55, 120, 174
跳躍　57, 58, 61, 62, 87
中生植物（glycophytes）　243
チリ国北部　28

沈砂池 151
テレコネクション 106
電気伝導度（Electric Conductivity：EC）15, 161, 170, 173, 177
電磁誘導法（Electromagnetic Induction Method：EIM）182, 183
等高線栽培 4, 151
土砂溜 151
土壌 pH 10, 11, 161
土壌係数 115, 116, 147
土壌コロイド 121, 131
土壌中の微生物 18

な行

ナトリウム吸着比（Sodium Adsorption Ratio：SAR） 17, 124-126, 130, 164, 176, 228
ナビエ・ストークス方程式 66
西オーストラリア 9, 29, 98
粘土比 116
粘土率 115

は行

バイオ排水 →生物的排水
薄層流 120
馬蹄形渦 78
バルハン砂丘 56, 59, 68, 73
ハルマッタン 40, 49
ハロイサイト 127
飛散容積 109
ファイトレメデーション 230, 231, 240, 242
ファン・デル・ワールス力 129
風乾率 116
風食 4, 26, 34, 43, 80, 86

風送ダスト 54
物理的劣化 5-7, 9
浮遊砂 138, 151
フラックス（熱流量） 35
分散率 114, 115
保全係数 144
ポリアクリルアミド（PAM） 133, 134
ポリビニルアルコール（PVA） 133
ポリメラーゼ連鎖反応（Polymerase Chain Reaction：PCR） 19

ま行

マオウス（毛烏素）砂漠 25, 56, 82
摩擦速度 35, 37, 60, 62, 63, 66
マメ科植物 24
マルチング 151
ミレニアム生態系評価（MEA） 2
面状侵食 111, 119

や行

陽イオン交換容量（Cation Exchange Capacity：CEC） 10, 11, 125, 161, 175
養分可給度 10
養分吸収 10, 14, 17, 173, 237

ら行

リーチング（溶脱） 18, 160, 189, 192, 204
リーチング水量（LR） 192, 196
リーチングフラクション（LF） 189, 195
リル侵食 4, 111, 118-120, 135, 136
臨界凝集濃度 131

分担執筆者紹介

井上 光弘　　いのうえ　みつひろ　　　　　　　　　4-1-1, 4-2-2 執筆

1946年生まれ．鳥取大学乾燥地研究センター．関心のある領域は，土壌物理学，乾地土水管理学．主な著書：『世紀を拓く砂丘研究—砂丘から世界の沙漠へ—』分担執筆，農林統計協会（2000），『不飽和地盤の挙動と評価』分担執筆，丸善（2004），『乾燥地科学シリーズ1, 21世紀の乾燥地科学—人と自然の持続性—』分担執筆，古今書院（2007）．

遠藤 常嘉　　えんどう　つねよし　　　　　　　4-1-2, 4-2-1, 4-5-1 執筆

1969年生まれ．鳥取大学農学部．関心のある領域は，土壌学．主な著書：『土壌サイエンス入門』分担執筆，文永堂（2005），『土壌を愛し，土壌を守る』分担執筆，博友社（2007），『乾燥地科学シリーズ5，黄土高原の砂漠化とその対策』分担執筆，古今書院（2008）．

河村 哲也　　かわむら　てつや　　　　　　　　　　　2-3, 2-4 執筆

1954年生まれ．お茶の水女子大学大学院人間文化創成科学研究科．関心のある領域は，流体力学，数値シミュレーション．主な著書：『数値シミュレーション入門』，サイエンス社（2007），『偏微分方程式の差分解法』共著，東京大学出版会（1994），他多数．

菅　牧子　　かん　まきこ　　　　　　　　　　　　　2-3, 2-4 執筆

1974年生まれ．長野県立屋代南高校．主な著書：『エクセル数値計算入門』共著，インデックス出版（2004）．

北村 義信　　きたむら　よしのぶ　　　　　　　　　　　4-4 執筆

1949年生まれ．鳥取大学農学部．関心のある領域は，灌漑排水学，乾地水管理学．主な著書：『砂漠緑化の最前線』共著，新日本出版社（1993），『地球水環境と国際紛争の光と影』共著，信山社（1995），『西アフリカ・サバンナの生態環境の修復と農村の再生』分担執筆，農林統計協会（1997），『アジアの流域水問題』分担執筆，技報堂出版（2008），他多数．

木村 玲二　　きむら　れいじ　　　　　　　　　　　　　2-1 執筆

1970年生まれ．鳥取大学乾燥地研究センター．関心のある領域は，水文気象学，微気象学．主な著書：『乾燥地科学シリーズ1, 21世紀の乾燥地科学，—人と自然の持続性—』分担執筆，古今書院（2007），『局地気象学』分担執筆，森北出版（2004）．

久米　崇　　くめ　たかし　　　　　　　　　　　　　4-2-2 執筆

1973年生まれ．鳥取大学乾燥地研究センター．関心のある領域，安定同位体地球化学，哲学．

作野 えみ　　さくの えみ　　　　　　　　　　　　　　　1-2-3 執筆
1975 年生まれ．鳥取大学農学部．関心のある領域は，微生物化学，天然物有機化学．

田熊 勝利　　たくま かつとし　　　　　　　　　　　　　3-2 執筆
1944 生まれ．鳥取大学農学部．関心のある領域は，農地保全，濁水浄化，土壌の改良．

中島 廣光　　なかじま ひろみつ　　　　　　　　　　　1-2-3 執筆
1953 年生まれ．鳥取大学農学部．関心のある領域は応用環境微生物学，天然物化学．主な著書：『Recent Progress in Medicinal Plants, Vol. 4 - Biotechnology and Genetic Engineering』分担執筆，STUDIUM PRESS（2004），『New Horizon of Mycotoxicology for Assuring Food Safety』分担執筆，Bikohsha（2004）．

西村 拓　　にしむら たく　　　　　　　　　　　　　　3-3 執筆
1963 年生まれ．東京大学大学院農学生命科学研究科．関心のある領域は，土壌物理学，灌漑排水学，土壌保全，土壌コロイド．主な著書：『Energy from the desert』分担執筆，Earthscan（2006），『不飽和地盤の挙動と評価』分担執筆，丸善（2004），『土のコロイド現象』分担執筆，学会出版センター（2003），『土壌物理学』共訳，築地書館（2006）．

深田 三夫　　ふかだ みつお　　　　　　　　　　　　　3-4 執筆
1950 年生まれ．山口大学農学部．関心ある領域は，農地保全学，水文学．主な著書：『耕地環境の計測・制御，―役立つ新しい解説書―』分担執筆，養賢堂（2001）．

藤巻 晴行　　ふじまき はるゆき　　　　　　　　　　4-3-2, 4-3-3 執筆
1969 年生まれ．国立大学法人筑波大学．関心のある領域は，土壌物理学，灌漑排水学．主な著書：『農地環境工学』分担執筆，文永堂出版（2008）．

藤山 英保　　ふじやま ひでやす　　　　　　　　　　1-2-2, 4-6 執筆
1949 年生まれ．鳥取大学農学部．関心のある領域は，生物環境化学，植物環境ストレス学．主な著書：『世紀を拓く砂丘研究―砂丘地土壌の養分の動態と施肥技術―』分担執筆，農林統計協会（2000）．

真木 太一　　　まき　たいち　　　　　　　　　　　　　　2-5 執筆

1944 年生まれ．琉球大学農学部．関心のある領域は，農業気象学，気象環境学，大気環境学．主な著書:『農業気象災害と対策』分担執筆，養賢堂（1991），『中国の砂漠化・緑化と食料危機』，信山社（1996），『写真で見る中国の食糧・環境と農林業』，筑波書房（1999），『大気環境学』，朝倉書店（2000），『風で読む地球環境』，古今書院（2007）．

三上 正男　　　みかみ　まさお　　　　　　　　　　　　　　2-2 執筆

1954 年生まれ．気象研究所物理気象研究部．関心のある領域は，ダスト気候学，大気境界層気象学．主な著書:『乾燥地科学シリーズ 1，21 世紀の乾燥地科学―人と自然の持続性―』分担執筆，古今書院（2007），『ここまでわかった黄砂の正体―ミクロのダストから地球が見える―』，五月書房（2007）．

安田 　裕　　　やすだ　ひとし　　　　　　　　　　　　　　3-1 執筆

1953 年生まれ．鳥取大学乾燥地研究センター．関心のある領域は，地下水，土壌水．主な著書:『乾燥地科学シリーズ 1，21 世紀の乾燥地科学―人と自然の持続性―』分担執筆，古今書院（2007）．

山田 美奈　　　やまだ　みな　　　　　　　　　　　　　　4-5-2 執筆

1969 年生まれ．鳥取大学乾燥地研究センター．関心のある領域は，塩性・ソーダ質土壌における植物生産，植物栄養学，土壌学．主な著書:『乾燥地科学シリーズ 1，21 世紀の乾燥地科学―人と自然の持続性―』分担執筆，古今書院（2007）．

山本 定博　　　やまもと　さだひろ　　　　　　　　　　　　4-5-1 執筆

1960 年生まれ．鳥取大学農学部．関心のある領域は，土壌学，ペドロジー．主な著書:『土の世界大地からのメッセージ』分担執筆，朝倉書店（1990），『土壌サイエンス入門』分担執筆，文永堂（2005），『土壌を愛し，土壌を守る』分担執筆，博友社（2007），『乾燥地科学シリーズ 5，黄土高原の砂漠化とその対策』分担執筆，古今書院（2008）．

編著者紹介

山本 太平　やまもと たへい
1942年生まれ．鳥取大学乾燥地研究センター．関心のある領域は，灌漑排水等，陸地
係る学，土壌物理等．主な著書：[推薦講座：農地を考える] (分担執筆，社寺新聞社(1999)，
『乾燥を科く〈砂丘研究一般化から世界への砂漠〉』(2000)，『分担執筆，築林緑計教会(2000)，『乾
燥地科学シリーズ』1, 21世紀の乾燥地科学ヘー人と自然との持続性一』(分担執筆，古今書院
(2007)．

シリーズ監修　鳥取大学乾燥地研究センター

シリーズ編集　藤田昇人（鳥取大学乾燥地研究センター）

書名　　　　乾燥地シリーズ 第3巻
　　　　　　乾燥地の土地劣化とその対策

コード　　　ISBN978-4-7722-3107-7 C3040

発行日　　　2008（平成20）年3月31日 初版第1刷発行

編集　　　　山本 太平
　　　　　　Copyright ©2008 T. Yamamoto

発行者　　　株式会社 古今書院　橋本寿資
印刷所　　　株式会社 カシヨ
製本所　　　株式会社 カシヨ
発行所　　　古今書院
　　　　　　〒101-0062 東京都千代田区神田駿河台2-10
電話　　　　03-3291-2757
FAX　　　　03-3233-0303
振替　　　　00100-8-35340
ホームページ　http://www.kokon.co.jp/

検印省略・Printed in Japan

堆積地形シリーズ

全5巻　各名価 3990円（本体 3800円）

第1巻　21世紀の堆積地形学―人と自然の持続性―　　第1回配本
第2巻　堆積地形の自然　　第4回配本（2009春予定）
第3巻　堆積地形の土壌劣化とその対策　　第3回配本
第4巻　堆積地形の資源とその利用・保全　　第5回配本（2009夏予定）
第5巻　地上周辺の砂漠化とその対策　　第2回配本

いろんな本をご覧ください
古今書院のホームページ

http://www.kokon.co.jp/

★ 500点以上の新刊・既刊書の内容
　や目次をくわしく紹介

★ 地理や地図, GIS, 教育などジャン
　ル別のおすすめ本をラインアップ

★ 月刊『地理』最新号をおとどけ
　バックナンバーのくわしい目次を掲載

★ 地理関連学会・団体のページへの
　リンクも充実

※メールでのご注文は order@kokon.co.jp へ